JN435658

광통신실습

정주완 · 김양봉 공저

D.B.Info

머 · 리 · 말

광통신 전문가의 꿈을 이루려면

바야흐로 4차 산업혁명 시대로 접어든 요즘, 세상은 온통 인공지능(AI), 사물인터넷(IoT), 빅 데이터(Big Data), 드론이라는 화두로 뒤덮여 있다. 이로 인하여 적어도 향후 20년간은 우리의 주변 환경과 먹거리에 엄청난 변화가 예상된다. 또한 향후 기술이 점점 발달함에 따라 자연스럽게 5차, 6차 산업혁명이 도래하게 될 것이나 아무리 기술이 발달한다 하여도 네트워크의 기초를 이루는 것은 당연히 OSI 1계층인 물리계층이다. 이미 잘 알고 있는 바와 같이, 통신시스템에서 사용하고 있는 전송매체는 매질에 따라 유선매체와 무선매체로 크게 분류된다. 그리고 무선통신보다 유선통신이 보안성이 더 우수하고, 현재 유선매체인 TP, 동축케이블, 광케이블을 함께 사용하고 있지만, 그 특성이 가장 뛰어난 광케이블이 핵심 통신선로로 사용되고 있다.

광통신 분야는 수학과 물리적인 지식이 없이 그 원리를 이해하기가 쉽지 않지만, 광통신실습과 실무지식을 중심으로 광장비 다루는 법을 익히면서 기본이론을 쌓아간다면 광통신 관련 전문지식과 광통신분배 기술을 어렵지 않게 익힐 수 있다고 생각한다. 하지만 마땅한 광통신 실습교재가 없어 아쉬워하던 차에 25년간 광통신 전문업체로서 축적해 온 ㈜옵텔콤의 노하우와 40년간의 통신강의 경험을 바탕으로 이 책을 펼쳐내게 되어 나름 흐뭇한 마음을 금할 길이 없다.

이러한 관점에서 본서의 내용에는

- 1장에서는 광섬유융착 및 함체조립 등 모델링 전주 케이블링 실습에 대하여
- 2장에서는 광단자함, 현장조립형 커넥터 조립하기, UTP케이블 만들기, 동축케이블 접속하기 등의 가입자 모델링 부스 케이블링 실습에 대하여
- 3장에서는 광분배함 설치하기, 패치패널 작업하기, 110블록 및 아울렛 설치하기 등 가입자망 케이블링 실습에 대하여
- 4장에서는 OTDR, 광원, 광력계(광파워미터), 광전화기 등 광장비를 이용하는 광통신실습을 위주로 한 통신계측실습에 관하여
- 마지막 5장에서는 광통신 측정에 대하여 상세하게 기술하였다.

- 더불어 부록에서는 통신망분배기술, KT FTTH시스템, 통신선로 산업기사 실기시험문제, 광통신용어, 국가기술자격 출제기준 등을 다루었다.

장담컨대 통신공학도들이 이 책의 내용을 마스터한다면 우리 사회에서 정보통신기술자로서의 역량을 충분히 수행할 수 있을 것으로 믿어 의심치 않는다. 아울러 본서를 기반으로 광통신 전문가가 되어 세상에 이로운 일을 펼치게 된다면 저자에게는 더할 나위 없는 큰 보람이 될 것이다.

끝으로 이 책이 나오기까지 물심양면으로 도와주신 복두출판사 송광헌 사장님과 많은 자료를 아낌없이 지원해 주신 분들의 성원에 진심으로 감사드리는 바다.

저자 드림

목 · 차

1장 시내 모델링 전주 케이블링 실습 7

1-1 광섬유 절단하기 8

1-2 광섬유 융착 접속기 사용하기 21

1-3 광섬유의 접속점 보강하기 31

1-4 함체 조립하기 37

2장 가입자 모델링 부스 케이블링 실습 49

2-1 광단자함 설치하기 51

2-2 현장 조립 커넥터 조립하기 63

2-3 UTP 케이블 접속하기 69

2-4 동축 케이블 접속하기 81

3장 가입자망 케이블링 실습 89

3-1 광분배함 설치하기 91

3-2 패치 패널 작업하기 111

3-3 110블럭 및 아울렛 작업하기 117

4장 통신 계측 실습 125

4-1 OTDR 사용하기 126

4-2 광원 사용하기 141

4-3 광력계 사용하기 149

4-4 광섬유 손실 측정하기 155

4-5 광전화기 사용하기 161

5장 광통신 측정 ······ 169

5-1 전송 단위와 손실 169
5-2 컷백법에 의한 손실 측정 188
5-3 후방산란법에 의한 손실 측정 197

부록 1. 통신망 분배 기술 구성도 233
부록 2. KT FTTH 시스템 235
부록 3. 통신선로 산업기사 실기시험 문제 239
부록 4. 광통신 용어 249
부록 5. 출제기준(필기, 실기) 255

제1장 시내 모델링 전주 케이블링 실습

구 성

① 모델링한 가공용 전주를 그림과 같이 설치한다.

② 설치된 가공용 전주는 함체 작업이 용이해야 하며 작업대가 같이 설치될 수 있도록 한다.

③ 설치된 가공용 전주는 흔들리지 않도록 지지대를 구성한다.

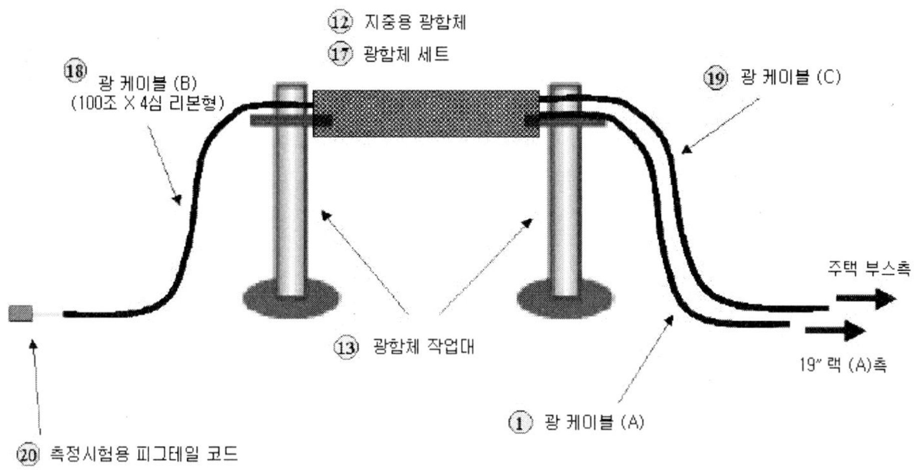

[그림 1-1-1] 모델링 전주 구성도

실 습 과 정

① 케이블 작업대에 지중용 광케이블함체를 고정시키고 조립작업을 한다.

② 광케이블함체 내에 A측과 B측간에 4심 리본형 광케이블 50조를 융착 접속한다.

③ 광케이블함체 내에 A측과 19″랙에 인입되는 C측간에는 4심용 리본형 광케이블 10조를 분기 접속한다.

④ B측 광케이블과 옥외용 광 단자함의 댁내 광케이블을 융착 접속한다.

⑤ [그림 1-1-1]의 A에서 주택부스의 각 통신용 아웃렛 간의 각 구간의 광 손실을 측정할 수 있도록 측정포트를 구성한다.

⑥ 비디오 시스템을 설치하여 동작시켜 A측에 인가하고 주택부스안의 각 통신용 아웃렛 측간의 동작을 시험한다.

1-1 광섬유 절단하기

소요시간: 3시간

목 표

① 광섬유의 구조 및 코팅 재질에 대하여 설명할 수 있다.
② 광섬유의 코팅 제거 및 절단작업을 할 수 있다.
③ 광섬유 절단기의 원리, 사용법을 설명할 수 있다.

기계 및 공구

광섬유 외피 탈피기, 광섬유 절단기(수동), 광섬유 절단기(반자동), 광섬유 융착접속기

재 료 명

알코올(99.9%) 50[cc], 면 솜 1통, 플라스틱 용기 50[cc], 광섬유 MMF 50/125[㎛] 1[m], 광섬유 SMF 9/125[㎛] [1m], 광섬유 SMF 9.8/125[㎛] [1m]

안전 및 유의사항

① 광섬유의 조각은 손으로 직접 만지지 말고 테이프를 이용하여 제거하고 용기에 따로 모아 둔다.
② 코팅 제거기, 광섬유 절단기 등에 충격을 주거나 떨어뜨리지 않도록 한다.
③ 알코올에 화기를 가까이 하지 말 것.
④ 광섬유 절단기로 동선이나 철사 등을 절단하지 않도록 한다.

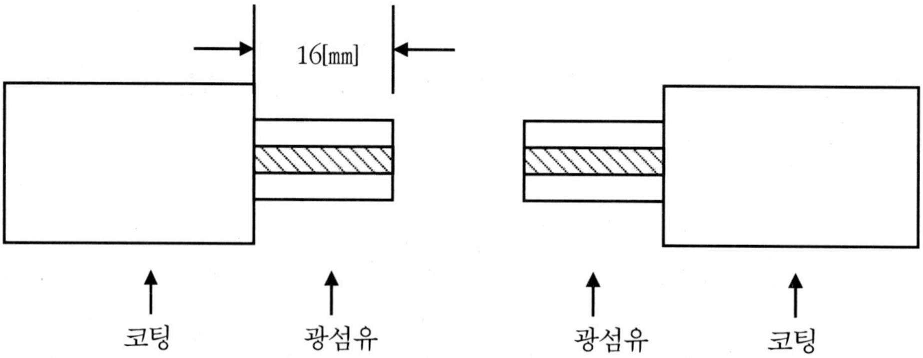

[그림 1-1-2] 광섬유 절단도

관 계 지 식

1. 광섬유의 구조

가. 모드별

(1) 단일모드

(가) 코어 지름 : 9～10[㎛]

(나) 클래딩 지름 : 125[㎛]

(2) 다중모드

(가) 코어 지름 : 50, 62.5[㎛]

(나) 클래딩 지름 : 125[㎛]

[그림 1-1-3] SM 288F 광케이블(단심형)

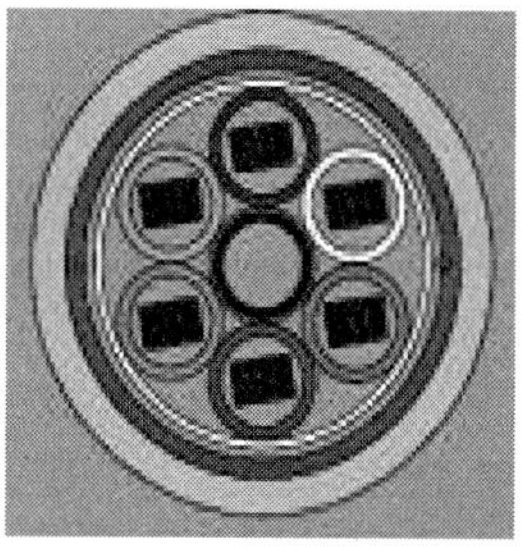

[그림 1-1-4] SM 432F 광케이블(리본형)

나. 코팅형태

(1) 단일코팅형

(가) 코팅 : 245[㎛], 아크릴, UV수지

(2) 이중코팅형

(가) 1차 코팅 : 400[㎛], Si수지

(나) 2차 코팅 : 900[㎛], 나일론, PE

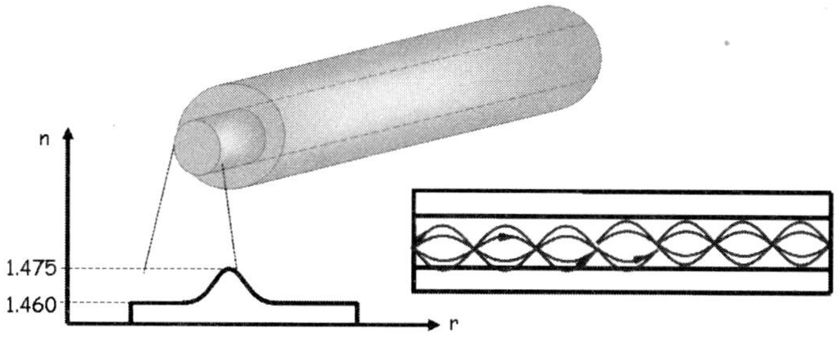

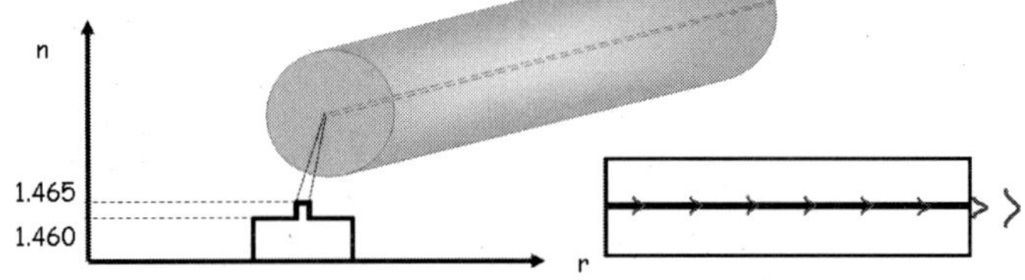

[그림 1-1-5] 광섬유 구조

다. 광섬유는 일반적으로 〈표 1-1-4〉와 같이 매질의 종류나 코어의 굴절률 및 전파되는 빛의 모드에 의해 분류된다.

〈표 1-1-1〉 광섬유의 종류

분류	종류	
굴절률 분포	단일 클래딩	계단형, 언덕형, 사다리형, 의사계단형, 삼각형
	다중 클래딩	디프레스더 클래딩, 메치드 클래딩, 삼중 클래딩, 트렌치형
사용파장	자외 광섬유, 가시 광섬유, 적외 광섬유, 근적외 광섬유(단파장 0.85[㎛]용, 장파장 1.3[㎛], 1.55[㎛]용)	
전파모드	단일모드	편파면 보존 광섬유, 비편파 광섬유
	다중모드	SI형, GI형
사용 재질	모재	석영계, 다성분계, 플라스틱계, 적외재료, 석영 코어 플라스틱 클래딩(PCS), 액체코어 석영튜브 클래딩 등
	코팅	무기재료(C, SiC등), 금속재료(금, 동, 니켈 등), 플라스틱
제조공법	모재	수정기상반응(MCVD)법, 외부기상반응(OCVD)법, 기상축증착(VAD)법, 플라즈마 기상반응(PCVD)법
	인출	Rod In Tube법, 2중 도가니법

〈표 1-1-2〉 언덕형 다중모드(MM) 광섬유 특성

항목		단위	규격치	비고
손실 계수	1,300[nm]	[dB/km]	1.0이하	
대역폭	1,300[nm]	[MHz·km]	500이상	
손실 균일성		[dB]	0.1이하	
NA			0.21±0.02	
코어 직경		[μm]	50±3	
코어 비원율		[μm]	5이하	
클래딩 직경		[μm]	125±3	
클래딩 비원율		[%]	2이하	
비동심율		[%]	5이하	
코팅 외경		[μm]	250±20	1차 코팅형 경우
인장 시험		[kpsi]	100이상	

〈표 1-1-3〉 대구경 다중모드(HMM) 광섬유 특성

항목		단위	규격치	비고
손실 계수	850[nm]	[dB/km]	4.0이하	
	1,300[nm]	[dB/km]	1.5이하	
대역폭	850[nm]	[MHz.km]	160이상	
	1,300[nm]	[MHz.km]	200이상	
NA				
코어 직경		[μm]	62.5±3	
코어 비원율		[μm]	6이하	
클래딩 직경		[μm]	125±3	
클래딩 비원율		[%]	2이하	
비동심율		[%]	6이하	
코팅 외경		[μm]	250±20	
인장시험		[kpsi]	100이상	

〈표 1-1-4〉 실용화되고 있는 대표적 단일모드 광섬유

항목	1.31[㎛] 표준 광섬유 SMF (G.652)	1.55[㎛] 차단파장천이 광섬유 SMF (G.654)	분산천이 광섬유(DSF)(G.653)		
			삼각형	듀얼 세프형	세그먼트 코어형
모드필드 직경 MFD[㎛]±[%]	9.5 또는 10	10.5±10[%]	7.5±10[%]	8±10[%]	8.1±10[%]
클래딩 직경[㎛]	125±3[㎛]	125±3[㎛]	125±3[㎛]		
클래딩 비원율 (%)	2이상	2이하	2이하		
차단파장[㎛]	1.10~1.28	1.35~1.60	-		
실효 차단파장	1.27이하	1.53이하			
편심량[㎛]	1이하	1이하	1이하		
분산치 [ps/nm·km]	1.285~1.33 [㎛]	1.525~1.575 [㎛]	1.525~1.575[㎛]		
굴절률 분포형태	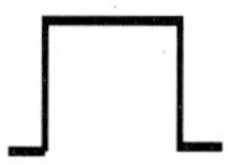	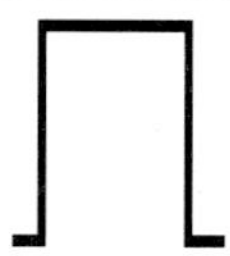			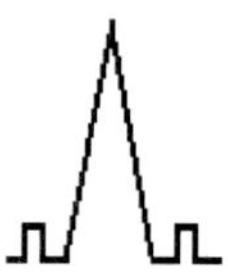

2. 광섬유의 절단법

융착 접속법 및 파단면을 직접 일치시키는 접속법의 경우, 광섬유 단면의 경사, 일그러짐 및 돌기 등이 없는 양호한 상태는 저 손실 접속을 위한 중요한 접속이다. 광섬유 축이 직각이고 평활한 단면을 얻기 위해, 응력 파단법의 원리에 기초를 둔 광섬유 절단기가 많이 사용되고 있다.

이것은 광섬유 표면에 수[㎛]의 미소한 흠을 내어, 적당한 곡률로서 구부려 축 방향에 장력을 가해 절단하는 방법이다. 이 원리를 응용한 스테이플러(stapler) 형태의 절단기와 작업자에 따라 파단면 상태의 편차를 작게 한 반자동 절단기(high precision cleaver)가 있다.

반자동 절단기는 조작 순서만 기억하면 초심자도 양호한 절단면을 반복해서 얻는 것이 가능하다. 또한 광섬유의 가변길이용 홀더(holder)를 이용하면 같은 절단기에서도 가변길이(tape) 광섬유 심선의 절단도 가능하다. 이 경우에도 양호한 광섬유 절단면을 얻을 수 있다.

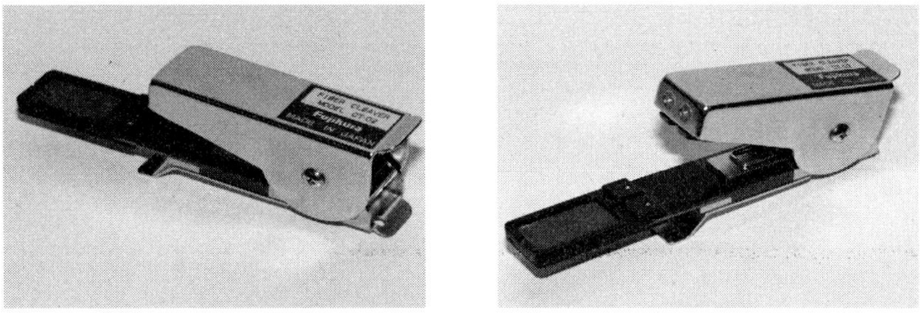

[그림 1-1-6] 수동 광섬유 절단기의 구조

작 업 순 서

1. 준비한다.

가. 공구와 재료를 준비하고 확인한다.

나. 절단하고자 하는 광섬유를 선택한다.

2. 코팅을 제거한다.

가. 단일 코팅형

(1) 공구를 사용한 코팅제거[그림 1-1-6]

(가) 0.25[㎜]의 V홈에 광섬유 단면에서 4~5[㎝]를 올려놓는다.

(나) 코팅 제거기의 손잡이를 눌러 광섬유의 축 단면 방향으로 잡아당긴다.

[그림 1-1-7] 광섬유 피복 탈피기 0.25[㎜]

(2) 이중 코팅형

(가) 0.9[㎜]의 V홈에 광섬유 단면에서 4~5[㎝]를 올려놓는다.[그림 1-1-7]

(나) 스트리퍼를 눌러 광섬유의 축 단면 방향으로 잡아당긴다.

(다) 0.25[㎜]의 V홈에 광섬유 단면에서 4~5[㎝]를 올려놓고 같은 방법으로 광섬유를 잡아당긴다.

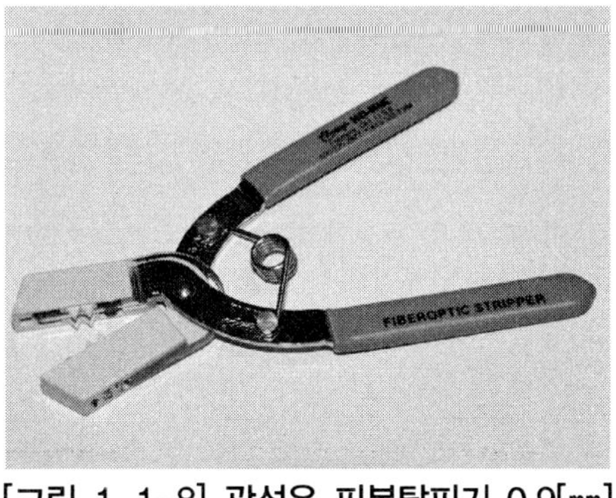

[그림 1-1-8] 광섬유 피복탈피기 0.9[㎜]

3. 광섬유를 청소한다.[그림 1-1-8]

가. 이소프로필알코올을 면 솜에 묻혀 광섬유의 축 방향으로 닦는다.

나. 여러 번 반복하여 광섬유에서 "삑삑" 소리가 나도록 닦는다.

다. 이중코팅형은 광섬유의 원주방향을 돌려가며 15~20회 정도 닦는다.

4. 광섬유를 절단한다.

가. 수동식 절단기(CT-02)의 경우[그림 1-1-9]

(1) 광섬유 코팅이 제거된 부분을 광섬유 절단기의 정지 홈(stopper)까지 삽입한다.

(2) 커버를 살짝 눌러 클램프로 광섬유를 누른다.

(3) 커버를 더 눌러 절단기의 날이 80[g] 정도의 압력으로 광섬유에 흠집을 낸다.

(4) 커버를 살짝 놓는다.

(5) 클램프의 고무판을 밑으로 살짝 눌러 광섬유를 절단한다.

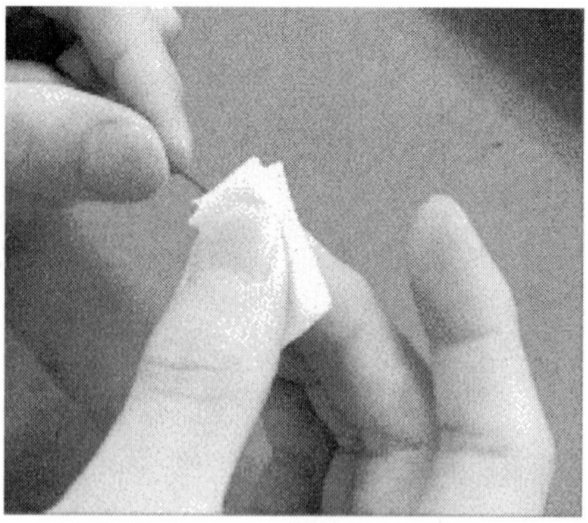

[그림 1-1-9] 광섬유 청소

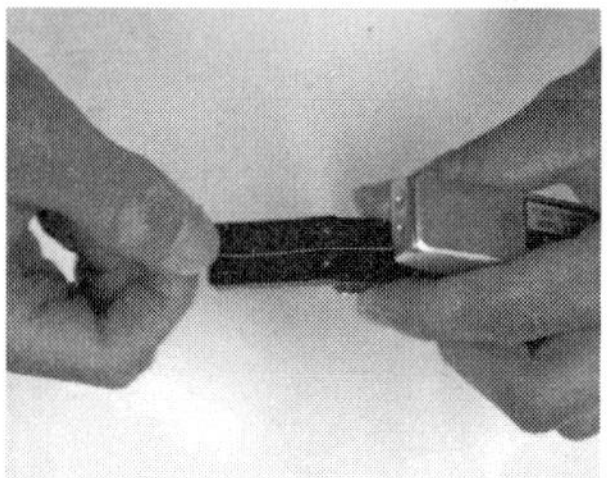

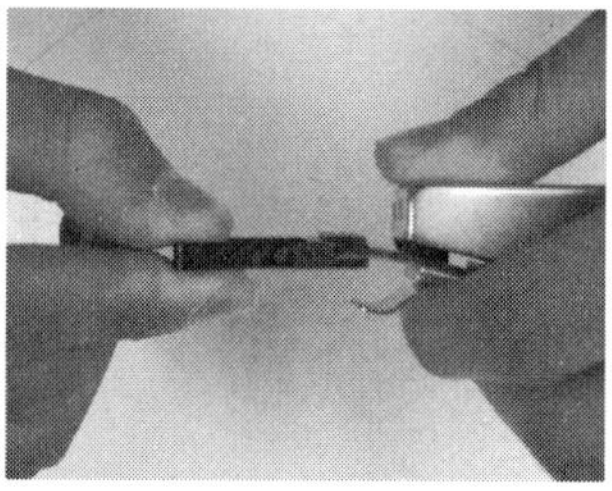

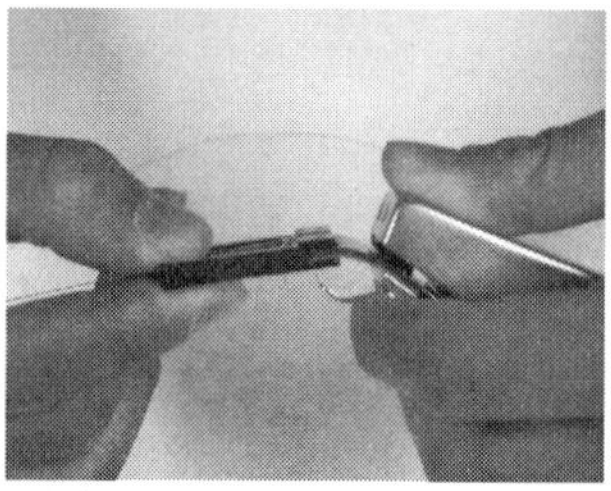

[그림 1-1-10] 수동 절단기를 이용한 광섬유 절단

나. 반자동 고정밀 광섬유 절단기(CT-20)의 경우[그림 1-1-10]

(1) 절단할 광 심선을 위치시키기 전 심선 고정 레버를 위로 올린 후 광 심선을 홈에 고정시킨다.(이때 코팅의 끝부분이 홈의 끝에 걸리도록 주의한다.)

(2) 광심선이 고정되면 레버를 눌러 절단할 준비를 한다.

(3) 절단 레버를 완전히 눌러 절단한다.(이때 가벼운 힘으로 눌러준다.)

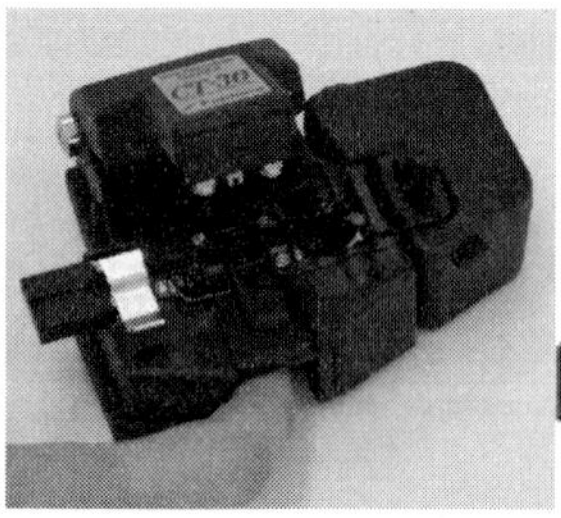

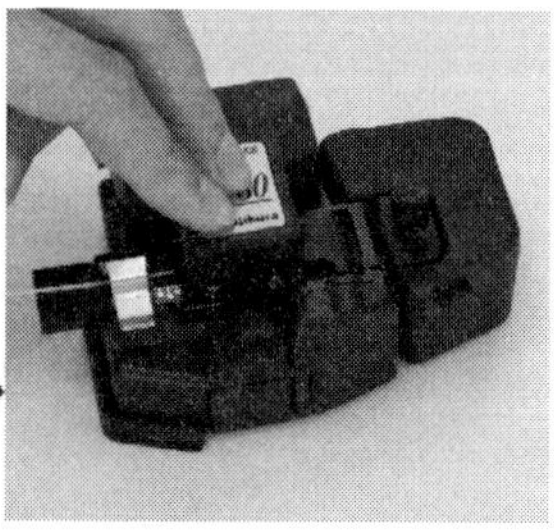

[그림 1-1-11] 반자동 고정밀 광섬유 절단기를 이용한 광섬유 절단

5. 광섬유 절단기를 청소한다.

가. 수동식 광섬유 절단기는 클램프를 열어 광섬유조각을 들어내어 플라스틱 용기에 모아 둔다.

나. 반자동 고정도 광섬유절단기(CT-20)의 경우 청소 레버를 눌러 휴지통으로 광섬유조각을 밀어내도록 한다.

6. 광섬유의 절단면을 확인한다.

가. 절단된 광섬유를 광섬유 접속기의 V구 홈에 올려놓고 광섬유를 360° 회전시키면서, 절단면을 현미경으로 확인한다.

나. 자동식 융착접속기의 경우 절단된 광섬유를 V구 홈에 올려놓고, X, Y 스위치를 눌러 각각의 단면을 확인한다.

증상	원인	개선 방안
코어 축 편차 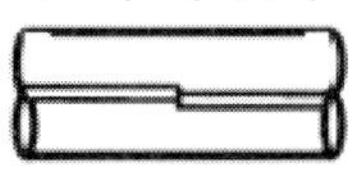	V-groove 또는 심선 고정대 칩의 먼지	V-groove와 심선 고정대 칩을 청소한다.
코어 각도 	V-groove 또는 심선 고정대 칩의 먼지	V-groove와 심선 고정대 칩을 청소한다.
	광섬유 끝 단의 상태가 나쁨	광섬유 절단기가 잘 작동하는지 체크한다.
코어 변형 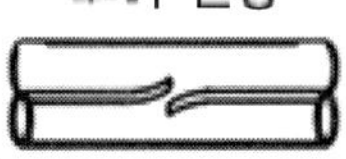	V-groove 또는 심선 고정대 칩의 먼지	V-groove와 심선 고정대 칩을 청소한다.
코어 굴곡 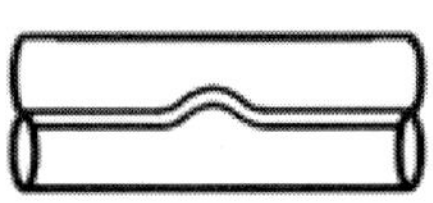	광섬유 끝 단의 상태가 나쁨	광섬유 절단기가 잘 작동하는지 체크한다.
	초기 방전량이 너무 낮거나 초기 방전시간이 너무 짧다.	초기 방전량과 (또는) 초기 방전시간을 증가시킨다.

[그림 1-1-12] 광섬유 절단면의 불량 예1

MFD 불일치 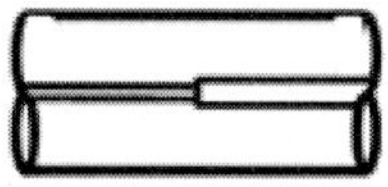	방전량이 너무 낮다.	방전량과 (또는) 방전시간을 증가시킨다.
연소 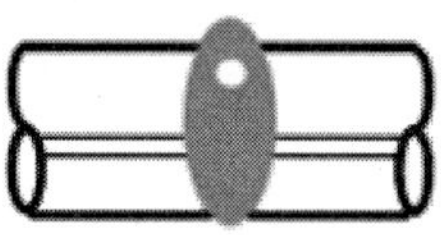	광섬유 끝 단의 상태가 나쁨	광섬유 절단기를 체크한다.
	광섬유 청소 또는 청소방전 후에도 여전히 먼지가 남아있다.	충분히 광섬유를 청소하거나 청소방전시간을 증가시킨다.
기포 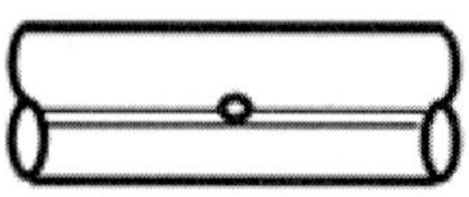	광섬유 끝단의 상태가 나쁨	광섬유 절단기가 잘 작동하는지 체크한다.
	초기 방전량이 너무 낮거나 초기 방전시간이 너무 짧다.	초기 방전량과 (또는) 초기 방전시간을 증가시킨다.
분리 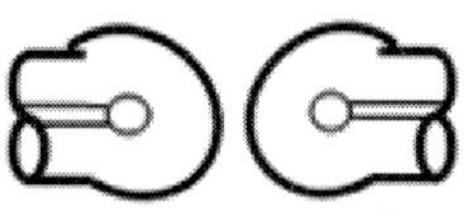	광섬유 자체가 너무 짧다.	모터 교정을 실시한다.
	초기 방전량이 너무 높거나 초기 방전시간이 너무 길다.	초기 방전량과 (또는) 초기 방전시간을 감소시킨다.
두꺼움 	광섬유 자체가 너무 길다	중복을 감소시키고 모터 교정을 실시한다.

[그림 1-1-13] 광섬유 절단면의 불량 예2

두꺼움 	광섬유 자체가 너무 길다	중복을 감소시키고 모터 교정을 실시한다.
얇음 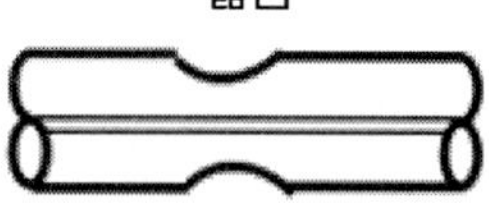	방전량이 적당하지 않다.	방전량 교정을 실시한다.
	몇몇 방전 요소들이 적당하지 않다.	초기 방전량, 초기 방전 시간, 중복을 조절한다.
선 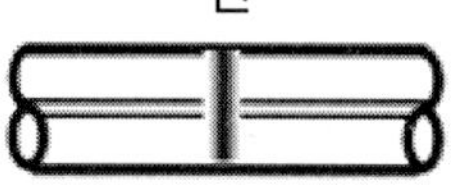	몇몇 방전 요소들이 적당하지 않다.	초기 방전량, 초기 방전 시간, 중복을 조절한다.

[그림 1-1-14] 광섬유 절단면의 불량 예3

7. 실습보고서를 작성한다.
8. 정리 정돈한다.

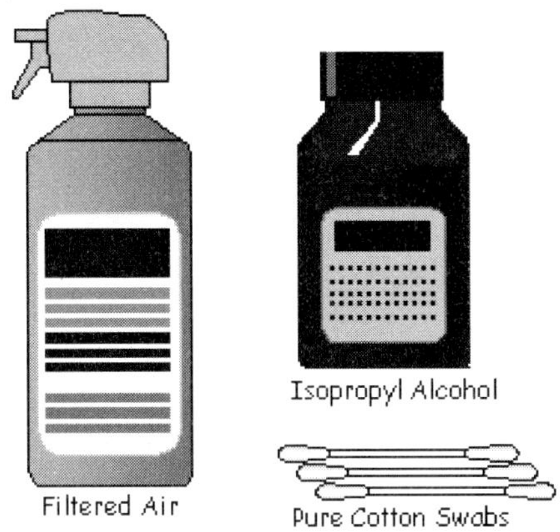

[그림 1-1-15] 광섬유 청소용 압축공기, 이소프로필알코올, 면봉

실습 보고서 | 1-1. 광섬유 절단하기 | 소요시간: 3시간

1-1. 광섬유 절단하기

장비명 equipment		학과 :	
제조사 maker		학번 :	
모델명 Model No.		이름 :	
S/N serial number		실습 조	

	수동 절단기(L)	수동 절단기(R)	반자동절단기(L)	반자동 절단기(R)	비고
1					
2					
3					
4					
5					
6					
7					
8					
9					
10					

〈평가기준〉

평 가 항 목		만점	양호	보통	득점	비고			
작품평가 (60점)	코 팅 제 거 상 태	20	15	10					
	광섬유의 청소 상태	20	15	10					
	광섬유의 절단상태	20	15	10					
작업평가 (40점)	실 습 태 도	10	8	6					
	실 습 안 전	10	8	6					
	정 리 정 돈	10	8	6					
	보고서 작성내용	10	8	6					
시간평가	소요시간은 ( )분 초과마다 ( )점 감점					작품평가	작업평가	시간평가	총점

1-2 광섬유 융착 접속기 사용하기

소요시간: 3시간

목 표

① 광 융착 접속기 각 부의 명칭과 기능을 설명할 수 있다.
② 광 융착 접속기의 조작과 순서를 알고 사용할 수 있다.

기계 및 공구

반자동 광섬유 절단기(CT-30), 광섬유 외피 탈피기, 광 융착 접속기(Fujikura 70S+)

재 료 명

알코올(이소프로필(99.9%)) 50[cc], 면 솜 1통, 플라스틱용기 50[cc], 광섬유 SMF 9.8/12[5㎛] 5[m], 광섬유 MMF 50/125[㎛] 1[m], 열수축튜브 FP-03 10개

안전 및 유의사항

① 광섬유의 조각은 플라스틱 용기에 모아 둔다.
② 광섬유외피 탈피기, 광섬유 절단기 등에 충격을 주거나 떨어뜨리지 않도록 한다.
③ 화재가 발생되지 않도록 주의한다.
④ 융착 작업 중에는 약 3,000[V]의 전압이 발생하므로 절대 손대지 말 것.
⑤ 융착 작업기의 사용전원을 반드시 확인할 것.
⑥ 방전 전극이 없는 상태에서 방전을 하지 말 것.
⑦ 전원 코드를 제거할 때에는 접속기의 전원 스위치를 OFF할 것.
⑧ 접속기의 본체에 기름을 치지 말 것.
⑨ 융착 접속기에 충격을 가하지 말 것.
⑩ 보관 장소는 습도가 높은 곳, 특별히 온도가 높은 곳을 피할 것.

관 계 지 식

1. 광섬유 융착 접속기의 특징

가. 단일 모드 및 다중모드 광섬유를 대기 중의 방전에 의하여 융착 접속한다.

나. 접속기에 내장된 컴퓨터가 화상처리를 행하여 자동적으로 정렬(aligning)하여 융착 접속한다.

다. 전원으로 AC85～265[V], 60[Hz] 또는 DC10～15[V]를 사용한다.

2. 각 부의 명칭과 기능은 다음과 같다.

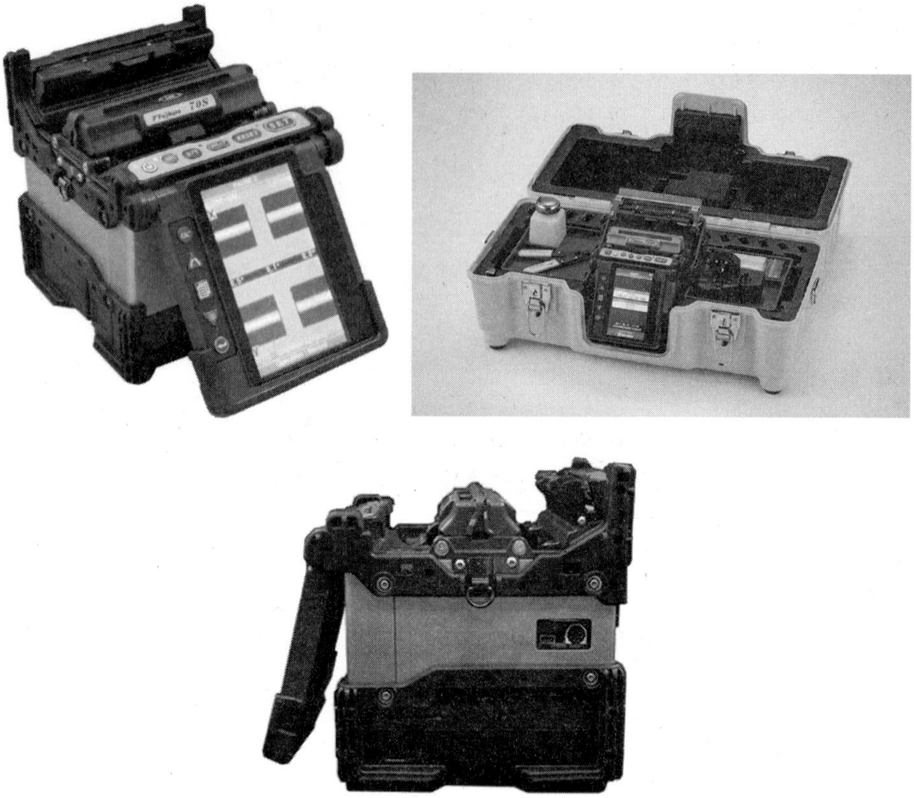

[그림 1-2-1] 광섬유 융착 접속기의 외관도

[그림 1-2-2] 광섬유 융착 접속기 외관

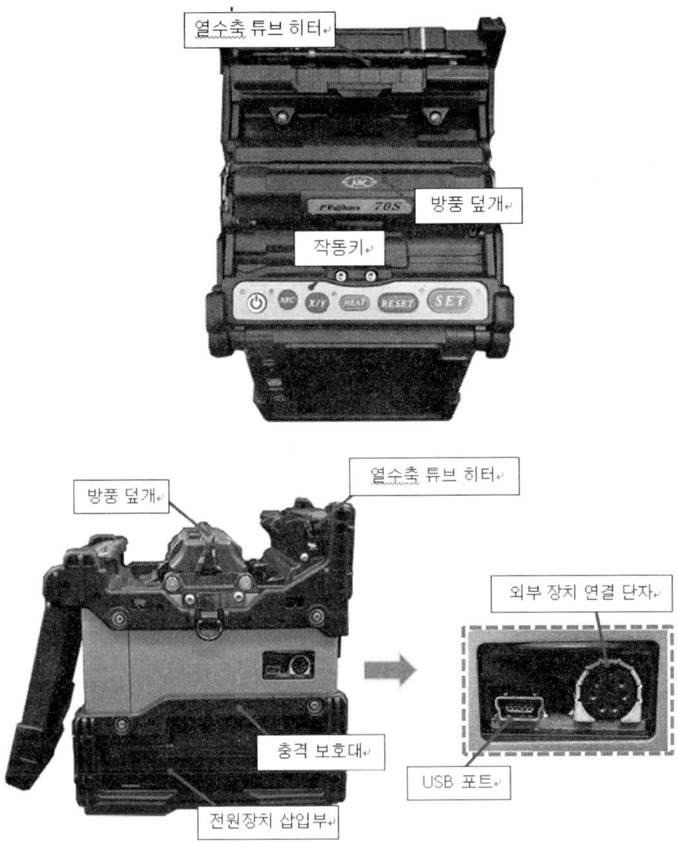

[그림 1-2-3] 광섬유 융착 접속기 구조 1

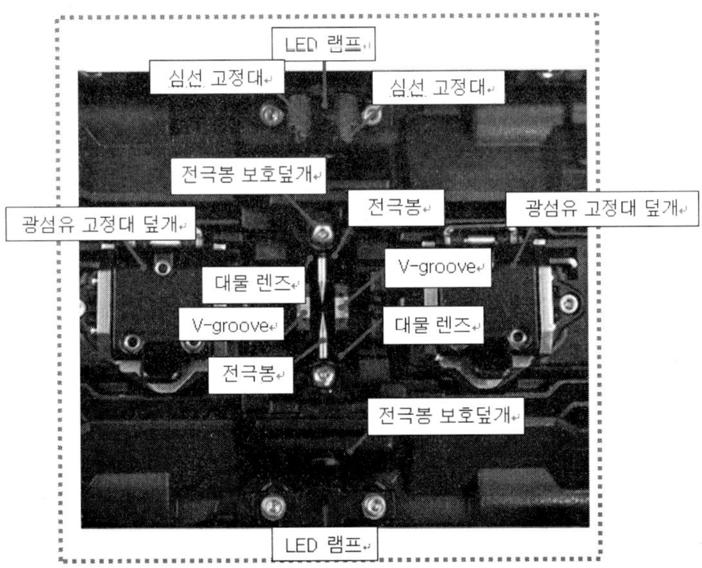

[그림 1-2-4] 광섬유 융착 접속기 구조 2

〈표 1-2-1〉 접속기 기본 구성

 광융착접속기 [70S]	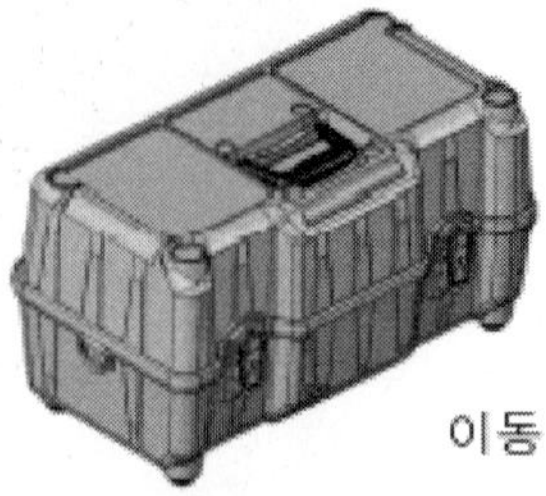 이동 보관함 [CC-30]	
 AC 아답터 [ADC-18]	 AC 전원코드 [ACC-**]	
 사용자 매뉴얼 [M-70]	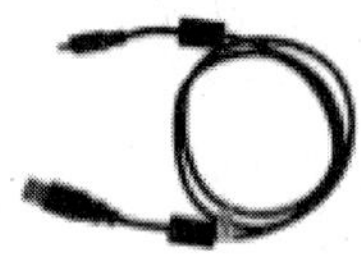 USB 케이블 [USB-01]	 알코올 토출기 [AP-01]
 예비 전극봉 [ELCT2-20A]	 빠른 조작 가이드 [Q-70S-E]	경고와 주의점 [W-70-E]

〈표 1-2-2〉 작동키 기능

작동키 이름	작동키 기능
ON/OFF 전원키	전원 ON / OFF
ARC 방전키	수동으로 방전할 수 있다.
X/Y X/Y 키	X/Y축 이미지를 바꿔 화면에 보여준다.
HEAT 히팅키	튜브 히터에서 히팅을 시작한다.
RESET 재시작키	튜브 히팅 작동 중을 제외한 어떠한 접속 과정일지라도 본 키를 누르면 알림음과 함께 "준비" 상태로 되돌아간다.
SET 설정키	"일시 정지" 상태에서 본 키를 누르면 다음 접속 단계로 넘어간다. 메뉴에서 커서의 방향을 이동시킨다.
ESC 취소키	X/Y축 이미지를 바꿔 보여주는 기능과 "준비", "일시 정지", "완료" 상태에서 데이터를 보여준다. 문자를 입력할 때 입력 문자를 취소하는 기능도 있다.
위/아래 방향키	"준비" 상태에서 모니터의 밝기를 조절해 준다(아래 키 입력). 방풍 덮개를 자동으로 여닫는다. (위 키 입력) 방향키는 메뉴 항목을 선택할 때 커서를 이동시키며 방전 조건과 같은 변동 수치를 조절할 수 있다. 수동으로 모터를 조정할 때 "뒤로", "앞으로"의 기능키 역할도 한다.
MENU 메뉴키	메인 메뉴를 열며 다음 페이지로 넘길 수 있다.
ENT 입력키	"준비" 상태에서 메뉴를 연다. 메뉴에서 최종 선택한 변동 수치나 항목들을 결정한다.

작 업 순 서

1. 준비한다.

가. 광섬유 융착접속기, 공구 및 재료를 정돈하고 확인한다.

나. 접속하고자 하는 광섬유를 선택한다.

2. 사용전원을 준비한다.

가. AC전원으로 사용할 때

(1) 퓨즈 홀더에 퓨즈가 내장되어 있는지 확인한다.

(2) 전원 단자에 플러그를 연결하고 AC를 공급한다.

나. 배터리를 사용할 때

(1) 배터리 용량을 체크한다.

(2) 배터리 용량이 충분하다면, 배터리를 전원 공급 소켓 안으로 밀어 넣는다.

배터리 잔량 표식	배터리 잔량
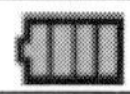	95-100%
	65-95%
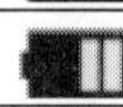	40-65%
	15-40%
 점멸	15% 이하

[그림 1-2-5] 배터리 용량 체크

다. 사용 전원에 따라 스위치를 ON한다.

3. 접속 모드를 선택한다.

가. 기본 SM 광섬유 (ITU-T G.652)만 접속할 경우는 "SM AUTO"모드를 선택한다.

나. 여러 종류의 광섬유를 접속 할 경우는 "AUTO"모드를 선택한다. ("AUTO"모드는 상대적으로 접속 속도가 느리다.)

다. "SM FAST"모드는 접속 속도가 빠르지만, 주기적으로 방전량 교정을 해줘야 한다.

4. 열수축 튜브를 삽입한다.

가. 접속하고자 하는 광섬유의 어느 한 측에 열수축 튜브를 미리 삽입하여 둔다.

5. 접속하고자 하는 광섬유의 코팅을 제거한다.

6. 알코올이 묻은 거즈로 5회 정도 광섬유를 닦는다.

7. 광섬유 심선을 절단한다(광섬유 심선 2코어).

8. 절단한 광섬유를 접속기에 세트한다.

가. 연속 접속 시에 방풍덮개는 열려있다.

나. 광섬유 클램프를 연다.

다. V-groove 종단과 전극봉 중앙 사이에 광섬유를 장착한다.

라. 피복 클램프를 찰칵 소리가 날 때까지 조용히 닫는다.

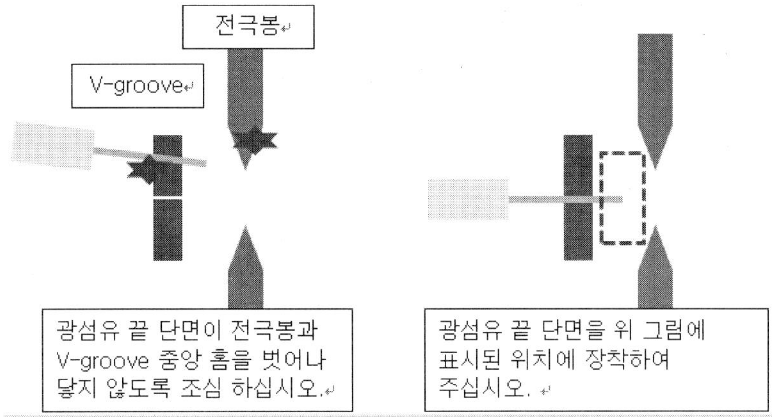

[그림 1-2-6] 광섬유 장착 위치

9. 양쪽 클램프를 닫는 순간 자동으로 방풍덮개가 닫히면서 접속이 시작된다.

가. PAUSE가 ON인 경우

(1) 초기 단면 간격이 세팅된 후 동작이 일시 정지한다.

(2) 광섬유 단면을 관찰한다.

(3) 다시 SET 스위치를 누르면 융착이 시작된다.

나. PAUSE가 ON이 아닌 경우

(1) PAUSE가 ON 상태의 연속으로 자동 방전되어 융착이 된다.

(2) 단일모드 광섬유의 경우에는 예상 접속손실을 계산하여 모니터에 나타낸다.

다. 융착이 종료되면 [FINISHED]를 표시한다.

10. 광섬유를 뺀다.

가. 융착 접속이 완료된 후에 자동으로 방풍덮개가 열린다.

나. 접속기 설정에 따라 클램프가 양쪽 또는 한쪽이 자동으로 열리거나 수동으로 열 수 있다.

다. 광섬유 심선을 홀더에서 뺀다.

11. 접속점을 보강한다.

가. 미리 삽입된 열수축튜브를 접속부의 중앙에 놓는다.

이때 특히 주의해야 할 점은 융착하기 위하여 광케이블을 벗긴 부분이 모두 열수축튜브 [60mm]의 안쪽에 들어가는지 확인해야한다. 만일 튜브 밖으로 노출된 부분이 있으면 광케이블 길이를 조정하여 다시 절단한 다음 재 융착하여야 한다.

나. 광심선의 양쪽 끝을 팽팽하게 당긴 후 열수축튜브의 스테인리스 봉을 아래로 해 히터위에

표시된 노란색 줄 안에 슬리브를 위치하게끔 조정하여 슬리브를 히터 안으로 넣는다.

다. 히터 덮개가 자동으로 다 닫힐 때까지 슬리브를 고정하고 있어야 한다.

라. 히터 스위치를 눌러 가열 지시램프가 점등하는가를 확인한다.

12. 접속점을 빼내어 정리한다.
13. 실습보고서를 작성한다.
14. 정리 정돈한다.

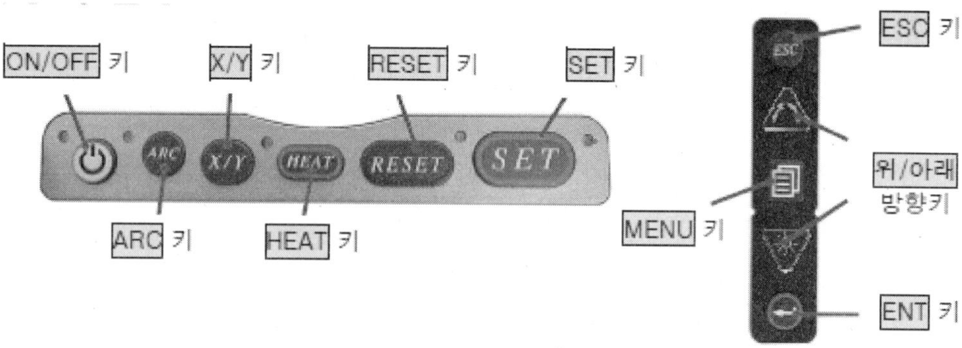

[그림 1-2-7] 작동키 사진

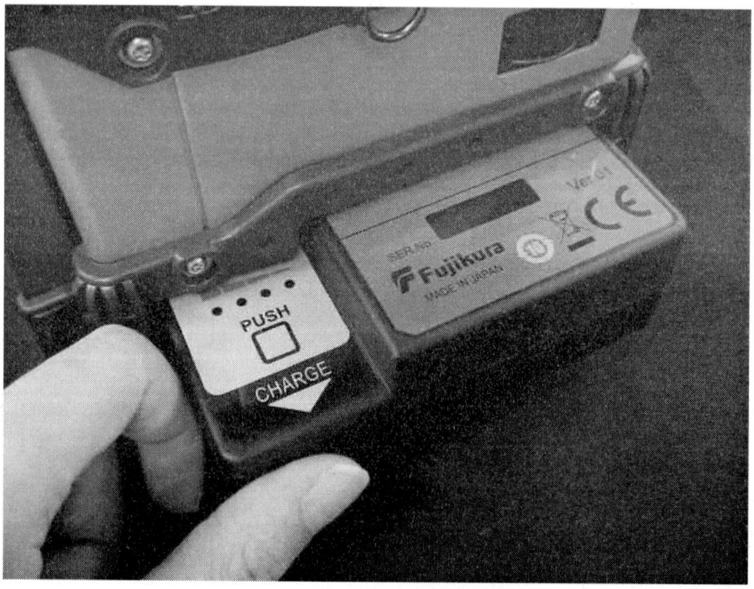

[그림 1-2-8] 전원부 삽입

실습 보고서 | 1-2. 광섬유 융착 접속기 사용하기 | 소요시간: 3시간

1-2. 광섬유 융착 접속기 사용하기

장비명 equipment		학 과 :	
제조사 maker		학 번 :	
모델명 Model No.		이 름 :	
S/N serial number		실습 조	

	절단각도 (L)	절단각도 (R)	OFFSET (core)	OFFSET (clad)	추정 접속손실 (dB)	비고(원인 설명)
1						
2						
3						
4						
5						
6						
7						
8						
9						
10						

〈평가기준〉

평 가 항 목		만점	양호	보통	득점	비고			
작품평가 (60점)	장비의 조작 순서	20	15	10					
	광섬유의 접속상태	20	15	10					
	광섬유의 보강상태	20	15	10					
작업평가 (40점)	실 습 태 도	10	8	6					
	실 습 안 전	10	8	6					
	정 리 정 돈	10	8	6					
	보고서 작성내용	10	8	6					
시간평가	소요시간은 ( )분 초과마다 ( )점 감점					작품 평가	작업 평가	시간 평가	총점

1-3 광섬유의 접속점 보강하기

소요시간: 2시간

목 표

① 광섬유를 접속하여 접속점을 보강할 수 있다.
② 광섬유 점속점 보강의 종류와 작업순서를 설명할 수 있다.

기계 및 공구

광섬유 외피 탈피기, 광섬유 절단기(수동), 광섬유 절단기(반자동), 융착 접속기, 열수축 가열기

재 료 명

열수축튜브 (FP-03) 10개, 플라스틱용기 50[cc], 광섬유 MMF 50/125[㎛] 1[m], 광섬유 SMF 9/125[㎛] 1개, 광섬유 SMF 10/125[㎛] 1[m]

실습 참고사항

① 광섬유의 조각은 테이프를 이용하여 제거하고 플라스틱 용기에 잘 모아둔다.
② 코팅 제거기, 광섬유 절단기 등에 충격을 주거나 떨어뜨리지 않도록 한다.
③ 화재가 발생하지 않도록 주의한다.
④ 융착 접속기의 사용전원을 반드시 확인한다.
⑤ 튜브히터가 너무 과열이 되지 않도록 한다.
⑥ 접속점이 일직선이 되는지 확인하고 보강한다.

관 계 지 식

1. 접속부는 보강 광섬유의 접속부는 완충 층이나 피복층이 제거된 석영유리로 노출되어 있다. 또한, 접속 시의 피복 제거에 의해 흠이나 열왜의 영향으로 접속부의 강도가 현저히 저하되므로, 이 부분을 보호 및 보강을 할 필요가 있다. 접속부의 보강법으로 가장 많이 사용되고 있는 열수축 튜브 보강(권장)과 샌드위치 보강이 있다. 일반적으로 가열기에서 가열 수축되어 광섬유에 가열하거나, 접속자의 접속제로 보강된다.

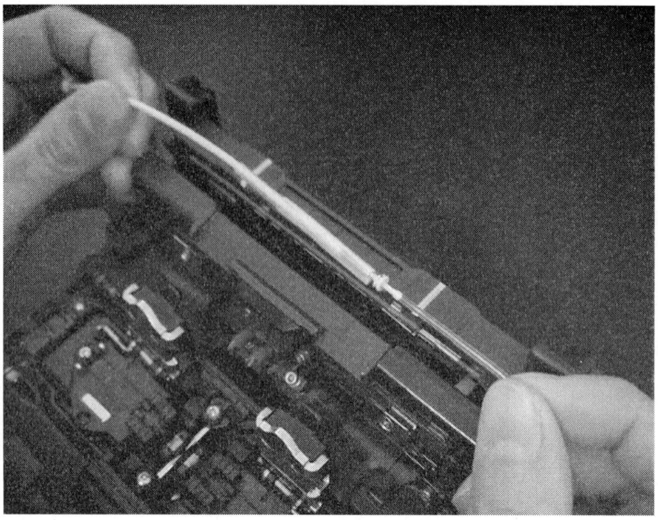

[그림 1-3-1] 광섬유 접속점의 보강도

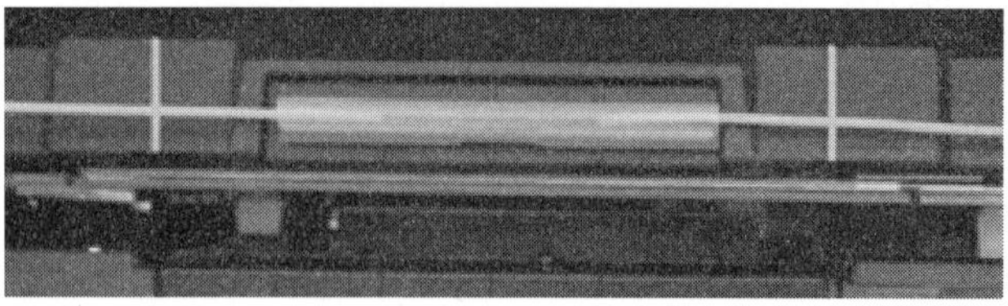

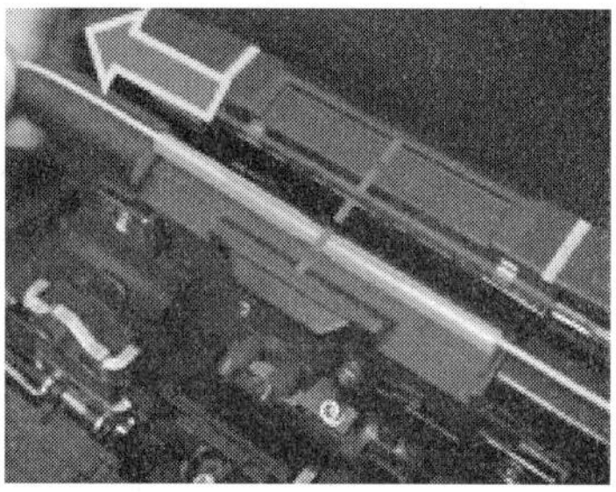

[그림 1-3-2] 광섬유 접속점 위치와 보강점 위치

작 업 순 서

1. 준비한다.

가. 공구와 재료를 정돈하고 확인한다.

나. 절단하고자 하는 광섬유를 선택한다.

2. 열수축 튜브에 의한 접속점 보강

가. 열수축 튜브를 삽입한다.

접속하고자 하는 광섬유의 한 쪽에 열수축 튜브의 내부 튜브에 삽입한다.

나. 광섬유를 접속한다.

(1) 광섬유의 코팅을 제거하고 광섬유를 청소한다.

(2) 광섬유를 절단하고 절단면을 확인한다.

(3) 축 정렬, 예비방전, 광섬유를 융착한다.

다. 접속점을 보강한다.

(1) [히터 모드]에서 60mm를 선택한다.

(2) 미리 삽입된 열 수축 슬리브를 접속부 옆으로 가져다 놓는다.

(3) 접속된 광섬유를 양쪽 끝에서 팽팽히 당겨 주고 열 수축 슬리브를 접속점 중앙에 위치시킨다.

(4) 접속된 광섬유를 히터기 중앙의 노란색 선 안에 위치시키고, 팽팽히 당겨진 광섬유로 가열기 밑으로 내려 가열기의 방풍 덮개가 자동으로 닫힐 때 까지 기다린다.

(5) 자동으로 가열기 방풍 덮개가 닫히면 히터가 점등되며 슬리브가 수축된다.

(6) 자동으로 가열기 방풍 덮개가 열리면 보호된 광섬유를 꺼낸다.

(7) 항상 슬리브에 기포가 없는지, 부스러기나 먼지가 존재하는지 확인하기위해 최종 슬리브를 검사한다.

3. 실습 보고서를 작성한다.

4. 정리정돈 한다.

실습 보고서

1-3. 광섬유의 접속점 보강하기

소요시간: 2시간

장비명 equipment		학 과 :	
제조사 maker		학 번 :	
모델명 Model No.		이 름 :	
S/N serial number		실습 조	

〈위의 여백부분에 열 수축된 슬리브를 첨부하여 제출한다.〉

〈평가기준〉

평 가 항 목		만점	양호	보통	득점	비고			
작품평가 (60점)	융착접속부의 상태	20	15	10					
	광섬유의 정렬상태	20	15	10					
	융착부의 보강사태	20	15	10					
작업평가 (40점)	실 습 태 도	10	8	6					
	실 습 안 전	10	8	6					
	정 리 정 돈	10	8	6					
	보고서 작성내용	10	8	6					
시간평가	소요시간은 (　)분 초과마다 (　)점 감점					작품 평가	작업 평가	시간 평가	총점

1-4 함체 조립하기

소요시간: 5시간

목 표

① 광케이블의 구조 및 작업순서에 대하여 설명한다.
② 광케이블의 접속자재의 명칭 및 용도를 설명할 수 있다.
③ 광케이블의 접속 후 여장정리를 할 수 있다.

기계 및 공구

광섬유 외피 탈피기, 광섬유 절단기(수동), 광섬유 절단기(반자동), 광섬유 융착 접속기, 선로 기본공구, 슬리브 압착기, 열 수축 히터

재 료 명

알코올(이소프로필(99.9%)) 50[cc], 면 솜 1통, 플라스틱 용기 50[cc], 광섬유 케이블(12 코어) 9/125[㎛] 및 9.8/125[㎛] 각각 1조, 광케이블 접속함체 1set

안전 및 유의사항

① 광섬유의 조각은 플라스틱용기에 모아 두어 피부나 옷에 박히지 않도록 한다.
② 코팅제거기, 광섬유 절단기 등에 충격을 주거나 떨어뜨리지 않도록 한다.
③ 화재가 발생되지 않도록 주의한다.
④ 외피제거 시 손에 상처를 입지 않도록 주의한다.
⑤ 케이블에 무리한 힘을 가하거나 심한 굴곡이 생기지 않도록 한다.
⑥ 광케이블의 여장정리 시 케이블 외경의 20배 이상으로 여장을 정리한다.

관 계 지 식

1. 광케이블의 종류별 구조

광케이블 구조는 광섬유 심선 및 인장선 배열, 광섬유 심선의 종류, 광섬유 심선의 보호방법 등 케이블 심선 구조로 구별한다. 구조형태에 따라 루즈튜브형, 단일 튜브형, 슬롯형 광케이블로 분류하며, 시설형태에 따라 관로용, 직매용, 수저용, 해저용, 가공용으로 구분된다.

가. Loose tube형 케이블 : 루즈 튜브 내에 6, 8개의 광섬유 심선들이 수용된 튜브들을 중심 인장선을 중심으로 원형으로 적절히 배열하여 케이블화 한 것으로 물의 침투를 막기

위해 튜브 및 케이블 내 젤리 (Jelly)를 충진시킨 광케이블로 지금에 대부분의 케이블이 루즈튜브형이다.

[그림 1-4-1] 광케이블 접속 함체의 종류

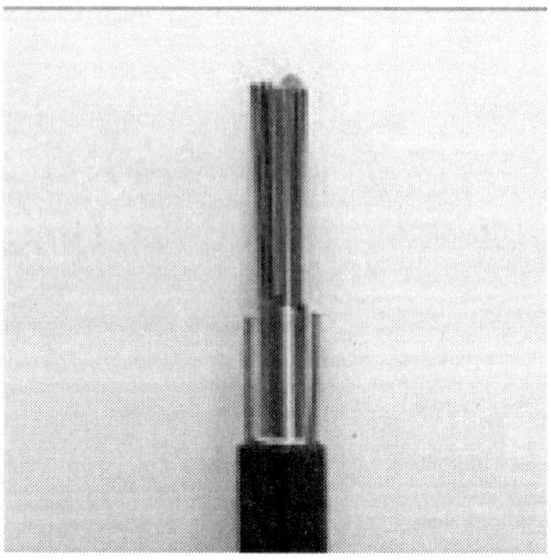

[그림 1-4-2] SM **광케이블**

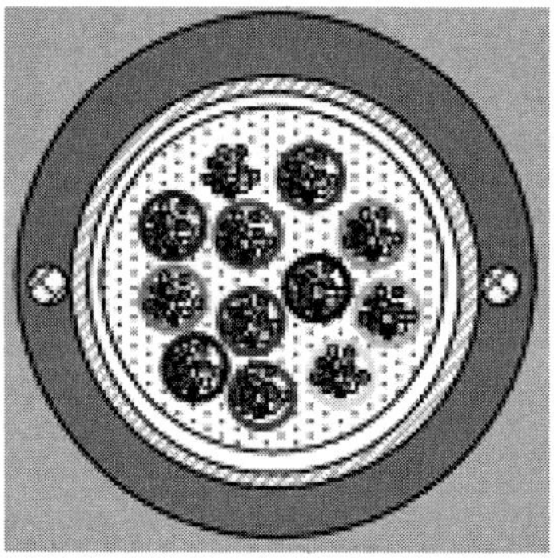

[그림 1-4-3] SM **광케이블 단면**

나. 슬롯형 : 루즈튜브 대신에 슬롯형태의 구조물에 광섬유 심선을 적절히 집합하여 케이블화한 것이다. 케이블 내 물의 침투를 막기 위해 각각의 슬롯 유닛 내에 케이블 심을 방수테이프 (Water blocking tape)로 보호한 구조의 광케이블로, 현재의 다심용 리본 케이블에 주로 사용된다.

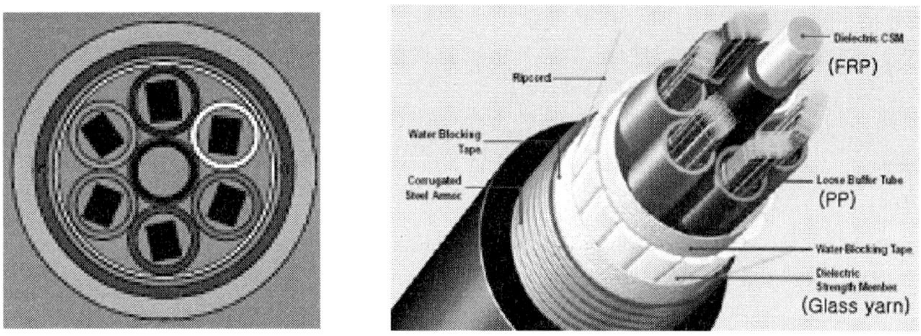

[그림 1-4-4] SM 광케이블 (리본형)

다. 광섬유복합가공지선(O.P.G.W.: optical fiber composite ground wire) : 고압의 송전 전력 탑 상부에 위치한 접지용 강선의 내부에 광섬유가 내장된 케이블로 광섬유의 특성인 낙뢰나 기타 전기적인 잡음에 영향 없이 통신이 이루어지는 케이블로 산간벽지나 송전시설 및 기상관측이나 전용선으로 사용된다.

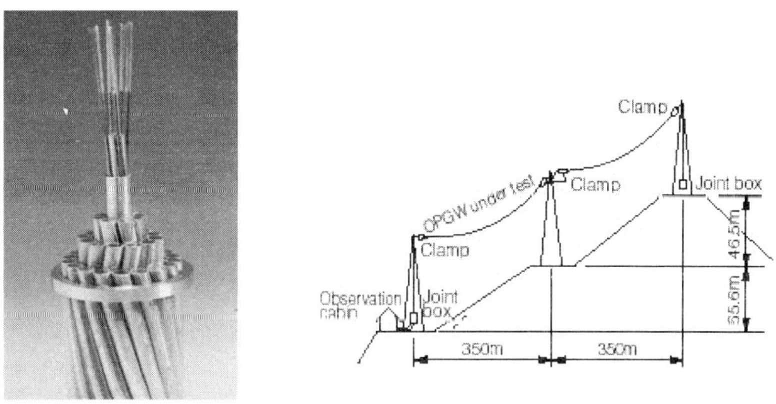

[그림 1-4-5] 광섬유복합가공지선

2. 광케이블 접속자재

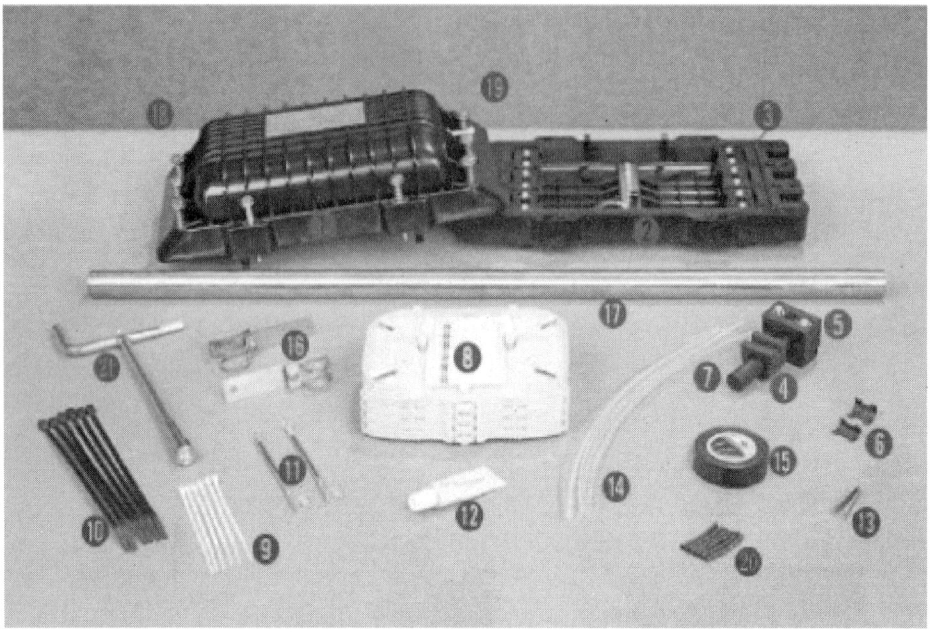

[그림 1-4-6] 광케이블 함체 구성

1) 상판　2) 하판　3) 본체 가스켓　4) 케이블 가스켓　5) 케이블 클램프
6) 케이블 라이나　7) 플러그　8) 트레이　9) 케이블타이A　10) 케이블 타이B
11) 접지선　12) 진공 그리스　13) 핀셋　14) 보호 튜브　15) 비닐 테이프
16) 마운팅 브리켓　17) 마운팅 파이프　18) 상하판 조립볼트　19) 공기주입 밸브
20) 인장선 보호튜브　21) T-렌치

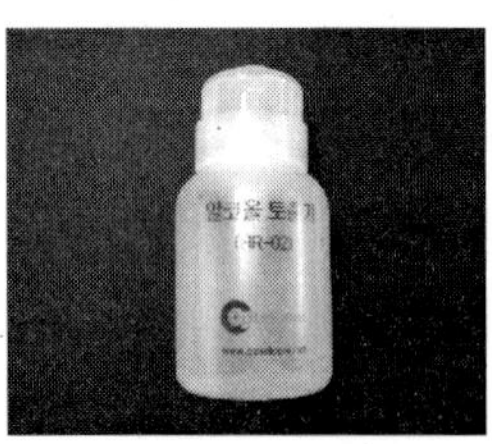

알코올 토출기

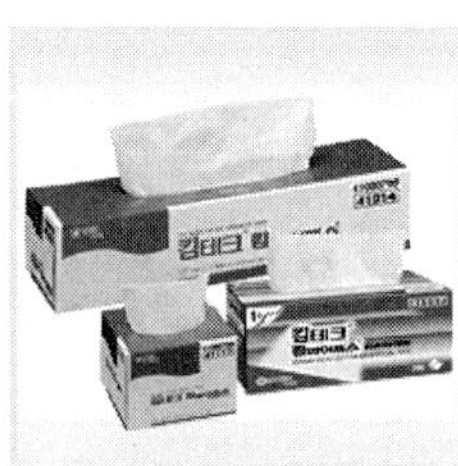

Kimwipes

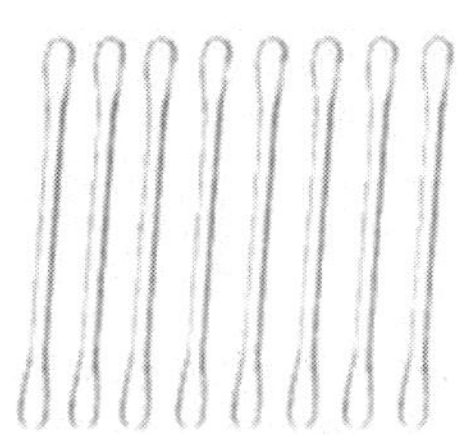

면봉

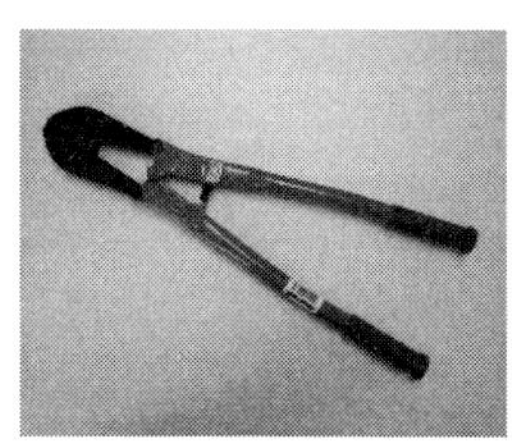

구리퍼

외피탈피기 (RCS-114)

보호섬유 절단기

외피탈피기 (ACS)

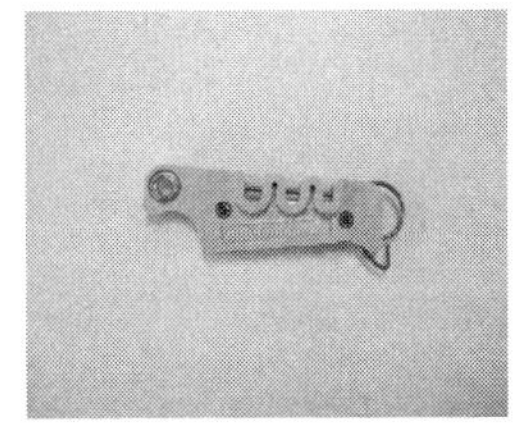

루즈튜브커터

[그림 1-4-7] 함체 작업 시 필요한 공구

〈표 1-4-1〉 광섬유 케이블 1개소 당 접속

번호	품명	단위	수량	용도	비고
1	접속함체	조	1	최외부 접속부 보호자재	
2	접속관	〃	1	내부 접속부 보호자재	상부, 양단, 하부
3	고무 접착판	개	1	접속관 방수용 (결합부분)	
4	케이블 그립	조	2	케이블지지 및 고정	
5	광섬유 보호 지지판	조	※	광섬유 보관 및 정리	
6	볼트 / 와셔	〃	21/3	접속관 결합용	
7	접지선	〃	1	함체 접지용	
8	Foam 테이프	권	2	함체방수용(결합부분)	
9	광섬유 보호튜브	〃	※	탈피된 광심선 보호용	
10	슬리브(UR, UY)	〃	※	금속 심선 연결용	
11	스펀지	개	2	광섬유 보호지지판 고정용	
12	광섬유 접속자	장	※	광섬유 접속점 보강재	단일 코팅형
13	열수축 튜브	개	※	〃	이중 코팅형
14	압착 슬리브	개	2	인장선 연결용	T, S, D
15	본드선	개	1	케이블의 접지	T, S, D
16	고정 슬리브	개	※	단말처리	G : 유닛형, S, D : 케이블
17	PVC 접착테이프	권	1	일반용	
18	면 테이프	권	1	완충용	TEC
19	실링 테이프	권	1	4크립 결합용	TEC

〈표 1-4-2〉 ※ 참조

품명/심선 수	24코어이하	36코어이하	48코어이하	72코어이하	비교
광섬유 보호 지지판	2	3	4	6	단일. 다중모드 동일
광섬유 보호튜브	8	12	16	16	〃

작 업 순 서

1. 작업 준비를 한다.

가. 공구와 재료를 정돈하고 준비한다.

나. 접속하고자 하는 광섬유 케이블과 접속 함체를 준비한다.

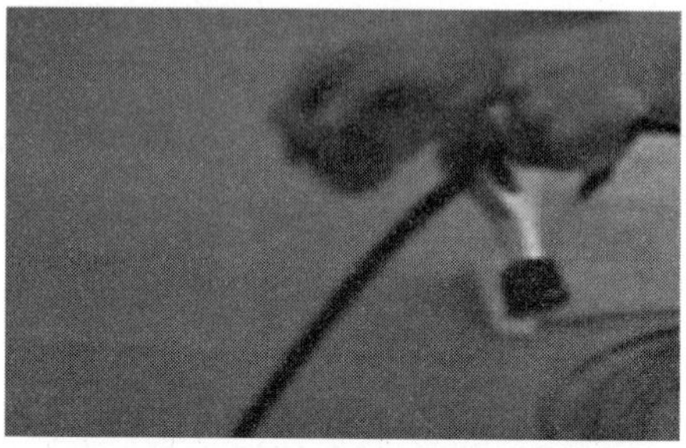

[그림 1-4-8] 광케이블 외피 절개

2. 광케이블의 외피를 제거한다.

가. 포설에 사용된 케이블의 끌기고리나 인망을 제거한다.

나. 케이블 종단에서 150[㎝]지점에 테이프로 표시한다.

다. PE외피를 제거한다.

(1) 외부 스트랜드형

① 표시테이프에서 케이블 단말 방향으로 약 15[㎝]칼로 연필을 깎듯이 외피를 15[㎝] 절단한다.

② 인장선이 노출되면 표시 점에서 10[㎝] 지점에서 인장선을 니퍼로 절단한다.

③ 절단한 인장선을 꼬아 끝 부분에 PVC 테이프로 감는다.

④ 인장선이 FRP일 경우에는 표시 점에서 모두 절단한다.

⑤ 외피 탈피를 위한 여분의 인장선 2~3개를 니퍼로 케이블 종단 방향으로 당겨 외피를 절개한다.

(2) 내부 스트랜드형

① LAP 커터를 사용하여 표시 점을 PE 테이프 부분을 자르고, 종단방향으로 케이블 외피를 서서히 빼낸다.

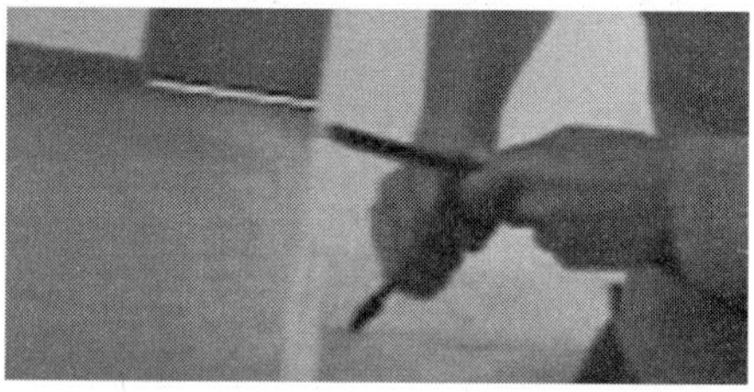

[그림 1-4-9] 외피 종단 탈피

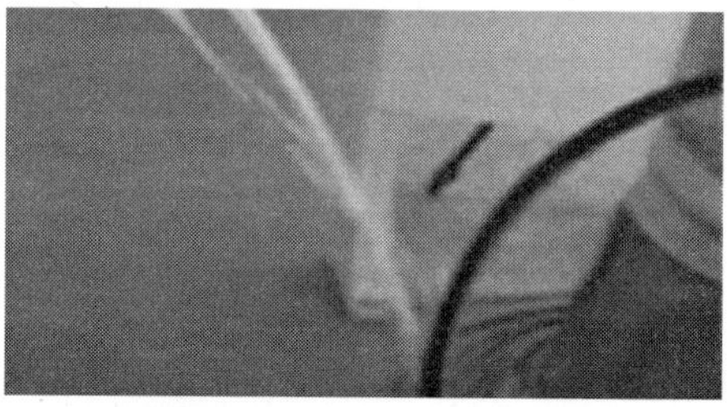

[그림 1-4-10] 외피 탈피

[그림 1-4-11] 외피 탈피 2

② 케이블 접지를 위하여 칼로 10×10[㎝]정도 외피를 가른다.

③ 외피가 갈라진 부분에 본드 선을 삽입압착 고정한다.

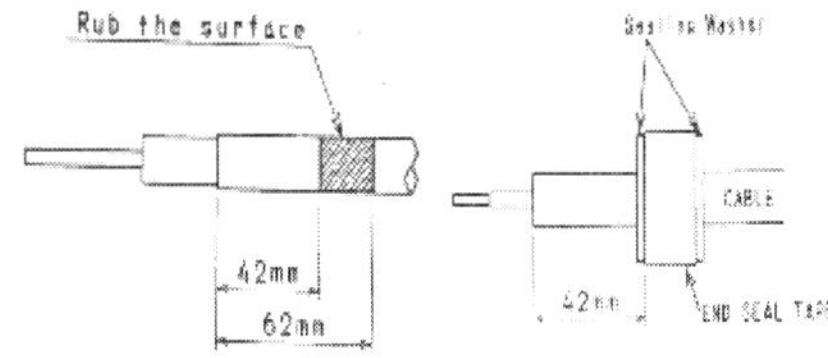

[그림 1-4-12] 광케이블 함체 인입

(3) 슬롯형

① 케이블 종단을 약 5[㎝]정도 탈피하여 립 코드를 분리하여 플라이어로 표시 점까지 서서히 당겨 외피를 탈피한다.

② 립 코드가 없는 경우에는 외피탈피기를 사용하여 외피만을 길이 방향으로 가른다.

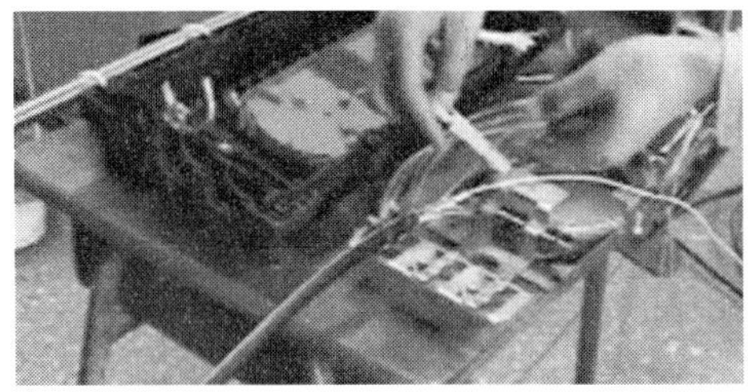

[그림 1-4-13] 루즈튜브 절개

3. 케이블 그립을 고정한다.

가. 케이블 그립의 나사를 끼우고 고정한다.

나. 케이블 밖으로 돌출된 인장선을 니퍼로 절단한다.

다. 내부 스트랜드형

(1) 케이블내의 젤리유출을 막기 위하여 준비한 PVC 테이프로 케이블의 종단부를 종단 처리한다.

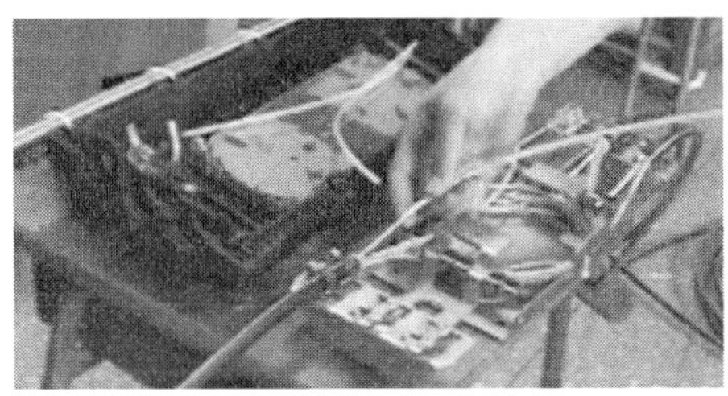

[그림 1-4-14] 접속 준비

(2) 케이블 종단부를 사포로 상처를 내어 방수를 위한 실링테이프의 접착성을 향상시킨다.

(3) 앤드실 위치의 중앙에 실링테이프를 감아 방수 처리한다.

(4) 케이블에 상, 하부 케이블 그립을 맞추어 볼트로 고정한다. 이때 케이블이 무리하게 눌리지 않도록 한다. 동시에 접지선도 함께 연결한다.

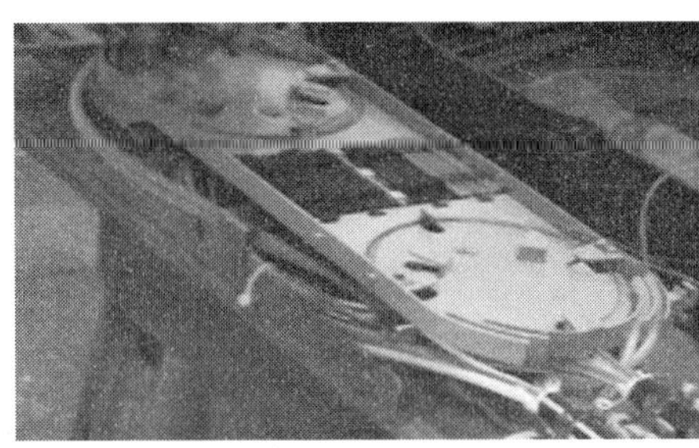

[그림 1-4-15] 여장 준비 2

4. 젤리를 제거한다.

가. 표시 점에서 PE피복이 완전히 제거되면 부직포를 절단 제거하고, 하이드라졸(hydrasol)로 젤리 등을 깨끗이 닦아낸다.

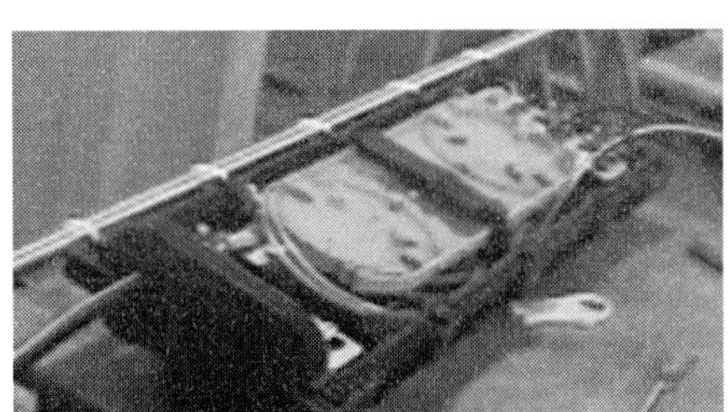

[그림 1-4-16] 준비 완료

5. 접속관에 케이블을 고정한다.

가. 하부 접속관의 나사 및 고무 접착 판에 케이

블 그립 및 그로메트(B)를 끼운다.

나. 케이블 그립을 나사로 단단하게 접속관에 고정한다.

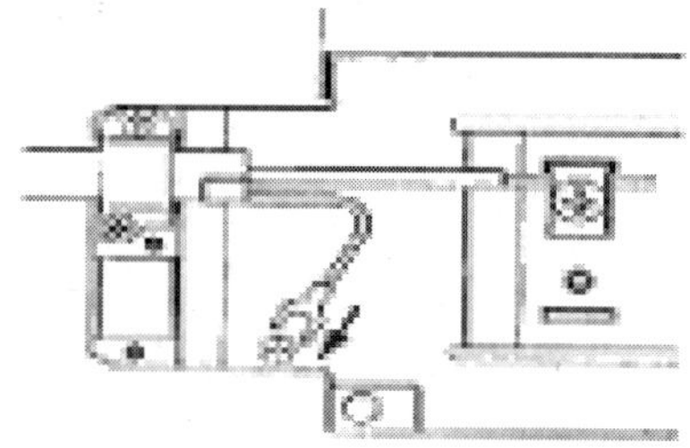

[그림 1-4-17] 광케이블 고정

6. 유닛 피복을 탈피한다.

가. 광섬유의 유닛을 구분한다.

(기준 유닛: 청색, 부 유닛: 등색, 일반 유닛: 백색의 튜브 또는 조권사로 표시되어 있다.)

나. 케이블의 종단에서 10[㎝]씩 루즈튜브 커터로 70%만 회전시켜 자국을 내고 유닛 피복을 제거한다.

다. 광섬유를 각각 분리하여 부드러운 종이나 알코올 등으로 부착된 젤리를 깨끗이 닦아낸다.

[그림 1-4-18] 함체 트레이

7. 인장선의 연결

금속 심선 접속자를 이용하여 압착 및 접지선을 연결하고 접속관 내부를 정리한다.

8. 광섬유 트레이의 설치

가. 하부 접속 관에 보호 지지판 받침대를 설치한다.

나. 보호 지지판의 받침대 연결고리에 광섬유 보호 지지판을 설치한다.

다. 광섬유 보호 지지판의 U자 홈에 보호 튜브를 끼운다.

라. 여분의 광섬유는 광섬유 보호 지지판에 광섬유의 곡률 반경 특성에 유의하여 감아 정리한다.

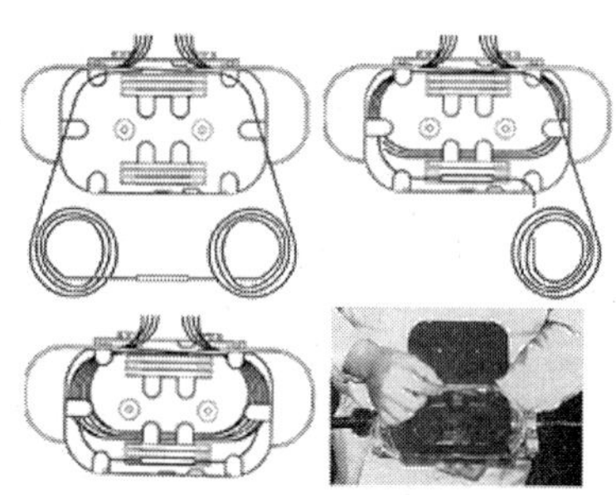

[그림 1-4-19] 함체 여장 정리

9. 광섬유 접속

가. 접속 전에 열 수축슬리브를 심선에 삽입한다.

나. 심선의 칼라를 확인하여 접속한다.

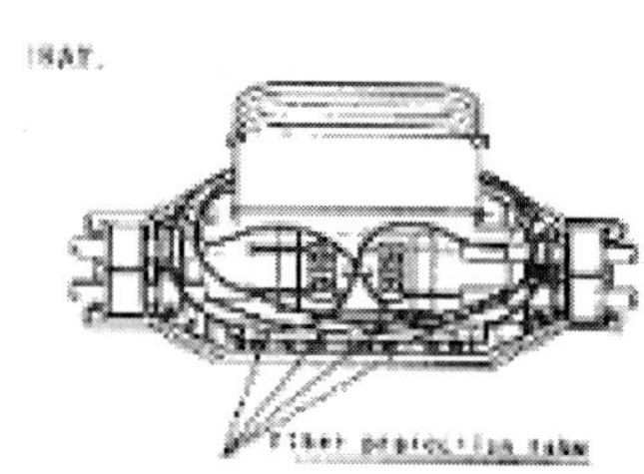

[그림 1-4-20] 함체 여장 정리 2

10. 접속부의 강도를 측정한다.(접속기에서 실행)

200[g] 이상으로 접속부의 이완, 수축 시험한다.

11. 광섬유의 접속점을 보강한다.

가. 접속부의 손실 상태를 점검하고 광섬유 접속자, 열 수축슬리브로 보강한다.

나. 접속된 심선은 슬리브 히터에 넣어 열 수축시킨다.

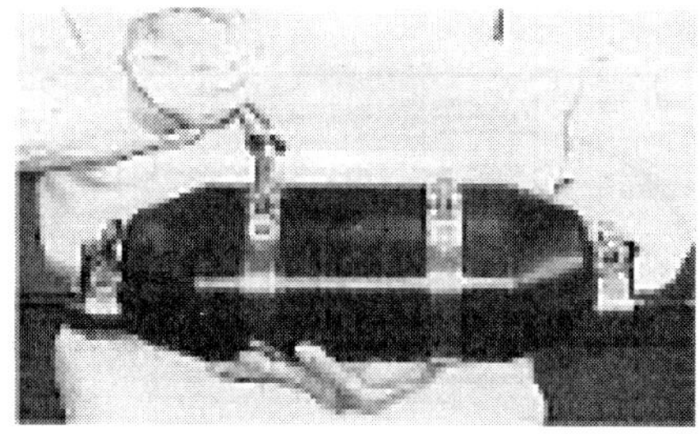

[그림 1-4-21] 함체 완성

12. 광섬유 접속 여장을 정리한다.[그림 1-4-19]

가. 접속 보강점을 보호 지지판의 배열 판에 끼워 고정한다.

나. 광섬유의 허용 곡률반경에 유의하여 꼬이지 않게 잘 감아 정리한다.

다. 광섬유의 수에 따라 지지판을 추가 결합한다.

라. 접속이 완료되면 뚜껑을 닫아 보호한다.

13. 함체 조립

가. 함체 내에 지지판을 위치한 후 커버를 닫는다.

나. 체결용 밴드를 함체에 위치한 후 방수실의 위치를 확인하고 밴드를 조인다.[그림 1-4-20]

14. 접속함체를 결합한다.

가. 함체 내에 지지판을 위치한 후 커버를 닫는다.

나. 접속관 하부접속함체에 함체 고무테이프 내경 및 외부에 발라 케이블 및 접지선을 끼운다.

다. 하부 접속함체의 접착면의 홈에 슬리브 가스켓을 넣는다.

라. 상부 접속함체의 공기 주입구를 위로 오게 하여 단단하게 결합 고정한다.

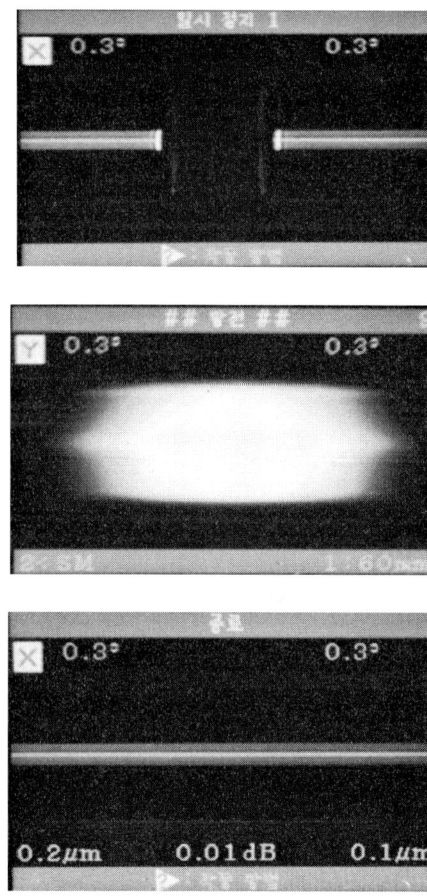

[그림 1-4-22] 접속 과정

15. 접속함체를 설치한다.

가. 지지철물에 접속함체를 매달고 노출케이블의 보호를 위해 스파이럴 슬리브를 2중으로 씌운다.

나. 케이블의 허용곡률반경에 유의하여 벽에 밀착되게 단단히 고정한다.

다. 함체의 접지선을 접지시설에 연결한다.

〈표 1-4-3〉 허용 곡률반경

<table>
<tr><th rowspan="2">포설장력</th><th colspan="2">허용곡률반경(㎜)</th><th rowspan="2">비고</th></tr>
<tr><th>설치 작업시</th><th>케이블 고정시</th></tr>
<tr><td>200kgf 이하</td><td>15 D</td><td>20 D</td><td rowspan="2">D : 광케이블의 외경(㎜)</td></tr>
<tr><td>200kgf 이상</td><td>20 D</td><td>20 D</td></tr>
</table>

16. 광섬유의 유닛별 심선번호를 확인한다.

<table>
<tr><th rowspan="2">심선번호
색상</th><th rowspan="2">1</th><th rowspan="2">2</th><th rowspan="2">3</th><th rowspan="2">4</th><th rowspan="2">5</th><th rowspan="2">6</th><th rowspan="2">7</th><th rowspan="2">8</th><th rowspan="2">9</th><th rowspan="2">10</th><th rowspan="2">11</th><th rowspan="2">12</th><th colspan="2">보조심</th></tr>
<tr><th>1</th><th>2</th></tr>
<tr><td>색상(A)</td><td>청</td><td>등</td><td>녹</td><td>적</td><td>황</td><td>자</td><td>청/
자연</td><td>등/
자연</td><td>녹
/자연</td><td>적
/자연</td><td>황/
자연</td><td>자
/자연</td><td>자연</td><td>흑</td></tr>
<tr><td>색상(B)</td><td>청</td><td>등</td><td>녹</td><td>적</td><td>황</td><td>자</td><td>갈</td><td>흑</td><td>백</td><td>회</td><td>연청</td><td>연등</td><td>연녹</td><td>연적</td></tr>
</table>

17. 실습보고서를 작성한다.

18. 정리 정돈한다.

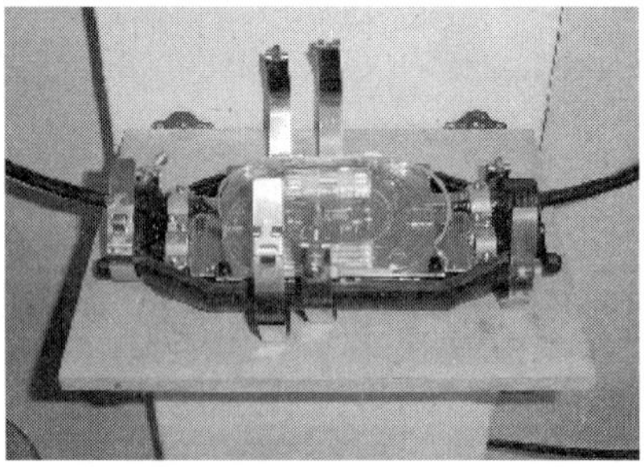

[그림 1-4-23] 접속함체의 준비

[그림 1-4-24] 광섬유의 접속

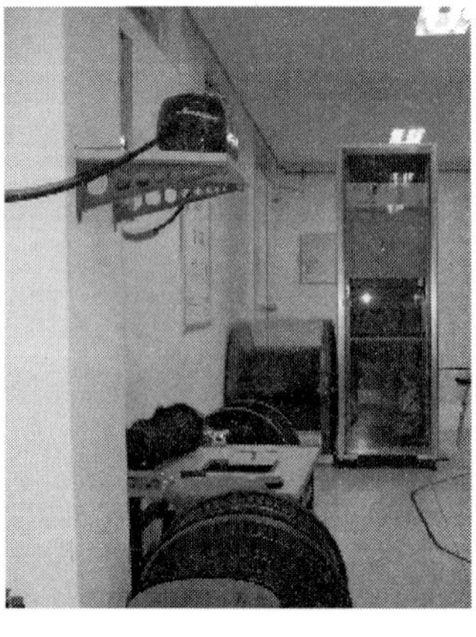

[그림 1-4-25] 광섬유함체의 설치 예

실습 보고서	1-4. 함체 조립하기	소요시간: 5시간

장비명 equipment		학 과 :	
제조사 maker		학 번 :	
모델명 Model No.		이 름 :	
S/N serial number		실습 조	

〈평가기준〉

<table>
<tr><td colspan="2">평 가 항 목</td><td>만점</td><td>양호</td><td>보통</td><td>득점</td><td colspan="4">비고</td></tr>
<tr><td rowspan="3">작품평가
(60점)</td><td>자재의 용도 일치</td><td>20</td><td>15</td><td>10</td><td></td><td colspan="4"></td></tr>
<tr><td>접속작업의 순서</td><td>20</td><td>15</td><td>10</td><td></td><td colspan="4"></td></tr>
<tr><td>접속 완성 상태</td><td>20</td><td>15</td><td>10</td><td></td><td colspan="4"></td></tr>
<tr><td rowspan="4">작업평가
(40점)</td><td>실 습 태 도</td><td>10</td><td>8</td><td>6</td><td></td><td colspan="4"></td></tr>
<tr><td>실 습 안 전</td><td>10</td><td>8</td><td>6</td><td></td><td colspan="4"></td></tr>
<tr><td>정 리 정 돈</td><td>10</td><td>8</td><td>6</td><td></td><td colspan="4"></td></tr>
<tr><td>보고서 작성내용</td><td>10</td><td>8</td><td>6</td><td></td><td colspan="4"></td></tr>
<tr><td rowspan="2">시간평가</td><td colspan="5" rowspan="2">소요시간은 ( )분 초과마다 ( )점 감점</td><td>작품
평가</td><td>작업
평가</td><td>시간
평가</td><td>총점</td></tr>
<tr><td></td><td></td><td></td><td></td></tr>
</table>

제2장 가입자 모델링 부스 케이블링 실습

구 성

① 가입자 가정을 형상화 하기위해 1set 당 다음과 같이 설치한다.

② 광케이블 관로를 설치한 모델링 벽을 설치하고, 가입자 가정을 형상화 한다.

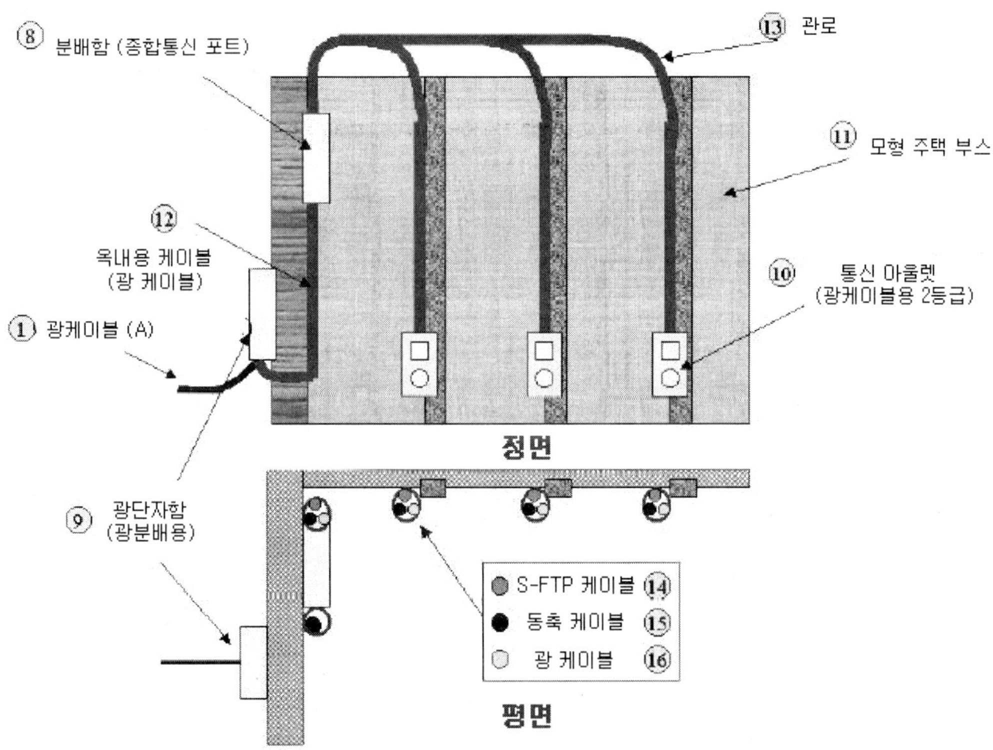

[그림 2-1] 가입자 모델링 부스 구성도

작 업 내 용

① 통신망 배선을 정확하게 설계 구상한다.

② 옥외형 광단자함을 주택부스 좌측 외부 벽에 설치한다.

③ 주택부스 안 좌측에 종합통신포트를 설치한다.

④ 관로와 옥내용 광케이블을 지하통신설비 인입단 측의 옥외 분배함에서 주택부스의 종합통신포트까지 설치한다.

⑤ 동축케이블을 BNC 커넥터로 연결 성단한다.

⑥ 주택부스 안의 지정한 3곳에 각각 통신용 아웃렛(TO)를 취부하고 관로를 설치한 후 종합통신포트에서부터 케이블을 포설한다. 또한 다른 4곳에도 아웃렛을 취부한다고 가정하여 케이블을 포설하도록 하며, 이때 관로는 설치하지 않는다. 그리고 여기에는 LAN시스템, 광통신 시스템, TV시스템, 전화 2회선이 수용되며, 주택부스 상단 외부 케이블 포설높이가 500[mm]가 넘지 않도록 한다.

실 습 효 과

① 외부에서 인입되는 가입자 통신선로의 종류를 파악할 수 있으며, 인입과 설치 실습을 할 수 있다.

② 가입자 내부의 통신 아웃렛 인출구 종류를 파악하고 설치방법을 실습할 수 있다.
(광 포트 아웃렛, 동축 아웃렛, UTP 아웃렛)

③ 가입자 회선과 아웃렛의 연결방법 및 접속방법을 학습하고 실습할 수 있다.

④ 각 타입별 케이블(광케이블, 동축케이블, UTP) 가입자 포설방법을 학습하고 실습할 수 있다.

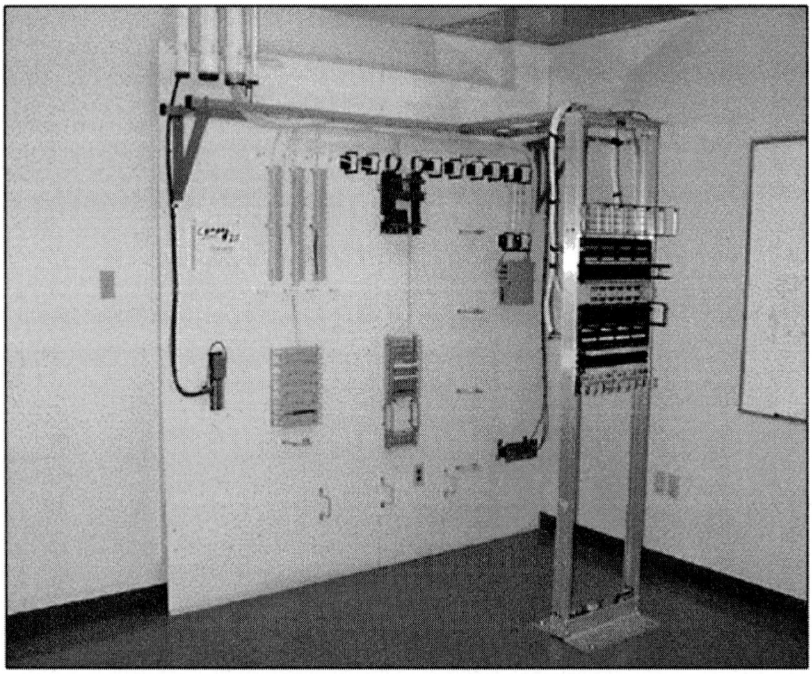

[그림 2-2] 가입자 모델링 부스 구성

2-1 광단자함 설치하기

소요시간: 5시간

목 표

① 광케이블을 성단 할 수 있다.
② 광 점퍼코드를 성단 할 수 있다.

기계 및 공구

광 융착 접속기, OTDR, 광케이블 접속 기본공구

재 료 명

광 단자함 12코어 1set, 광 점퍼코드 SC형 2개, 열 수축슬리브 10개

안전 및 유의사항

① 광케이블 성단 시 규정된 허용곡률 반경을 준수하여야 한다.
② 광 점퍼코드 성단 시 분배함 고정 어댑터의 규격과 일치하는지 확인해야 한다.
③ 광케이블의 코어수와 광 단자함의 규격이 맞는지 확인해야 한다.

[그림 2-1-1] 광 단자함 외부

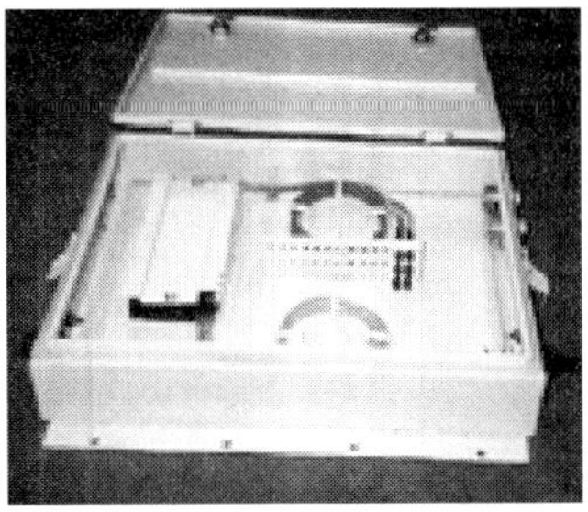

[그림 2-1-2] 광 단자함 내부

관 계 지 식

1. 일반사항

광케이블 성단은 광 단국장치(또는 광 중계 장치)와 광케이블 상호간에 커넥터 접속이 될 수 있도록 하기 위해 광케이블 종단을 커넥터화 하여, 커넥터 접속부가 안전하게 보호될 수 있도록 광케이블을 성단함에 수용하는 것이다.

광케이블 성단에서는 광 커넥터 접속부 및 광섬유의 광학적 특성이 저하되지 않도록 해야 하고, 성단함에 광케이블이 견고하게 고정되어야 한다. 또한, 광케이블이 수용된 성단함이 진동 및 충격 등으로부터 보호될 수 있도록 안전하게 설치되도록 하고, 먼지 등의 이물질이 침투되지 않도록 하여야 한다. 광케이블 성단은 사용하는 성단함의 종류, 광케이블의 구조, 성단방법에 따라 케이블의 종단처리, 수용방법 등이 다르다.

성단된 광케이블을 점퍼코드로 연결하여 광 단국 장치에 연결하여야 하며, 연결되는 광 점퍼코드는 광단자함에 점퍼코드와 커넥터 종류에 따라 견고하게 연결되어 손실이 최소화되어야 한다.

(1) 광 단자함(OTP : Optical Termination Pannel) : 가입자빌딩이나 전주 등에 설치되어 가입자 광 전송장치 등에 인입되는 케이블을 수용하여 광 전송장치 등에 분배해주는 장치[그림 2-1-3]

(2) 광종단함(OTB : Optical Termination Box) : 가입자 광 전송장치에 설치되어 인입된 옥내용 광케이블이나 점퍼코드 등을 수용하기 위한 성단함[그림 2-1-4]

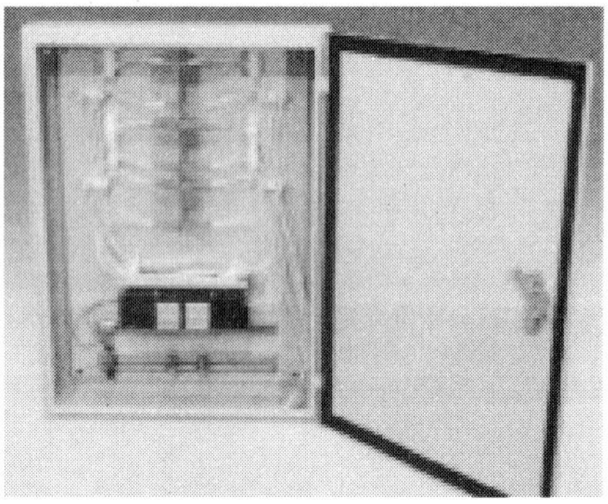

[그림 2-1-3] OTP

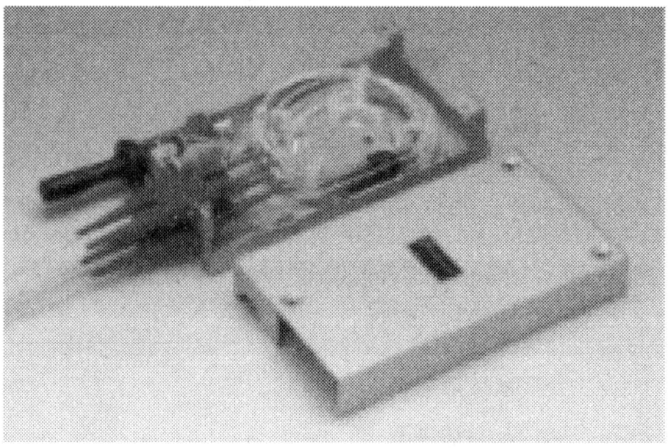

[그림 2-1-4] OTB

다. 성단함에 수용되는 광케이블 종단을 커넥터화하는 것을 성단방법이라 하며, 성단방법은 광케이블 및 광 커넥터가 연결되는 형태에 따라 다음의 방법을 적용한다.

(1) 성단광케이블을 사용하는 방법

(2) 광 커넥터를 광케이블에 부착하는 방법

라. 광케이블의 성단방법은 성단함의 구조, 광케이블의 구조, 광 커넥터의 부착방법에 따라 〈표 2-1-1〉과 같이 한다.

〈표 2-1-1〉 성단함 구조별 성단방법

종류	성단방법	비고
광 단자함(OTP)	1) 루즈튜브광케이블 + 광 점퍼코드 2) 루즈튜브광케이블 + 다심분리형광코드 3) 리본광케이블 + 다심분리형광코드	
광종단함(OTB)	1) 루즈튜브광케이블 + 광 점퍼코드 2) 리본광케이블 + 다심분리형광코드 3) 성단광케이블(옥내용) 4) 광 점퍼코드	

마. 광케이블의 성단방법에 따라 성단함에 수용되는 광케이블과 광 점퍼코드(또는 다심분리코드)의 접속방법은 〈표 2-1-2〉와 같이 한다.

〈표 2-1-2〉 성단방법에 따른 광섬유심선의 접속방법

접속방법 / 성단방법	커넥터접속	융착접속		기계식접속	
		단심	리본	단심	다심
성단광케이블, 광 점퍼코드	○				
리본광케이블+다심분리형광코드〈주1〉			○		○
루즈튜브광케이블+광 점퍼코드		○		○	
루즈튜브광케이블+다심분리형광코드〈주2〉			○		○

〈주1, 2〉 다심일괄동시접속으로 시행하며, 광섬유심선의 접속형태가 각각 리본심선간의 접속, 리본화 접속 등의 형태이다.

바. 광섬유심선과 광 점퍼코드, 리본심선과 다심분리코드의 접속손실은 최소화하여야 하고, 접속방법별 접속손실 규정은 〈표 2-1-3〉과 같이 한다.

〈표 2-1-3〉 광케이블성단에서의 광섬유심선의 접속손실 규정

접속방법	융착접속(접속손실)	기계식접속 (접속손실/반사손실)	커넥터접속 (삽입손실/반사손실)
기준치(개소)	0.5dB 이하〈주1〉	0.5dB 이하〈주2〉 / 40dB 이상	광 커넥터의 광학적특성에 준함
평가방법	융착접속기상 추정치 (코어직시법)	기계식접속자 성능 (삽입법)	광 커넥터의 성능 (삽입법)

〈주1, 2〉 광섬유심선 및 리본심선에 동일 적용

사. 성단광케이블 및 광 점퍼코드(다심분리코드) 등에 사용되는 광 커넥터들의 광학적 특성은 〈표 2-1-4〉와 같다.

아. 광섬유심선(리본심선)과 광 점퍼코드 또는 다심분리코드와의 융착접속부는 열 수축슬리브로 보강한다.

〈표 2-1-4〉 광 커넥터의 광학적 특성

광 커넥터의 종류	SC, SC2		FC		바이코닉	평가방법
	PC	APC	PC	APC		
삽입손실(개소) (Insertion loss)	0.5dB 이하				1dB 이하	삽입법
반사손실(개소) (Back-reflection loss)	-40dB 이상	-60dB 이상	-40dB 이상	-60dB 이상	-	반사손실 측정법

자. 광케이블의 성단, 광섬유심선의 접속 및 여장정리 등의 작업에서 허용 곡률반경을 준수하고 (「광케이블 표 준공법(접속), 일반사항」 참조), 충격 등으로 인해 외피가 손상되지 않도록 하여야 한다.

차. 성단작업은 광케이블 구조에 적합한 방법으로 시행하여야 하며, 성단 후 케이블의 인장선 및 외피의 도체 부분은 주접지반에 접지시킨다.

작 업 순 서

1. 준비한다.

(1) 광 단자함 장치가 상단에 확보된 광케이블은 고장복구여장(3~4[m])을 제외하고, 케이블 성단을 위한 접속 및 견인여장 만을 케이블여장부에서 인출한다. 이때 케이블 여장부에서 단자함의 위치까지의 케이블길이를 포함한다.

[그림 2-1-5] 광케이블 종단 탈피

(2) 광 단자함이 설치된 곳에서 작업이 용이하도록 작업대를 설치한다.

(3) 인출한 광케이블을 작업에 편리하도록 구부려 정렬한 후, 작업대 위에 움직이지 않도록 단단하게 고정한다.

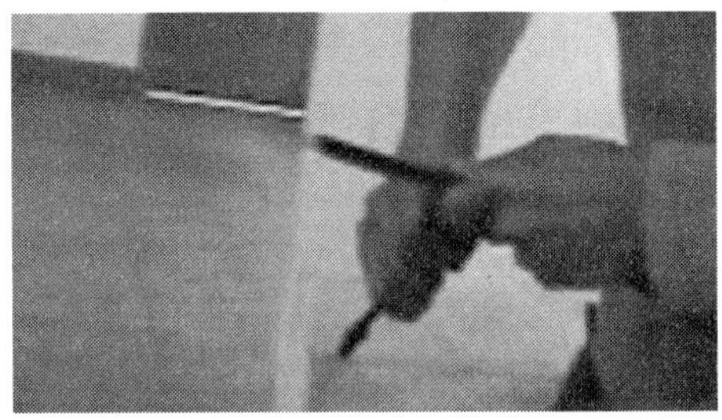

[그림 2-1-6] 광케이블 외피 절개

(4) 광케이블의 접속작업주변은 평탄하고 청결해야 하며, 융착접속기 등 접속작업에 소요되는 자재 및 공기구 등을 점검하고, 작업대 위에 사용 순서별로 정돈한다.

2. 광케이블의 외피를 제거한다.

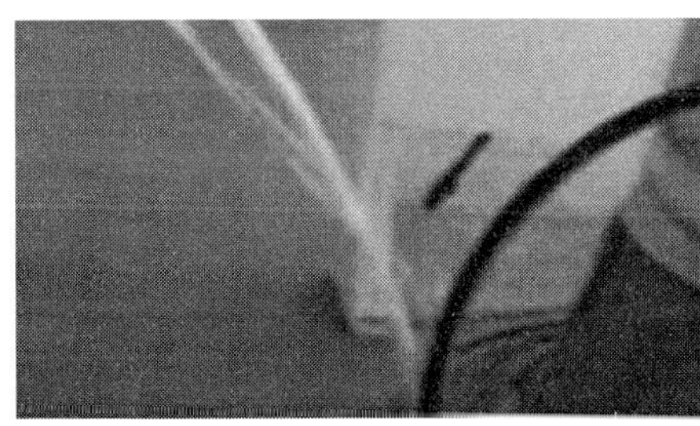

[그림 2-1-7] 광케이블 외피 탈피

가. 포설에 사용된 케이블의 끌기고리나 인망을 제거한다.

나. 케이블 종단에서 150[cm]지점에 테이프로 표시한다.

다. PE외피를 제거한다.

(1) 외부 스트랜드형

[그림 2-1-8] 광케이블 외피 탈피 2

① 표시테이프에서 케이블 단말 방향으로 약 15[cm]칼로 연필을 깎듯이 외피를 15[cm]절단한다.

② 인장선이 노출되면 표시 점에서 10[cm] 지점에서 인장선을 니퍼로 절단한다.

③ 절단한 인장선을 꼬아 끝 부분에 PVC 테이프로 감는다.

④ 인장선이 FRP일 경우에는 표시 점에서 모두 절단한다.

⑤ 외피 탈피를 위한 여분의 인장선 2~3개를 니퍼로 케이블 종단 방향으로 당겨 외피를

절개한다.

(2) 내부 스트랜드형

① LAP 커터를 사용하여 표시 점을 PE 테이프 부분을 자르고, 종단방향으로 케이블 외피를 서서히 빼낸다.

② 케이블 접지를 위하여 칼로 10×10[cm] 정도 외피를 가른다.

③ 외피가 갈라진 부분에 본드 선을 삽입 압착 고정한다.

(3) 슬롯형

① 케이블 종단을 약 5[cm] 정도 탈피하고 립 코드를 분리하여 플라이어로 표시 점까지 서서히 당겨 외피를 탈피한다.

② 립 코드가 없는 경우에는 외피탈피기를 사용하여 외피만을 길이 방향으로 가른다.

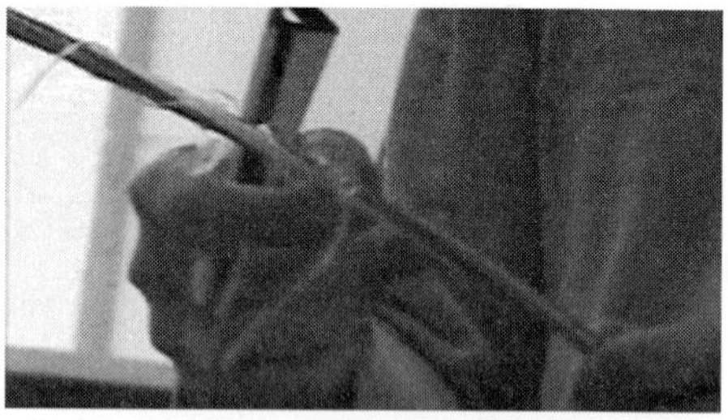

[그림 2-1-9] 광케이블 보호섬유 제거

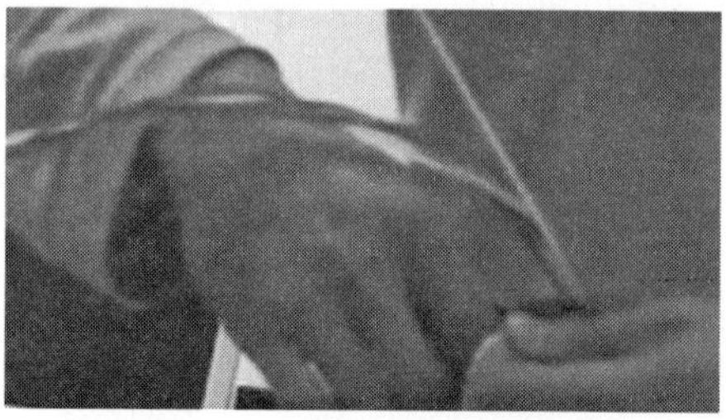

[그림 2-1-10] 중심인장선 절단

3. 광 단자함 조립하기

가. 중심 인장선을 외피탈피지점으로부터 15[cm] 남겨두고 절단한다.

나. 중심인장선의 PE피복을 외피탈피지점으로부터 5[cm] 지점에서 종단방향으로 벗겨낸다.

다. 광케이블 탈피지점에 PVC테이프를 감는다.

라. 루즈 튜브 제거, 광섬유심선 보호는 [루즈 튜브 광케이블(컴파운드형 접속함) 외피접속공법]을 준용한다.

마. 광 단자함의 인입부 하단에 광케이블을 인입한다.

바. 중심 인장선을 인장선 고정 볼트 내로 삽입하고 볼트로 견고하게 조인다.

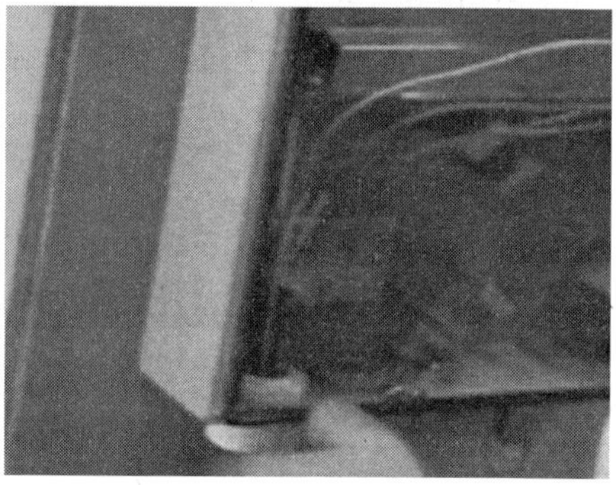

[그림 2-1-11] 광케이블 인입

[그림 2-1-12] 단자함 여장 정리

4. 광섬유심선의 여장정리

가. 케이블이 고정되면 광섬유심선의 여장(보호튜브 포함)을 단자함의 광케이블인 입구를 통하여 분배함 내부로 인입시킨다.

나. 광섬유심선이 수용된 보호튜브를 케이블 인입 방향 측의 접속 판의 U홈에 끼운다. 이때, 보호튜브의 종단은 U자 홈의 끝부분에서 보호 지지판 내로 1[㎝]정도 삽입되어야 한다. 단, 접속 판의 U자 홈에는 보호튜브를 4개까지 끼울 수 있다.

다. 접속 판의 U자 홈에 끼워진 보호튜브들은 접속 판의 삽입 및 인출로 인해 유동되지 않도록 하고, U홈 커버를 닫는다.

라. 여분의 광섬유심선은 접속 판의 여장정리부에 광섬유심선의 곡률반경에 유의하여 감아 정리한다.

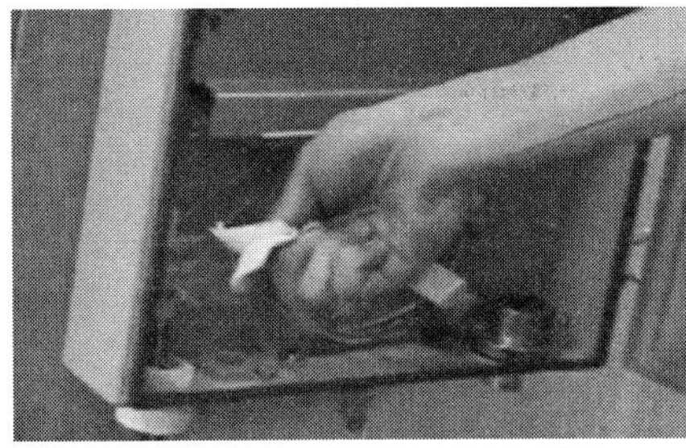
[그림 2-1-13] 루즈튜브 탈피

[그림 2-1-14] 튜브 삽입

5. 편단 광 점퍼코드(이하 "편단코드"라 한다.)의 준비

가. 편단코드의 성단은 다음과 같이 한다.

(1) 길이가 1.5m인 편단 광 점퍼코드(양단 광 점퍼코드의 1/2)는 커넥터로부터 0.8m 지점에서 공구갈로 재킷부분민을 가볍게 흠을 주이 키넥터 반대 방향으로 잡아당겨 탈피하고, 장력 보강층(케블라)은 재킷이 절단된 지점에서 가위로 깨끗하게 제거한다.

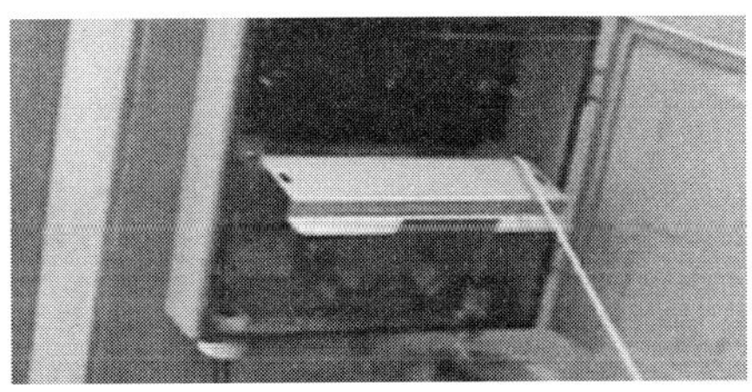
[그림 2-1-15] 편단 코드 삽입

(2) 편단코드는 색상이 동일하기 때문에 순번을 기입한 각각의 견출지를 편단코드의 커넥터 부분과 이중코팅심선의 종단에 각각 부착하여 광섬유 심선과 접속시 식별이 가능하도록 한다.

[그림 2-1-16] 피복 탈피

나. 편단코드의 정리는 다음과 같이 한다.

(1) 재킷이 제거된 편단코드들을 광분배함의 케이블 설치위치 반대 측으로 인입시키고, 분배함의 후면에 부착된 어댑터에 편단 코드의 광 커넥터들을 결합한다. 이때, 광 커넥터의 단면을 광 커넥터클린테이프로 깨끗이 닦은 후 결합한다.

[그림 2-1-17] 보호 광섬유 절단

(2) 편단코드들을 6심 단위로 한데 모아서 재킷이 제거된 부분을 2-3[㎝] 정도 PVC테이프로 감아준다. 이때, 각각의 편단코드별 재킷이 제거된 지점은 모두

테이핑 되어야 한다.

(3) 광섬유접속판 단위별(최대 24심) 인입된 편단코드들을 한데 모아서 테이핑 된 지점을 케이블 타이로 가볍게 묶어준다.[그림 2-1-16] 편단코드의 재킷 탈피지점의 보호

(4) 편단코드들을 어댑터에서 접속판의 U홈까지의 길이(접속판이 앞으로 빠진 상태)에 맞춰서 한데 모아 PVC테이프로 감아준다. 이때 어댑터에서 접속 판까지의 길이는 곡률반경을 고려하여야 하고, 테이핑횟수는 접속판의 U홈보다 조금 크도록 한다.

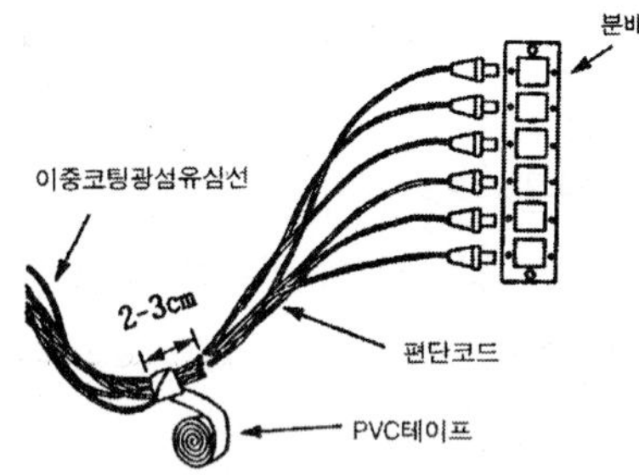

[그림 2-1-18] 편단코드의 재킷 탈피지점의 보호

다. 편단코드에서 인출된 이중코팅심선의 여장정리는 다음과 같이 한다.

(1) 재킷과 장력 보강 층이 제거된 이중코팅심선은 케이블의 광섬유심선이 인입된 반대 측 접속판 U홈에 끼운다. 단, U홈에는 이중코팅심선을 24개까지 끼울 수 있다.

[그림 2-1-19] 접속 준비 완료

(2) 접속판 U홈에 인입된 이중코팅심선들이 유동되지 않도록 하고, U홈 커버를 닫는다.

(3) 여분의 이중코팅심선은 곡률반경에 유의하여 접속 판의 여장정리부에 서로 꼬이지 않게 감아 정리한다.

[그림 2-1-20] 편단코드 절단

6. 광 점퍼코드 접속

가. 접속준비

(1) 작업대를 깨끗이 정리한 다음 접속작업이 용이하게 장비를 배치하고, 광섬유심선이 정리된 접속 판을 단자함으로부터 인출(이때, 접속 판은 이탈방지기구에 의해 단자함에 걸려 있음)하여 작업대 앞에 움직이지 않도록 위치시킨다. 이때, 접속 판의 U홈에 고정되어 있는 광섬유보호튜브 및 이중 코팅심선이 이탈되지 않도록 한다.

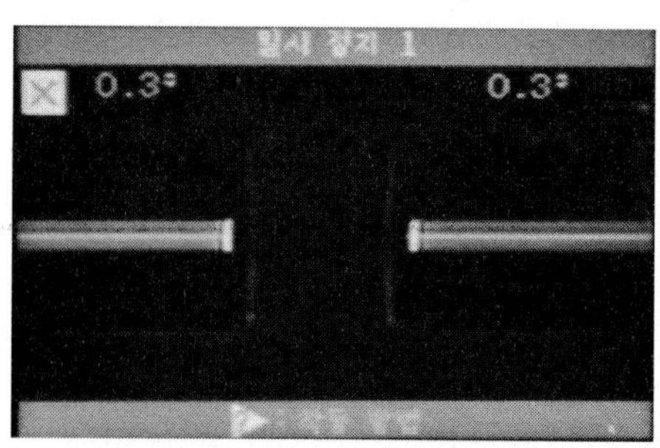

[그림 2-1-21] 광심선 정렬

(2) 케이블 측의 광섬유심선과 편단코드의 이중코팅심선은 구조적으로 서로 상이하므로 접속 시에는 특징을 충분히 고려해야 한다.

(3) 접속 판에 여장 정리된 광섬유심선을 각각의 튜브별(또는 유닛별)로 꺼내어 색상 등을 점검하고, 가벼운 벤딩이나 육안으로 광섬유의 손상을 확인한다.

(4) 케이블 측의 광섬유심선을 종단으로부터 2-3[㎝]정도 절단하고, 각각의 심선으로 분리시켜 피복에 묻어 있는 이물질을 부드러운 거즈로 닦아 낸다.

(5) 이중코팅심선에 열 수축슬리브를 미리 [그림 2-1-24]와 같이 끼운다.

(6) 광섬유의 접속과정순서는 다음과 같으며, 광섬유 심선의 색상과 편단코드의 순번을 확인하고 시행하여야 한다.

① 광섬유심선의 단면처리(코팅제거, 절단) → ② 광섬유 접속 → ③ 광섬유 접속부 보강 → ④ 광섬유심선의 접속여장정리

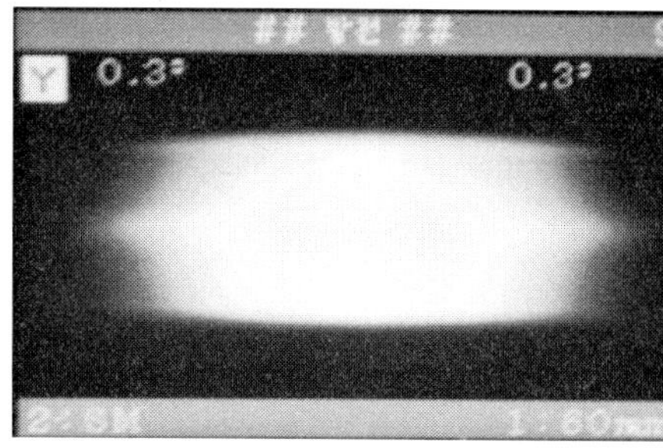

[그림 2-1-22] 방전 장면

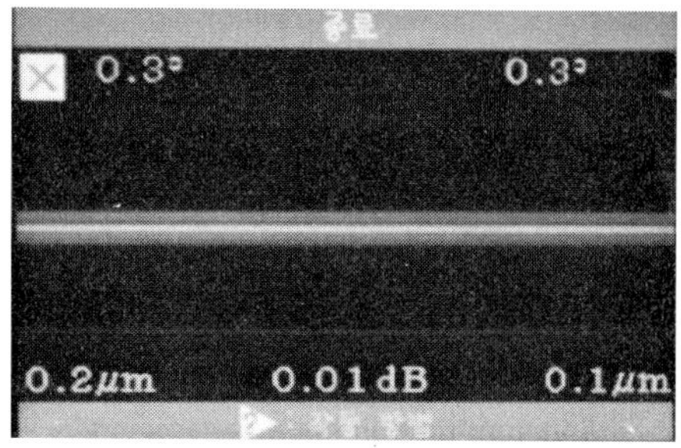

[그림 2-1-23] 접속 후 장면

나. 광섬유심선과 편단코드의 접속

(1) 광섬유심선의 단면처리, 광섬유접속은 「광섬유심선접속공법」을 준용한다.

(2) 접속부 보강은 「광섬유심선접속공법」을 준용하며, 케이블 측 단일 코팅광섬유심선이 편단코드의 이중코팅심선과 접속된 경우라도 접속 부는 반드시 열 수축슬리브를 사용하여 보강하여야 하며, 취급 시는 이중코팅심선을 기준으로 취급하도록 한다.

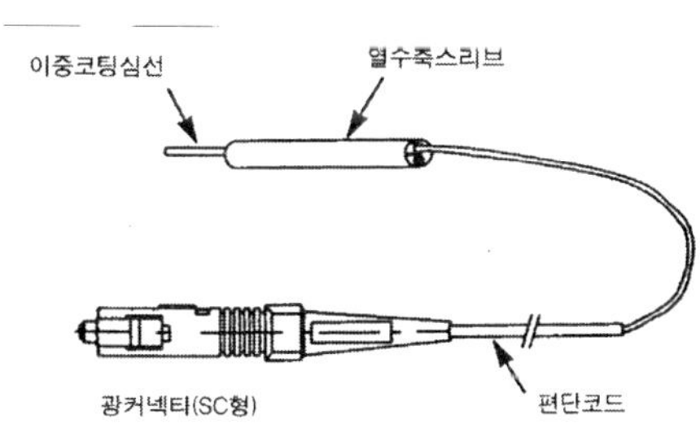

[그림 2-1-24] 융착점 보호 슬리브 삽입

(3) 접속여장정리

① 광섬유접속부의 보강이 완료되면 접속 판의 접속부 배열 판에 열 수축슬리브를 끼워 고정시킨다. 이때, 하나의 접속 판에 수용 가능한 접속 보강부는 24개이다.

[그림 2-1-25] 여장 정리

② 접속부 배열 판에 안치된 열 수축슬리브가 좌우로 움직이지 않도록 배열 판 뚜껑을 닫고 볼트로 조인다.

③ 광섬유심선의 여장은 접속 판의 여장처리부에 허용곡률반경을 유의하여 [그림 2-1-27]과 같이 접속 판의 U홈 측 광섬유심선여장부터 밀어 넣으면서 원형으로 감아 정리한다. 이때, 광섬유심선이 꼬이거나 심하게 꺾이지 않도록 하여야 한다.

④ 접속 판은 케이블의 광섬유 심선 수에 따라 지지판의 추가 결합이 가능하다.

⑤ 광섬유의 비틀림은 접속여장을 정리할 경우 가장 심하게 발생하기 때문에 여장정리 시 특히 주의해야 하고, 비틀림을 줄이기 위해 8자형 처리 등으로 비틀림을 완화시킨다.

⑥ 접속여장의 정리가 완료되면 광섬유심선의 꼬임이나 곡률반경에 유의하여 접속 판을 이탈방지 금구 핀을 눌러 밀어 넣는다.

[그림 2-1-26] 광분배함 조립 완성

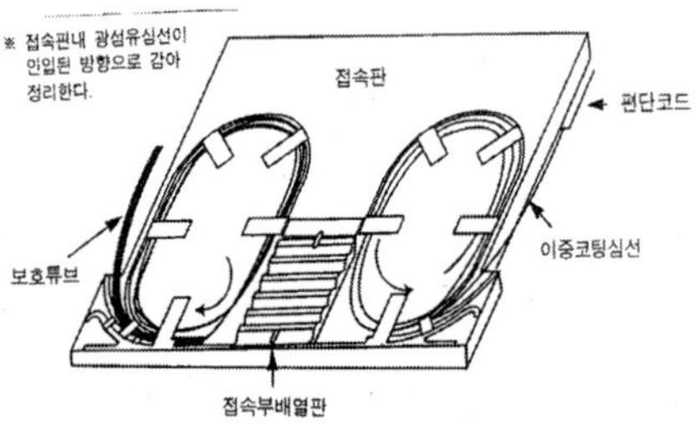

[그림 2-1-27] 트레이 여장 정리

3. 실습보고서를 작성한다.
4. 정리정돈 한다.

실습 보고서	2-1. 광 단자함 설치하기	소요시간 : 5시간

장비명 equipment		학 과 :	
제조사 maker		학 번 :	
모델명 Model No.		이 름 :	
S/N serial number		실습 조	

〈평가기준〉

<table>
<tr><td colspan="2">평 가 항 목</td><td>만점</td><td>양호</td><td>보통</td><td>득점</td><td colspan="4">비고</td></tr>
<tr><td rowspan="3">작품평가 (60점)</td><td>장비 및 공구 사용법</td><td>20</td><td>15</td><td>10</td><td></td><td colspan="4"></td></tr>
<tr><td>취부상태</td><td>20</td><td>15</td><td>10</td><td></td><td colspan="4"></td></tr>
<tr><td>공법 적용상태</td><td>20</td><td>15</td><td>10</td><td></td><td colspan="4"></td></tr>
<tr><td rowspan="4">작업평가 (40점)</td><td>실 습 태 도</td><td>10</td><td>8</td><td>6</td><td></td><td colspan="4"></td></tr>
<tr><td>실 습 안 전</td><td>10</td><td>8</td><td>6</td><td></td><td colspan="4"></td></tr>
<tr><td>정 리 정 돈</td><td>10</td><td>8</td><td>6</td><td></td><td colspan="4"></td></tr>
<tr><td>보고서 작성내용</td><td>10</td><td>8</td><td>6</td><td></td><td colspan="4"></td></tr>
<tr><td rowspan="2">시간평가</td><td colspan="5" rowspan="2">소요시간은 ( )분 초과마다 ( )점 감점</td><td>작품 평가</td><td>작업 평가</td><td>시간 평가</td><td>총점</td></tr>
<tr><td></td><td></td><td></td><td></td></tr>
</table>

2-2 현장 조립 커넥터 조립하기

소요시간: 1시간

목 표

① 현장 조립 커넥터의 기본 구조를 이해할 수 있다.
② 현장 조립 커넥터를 조립할 수 있다.

기계 및 공구

반자동 고 정밀 절단기, 피복탈피기, 기본공구

재 료 명

현장조립형 커넥터

안전 및 유의사항

① 광섬유 절단 시 분리된 광섬유 조각의 청소처리에 유의한다.
② 광섬유를 현장조립형 커넥터에 삽입 시 끝까지 삽입되었는지 확인하여야 한다.

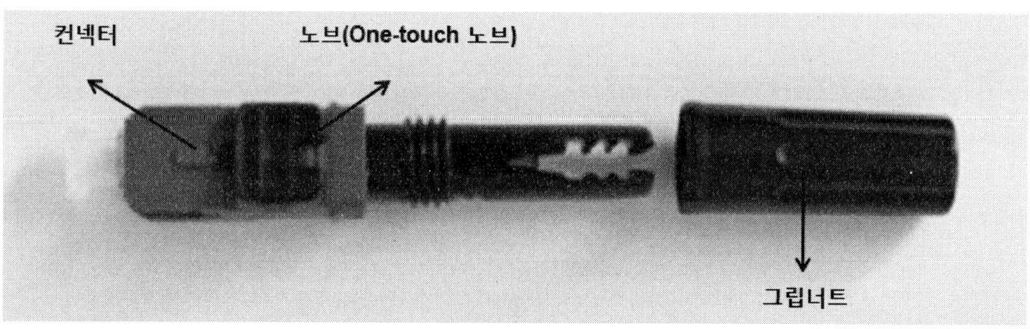

[그림 2-2-1] 현장 조립 커넥터

관 계 지 식

1. e-SC 커넥터는 polishing을 필요로 하지 않는, 현장에서 바로 조립이 가능한 현장조립형 광 커넥터 시리즈 중 SC 타입을 의미한다.

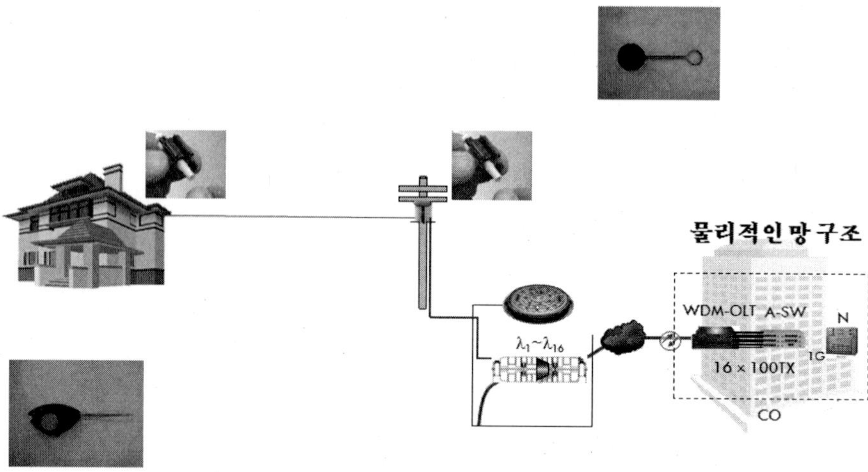

[그림 2-2-2] 현장 조립 커넥터 구조

작 업 순 서

1. e-SC 구성 및 형태

Connector main unit : 가시광선을 이용하여 고장점 확인을 할 수 있도록 반투명으로 제작 (노란색)

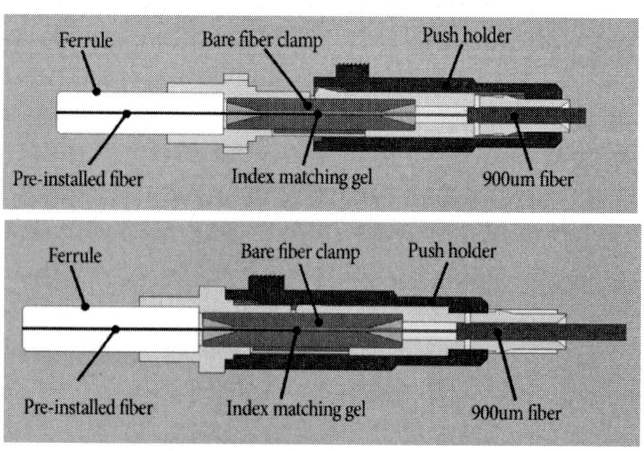

[그림 2-2-4] 현장 조립형 광 커넥터 원리

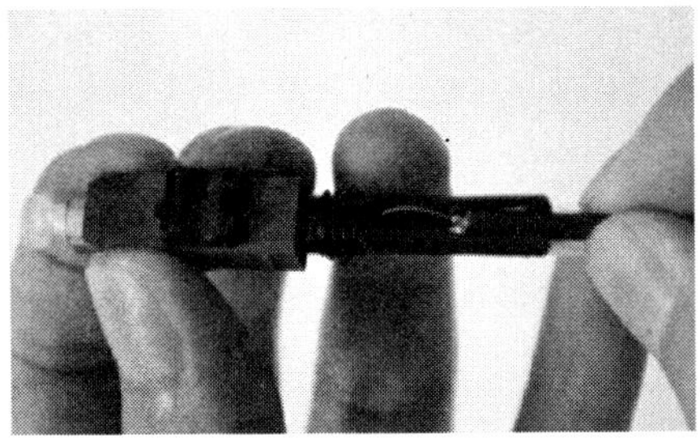

[그림 2-2-5] 광섬유 벤딩 확인

2. 드롭 광케이블 특성

저온 시 2차 피복(타이트버퍼) 벗기기 어려움(연습 필요)

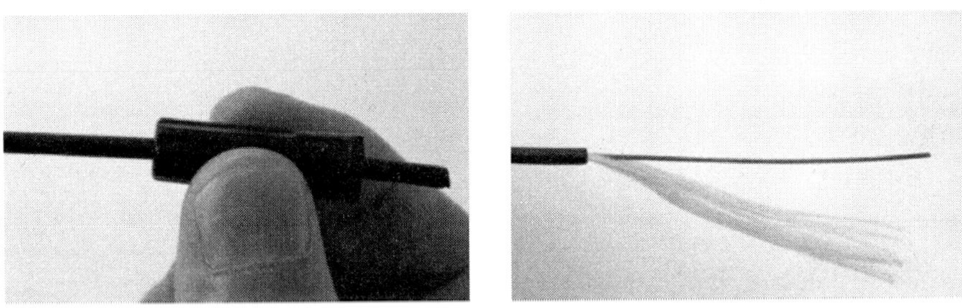

[그림 2-2-6] 그립너트 삽입 후 외피 탈피

3. 조립 절차

(1) 그립너트 삽입

(2) 외피탈피 후 보호 섬유를 아래로 내려 잡는다.

(3) 0.9mm 버퍼를 탈피한다.

(4) 코팅 탈피길이를 24mm 위치에 마킹한다.

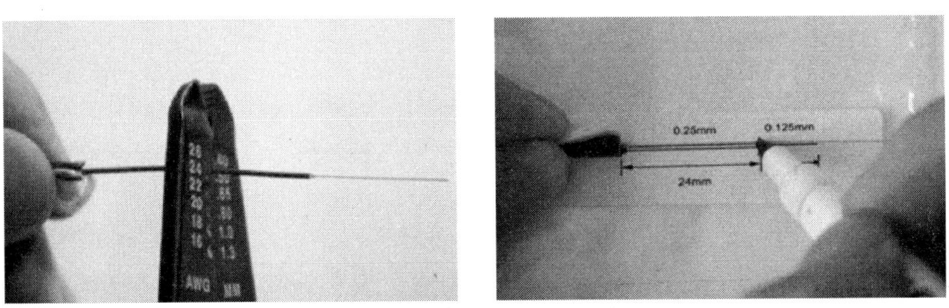

[그림 2-2-7] 버퍼 탈피 및 탈피 길이 마킹

(5) 탈피한 광케이블 삽입 후 벤딩을 확인한다.

(6) 보호 섬유를 당긴 후 그립 너트를 잠근다.

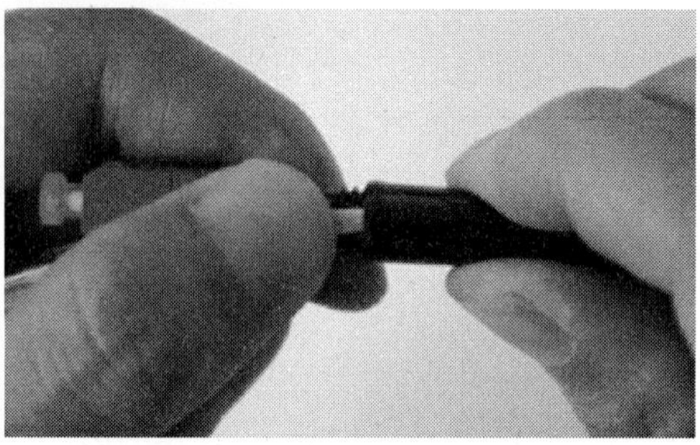

[그림 2-2-8] 벤딩 확인 및 너트 삽입

(7) 보호섬유 제거 후에 노브를 밀어 고정한다.

(8) 노브를 제거한다.

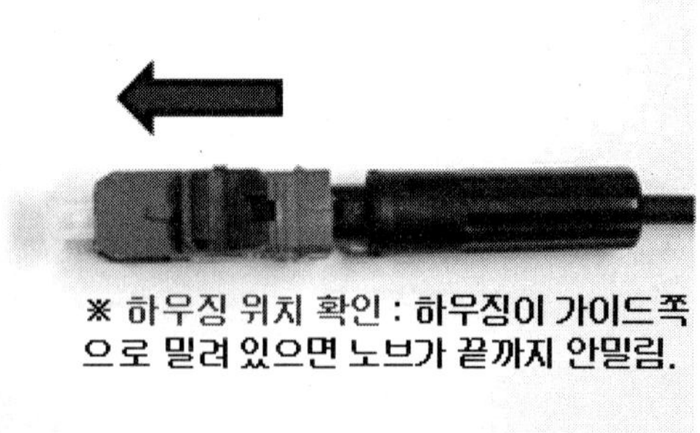

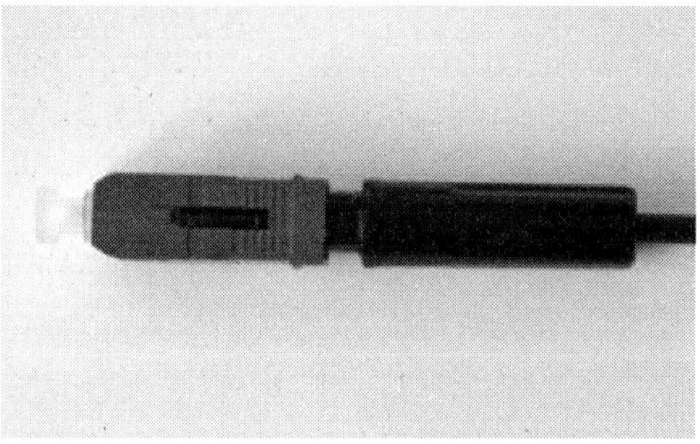

[그림 2-2-9] 노브 제거 및 완성품

(9) 조립이 잘 되었는지 가시광선 식별기를 이용하여 확인한다.

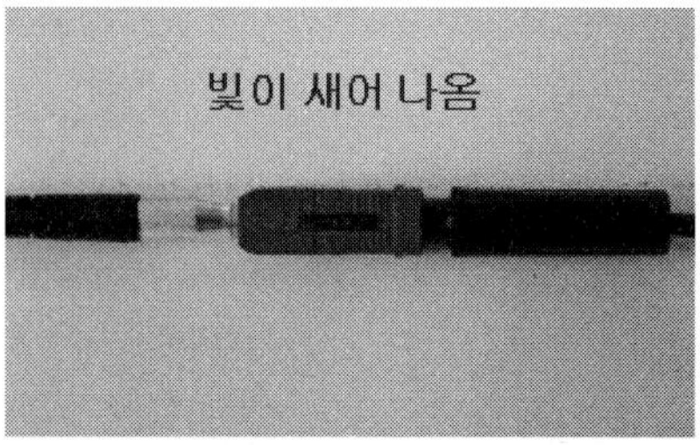

[그림 2-2-10] 이상 유무 체크

실습 보고서	2-2. 현장 조립 커넥터 조립하기	소요시간: 1시간

장비명 equipment		학 과 :	
제조사 maker		학 번 :	
모델명 Model No.		이 름 :	
S/N serial number		실습 조	

* 실습순서를 간략히 기술하라.

〈평가기준〉

<table>
<tr><td colspan="2">평 가 항 목</td><td>만점</td><td>양호</td><td>보통</td><td>득점</td><td colspan="4">비고</td></tr>
<tr><td rowspan="3">작품평가
(60점)</td><td>장비 및 공구 사용법</td><td>20</td><td>15</td><td>10</td><td></td><td colspan="4"></td></tr>
<tr><td>취부 상태</td><td>20</td><td>15</td><td>10</td><td></td><td colspan="4"></td></tr>
<tr><td>공법 적용상태</td><td>20</td><td>15</td><td>10</td><td></td><td colspan="4"></td></tr>
<tr><td rowspan="4">작업평가
(40점)</td><td>실 습 태 도</td><td>10</td><td>8</td><td>6</td><td></td><td colspan="4"></td></tr>
<tr><td>실 습 안 전</td><td>10</td><td>8</td><td>6</td><td></td><td colspan="4"></td></tr>
<tr><td>정 리 정 돈</td><td>10</td><td>8</td><td>6</td><td></td><td colspan="4"></td></tr>
<tr><td>보고서 작성내용</td><td>10</td><td>8</td><td>6</td><td></td><td colspan="4"></td></tr>
<tr><td rowspan="2">시간평가</td><td colspan="5" rowspan="2">소요시간은 ( )분 초과마다 ( )점 감점</td><td>작품
평가</td><td>작업
평가</td><td>시간
평가</td><td>총점</td></tr>
<tr><td></td><td></td><td></td><td></td></tr>
</table>

2-3 UTP 케이블 접속하기

소요시간: 1시간

목 표

① UTP 케이블을 접속한다.
② 모듈러 플러그를 접속한다.
③ 구내통신 선로의 배선을 설치한다.

기계 및 공구

칼, 가위, 모듈러 툴, 임팩트 툴, 니퍼, 자, 렌 테스터

재 료 명

UTP 케이블(4P), 모듈러 플러그(4P)

안전 및 유의사항

① 공기구 사용법을 숙달하여 공구 훼손이 없도록 주의한다.
② 케이블 외피 절단 시 심선의 손상이 없도록 주의한다.
③ 플러그 조립 시 툴 사용에 있어 무리한 힘을 가하여 심선이 파손되지 않도록 주의한다.
④ 주변 정리를 깨끗이 한다.

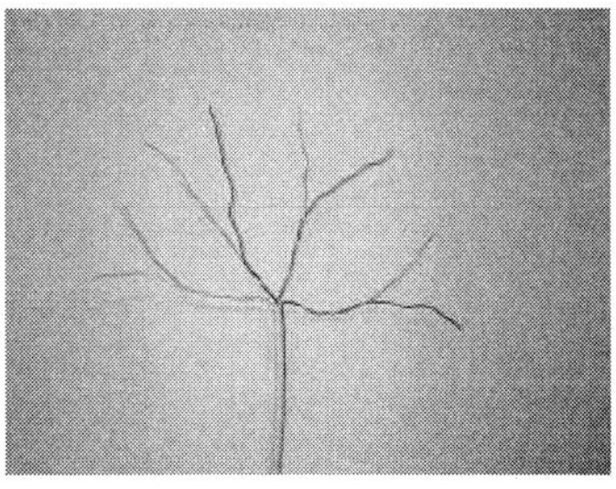

[그림 2-3-1] UTP 케이블

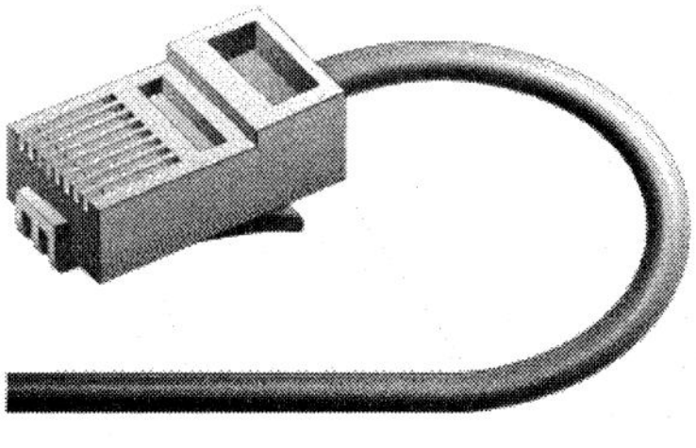

[그림 2-3-2] RJ-45

관 계 지 식

구내통신케이블의 종류(UTP, FFTP, STP)

1. 통합배선 시스템의 대표적인 케이블

가. 비차폐형 및 차폐형

(1) UTP(Unshielded Twisted Pair) : 100[Ω], 120[Ω]

(2) FTP(Foiled Twisted Pair) : 100[Ω], 120[Ω]

(3) STP(Shielded Twisted Pair) : 150[Ω]

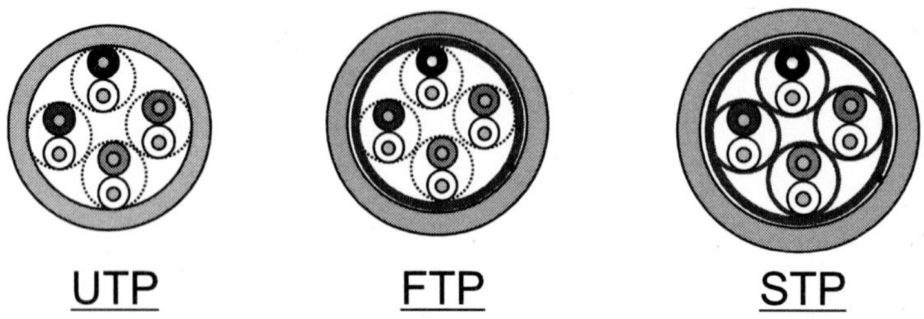

[그림 2-3-3] UTP 케이블 구조

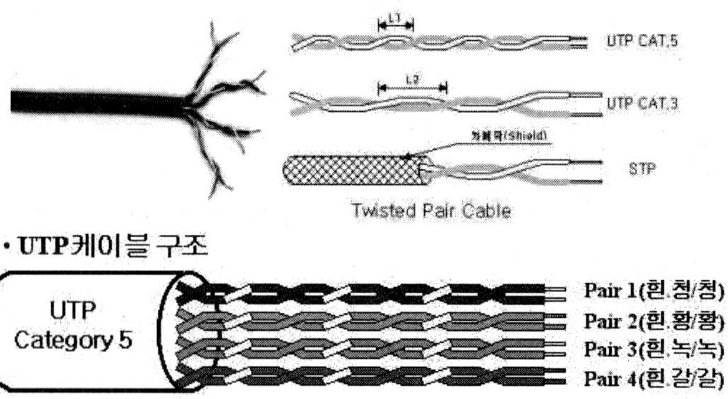

[그림 2-3-4] UTP 케이블 구조

2. UTP 케이블의 구조

[그림 2-3-4]는 TP케이블의 구조를 나타내고 있다. TP케이블은 절연물질을 이용하여 외부의 영향으로부터 차폐 효과를 거둘 수 있는가, 없는가에 따라 UTP(Unshielded Twisted Pair)와 STP(Shielded Twisted Pair)케이블의 두 종류가 있다.

전송거리는 100[m]이며, 특정한 에러율 범위 내에서 전송능력에 따라 카테고리(Category) 1에서 5까지로 다시 구분할 수 있다. 이더넷의 10Base-T나 100Base-Tx 방식에 주로 사용한다. 기가비트도 지원할 수 있도록 표준규격은 나와 있으나, 아직 상용 장비로 TP를 지원하는 제품이 많이 나와 있지는 않다. 또한 TP케이블은 토큰링에도 사용되는데, 토큰링에서는 주로 STP를 이용한다.

카테고리 3(약칭하여 CAT.3 또는 CAT3라고 함)는 주로 10M에 사용하며, 카테고리 5는

100M에 이용한다. 최근 카테고리 6 규격도 사용하는 곳이 있지만, 카테고리 5를 이용하는 것이 보편적이다. 이들의 특징은 [표 2-3-1]과 같다. TP케이블은 관리가 용이하고 안정성이 탁월한 대신 초기 비용이 동축에 비해 높은 편이다.

〈표 2-3-1〉 카테고리별 전송속도

분류	사용주파수 [MHz]	전송속도 최대[Mbps]	사용용도
Category1	음성주파수	1	전화망통신(음성), 데이터 전송에는 부적합
Category2	1[MHz]	4	- Multi-Pair통신케이블
Category3	16[MHz]	10	- 전화망 + 전산망 10Base-T 네트워크, 최대 10Mbps 데이터 전송 - 피트 당 최소한 세 번 꼬아주어야 한다.
Category4	20[MHz]	16	- 전산망 전송속도 Up - 저 손실 통신케이블 - 토큰링 네트워크, 10BASE-T, 100BASE-T가 지원
Category5	100[MHz]	100	- Digital전화망+전산망 - 저 손실, 광대역 폭 케이블 옥내 수평 및 간선 배선 망(100MHz) 4/16 Mbps Token Ring (IEEE 802.5) 10/100 BASE-T (IEEE 802.3) 155 Mbps ATM
Category5e	100[MHz]	100	- enhanced, 1000BASE-T(1000[Mbps] UTP)를 목표 - 옥내 수평 및 간선 배선망 (100[MHz]) - 4/16 Mbps Token Ring (IEEE 802.5) - 10/100 BASE-T(IEEE 802.3)으로 개발 - 155 Mbps ATM
Category6	250[MHz] 500[MHz]	250 500	- Digital전화망+전산망 - 영상(Video)신호 전송 - 기가비트 처리용 회선, ACR 폭을 넓혀 신뢰성을 높였고, 손실 복구 기능을 제공. 고속의 전 이중 랜 애플리케이션을 지원. 실제적으로 거리의 제한 150[Mbps]까지 전송이 가능. 규격은 비표준 - 옥내 수평 및 간선 배선 망(250MHz) - 4/16 Mbps Token Ring (IEEE 802.5) - 10/100/1000 BASE-T (IEEE 802.3) - 155/622 Mbps ATM - Gigabit Etherne
Category7	600[MHz]	250~750	- STP구조 - 고품질의 데이터케이블

3. UTP 설치 지침

(1) UTP 케이블을 이용하여 신뢰성 있는 100[Mbps] 신호전송을 위해서는 patch cord, line cord, patch panel, DVO(Data Voice Outlet)등이 모두 Category 5 Spec.(EIA/TIA-568A)에 만족되는 특성을 가져야 한다.

(2) Cross-connect system에서 patch cord의 길이는 7[m]를 넘지 않아야 한다. 7[m]를 초과하면 horizontal distribution system의 허용치 90[m]에서 해당하는 길이만큼 공제해주어야 한다.

(3) Workstation에서 line cord길이는 3[m]를 넘지 않아야 한다. 3[m]를 초과하면 horizontal distribution system의 허용치 90[m]에서 해당하는 길이만큼 공제해주어야 한다.

(4) Patch panel과 DVO에 결선 시 UTP cable의 대연피치 풀림은 아래 치수를 초과하면 안 된다.

* 최대 대연피치 풀림 : Category 5: 13[㎜], Category 3: 26[㎜]

(5) IDC cross-connect system에서는 jumper wire를 사용하고, 대연피치의 풀림이 상기기준을 초과해서는 안 된다. 특히, 케이블을 심하게 꺾을 경우 손상은 물론이고 페어 간 이격이 발생하므로 주의하도록 한다. 최대 곡률반경은 4Pair 케이블의 경우 외경의 4배, 25Pair 이상의 케이블은 외경의 10배 이상으로 한다.

(6) Wiring하는 동안에 최대인장력은 4페어 기준 110N(11.3[kgf])를 초과해서는 안 된다.

(7) 외피 탈피 시 결선하려는 길이만큼만 탈피하도록 하고, 절연체가 손상되지 않도록 한다.

(8) Jumper wire와 patch cord는 약간 loose하게 결선을 해야 한다.

탄탄하게 결선할 경우 category 5특성이 떨어질 수도 있다. Tie-wrap을 이용 시 케이블에 stress를 주지 않도록 한다.

(9) UTP케이블 설치 시 EMI source와 UTP 케이블간 적절한 거리를 유지하여야 한다.

(10) TC(Telecommunication Closet)에서 work area까지는 90[m]를 초과하지 않아야 한다.

(11) HC(Horizontal Cross Connection)에 사용되는 jumper wire, patch cord, pigtail은 7[m]를 초과하지 않아야 하며, work area에서의 line cord와 HC에서의 케이블 길이의 합은 10[m]를 초과하지 않아야 한다.

(12) Backbone Distribution

voice용 다페어 UTP 케이블 사용 시에는 HC에서 Main Cross-connect(MC)까지는 800[m](다중모드 광섬유는 2,000[m], 단일모드 광섬유는 3000[m])를 초과하지 않아야 하며, HC에서 다른 건물에 있는 IC(Intermediate Cross-connector)까지는 500[m](다중모드 광섬유 500[m])를 초과하지 않아야 한다. 데이터용 다 페어 UTP 사용 시 90[m]를 초과하지 않아야 한다.

(13) MC와 다른 건물에 있는 IC간에 있는 Backbone 케이블

- Voice용 multi pair케이블 사용 시 300[m]를 초과하지 않아야 한다.(광 Multi-mode : 1500m, 광 Single-mode : 2500m)

(14) Work area에서 Modular line cord의 길이는 3m를 초과하지 않아야 한다.

작 업 순 서

1. 케이블 포설하기

케이블이 포설되는 조건에 맞게 구부려 포설시킬 때, 90° 각도에서 각배선 통로로 들어가고 나와야 한다. 케이블 포설을 복도와 교차하는 것이 최소화된 상태에서 복도와 평행하게 그리고 수직을 이루도록 한다.

〈표 2-3-2〉 전원기기와 이격거리

내용	이격거리	케이블
용량 2KVA 이하 전력선	15[cm]	UTP 케이블
고압 전기	30[cm]	〃
용량 5KVA 이상 전력선	90[cm]	〃
변압기나 모터	100[cm]	〃
용량 2KVA 이하 전력선	6.5[cm]	STP 케이블
고압전기	30[cm]	〃
용량 5KVA 이상 전력선	30[cm]	〃

2. 케이블 받침대 설치하기

어떤 케이블이든지 1.25~1.5미터마다 개방된 환경에서 케이블을 받쳐 주어야 한다.

3. 케이블 장력 확인하기

포설길이 전체뿐만 아니라 이것의 양끝에서도 수시로 점검할 수 있도록 한다. 개방된 포설 공간에서 케이블은 단독 구조로 운영되어야 하며 덕트, 빔, 배관등과 같은 것으로 가려져서는 안 된다.

[그림 2-3-5] EIA 568B 선 배열

4. 전원기기와 이격거리

UTP케이블을 포설할 때 전원으로부터 유지해야 하는 최소 거리는 [표 2-3-2]와 같다.

5. 선 배열하기

선 배열이란 페어가 모듈러 인터페이스 핀에 연결되는 순서를 말한다. 각 페어는 Tip커넥터와 Ring커넥터로 되어 있다. 따라서 첫 번째 페어 #1은 T1과 R1으로 나타난다. 선번 배열에 따라 모듈러 인터페이스의 핀 명칭은 T1, T2, R1, R2...으로 정해진다.

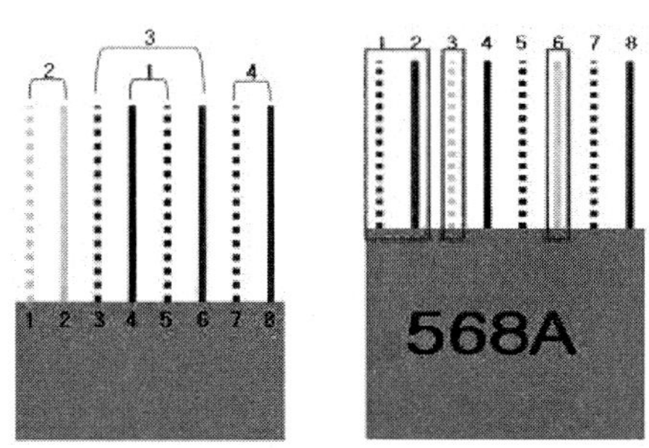

[그림 2-3-6] EIA 568A 선 배열

가. USOC(uniform Service Ordering Code)

USOC는 역사적으로 가장 일반적인 선 배열이며 미국전화 시스템사가 사용하고 있다. 페어는 페어#1은 중심에 있고 페어#2는 그다음 두

점으로 되어 있는 식이다.

나. EIA 568B(Electronic Industries Association)

EIA568B는 최근 범세계적으로 새로운 데이터 설치를 위하여 가장 널리 지정되는 선 배열이 되었다. 이는 IEEE802.3 10BASE-T Ethenet가 Twisted페어 규격에 관하여 지정한 하부 구조이다. 이 선 배열은 8개선 접속형태에만 적용할 수 있다. 568B의 선 배열에서 페어#1과 페어#3은 USOC 선배열의 페어 #1과 페어#2와 상응하며 2페어 시스템과 역행적 호환성을 제공한다.[그림 2-3-5]

다. EIA-568A

EIA-568A는 EIA Commercial Building Cabling 기준안 Draft9.0에 UTP 데이터 배선시스템의 연결을 위하여 선호되는 선 배열로 규정되어 있는 최신배열 규격이다. 또한 AS/NZS 3080-1995에 선호되어 있는 규격이기도 한다. 페어#2, #3이 교차되는 점을 제외하면 568B와 동일하다. 568B와는 달리 단일 페어 대신 두 페어에 대하여 USOC 선배열의 역행적 호환성을 제공해 준다.[그림 2-3-6]

라. 365A

365A는 568B의 페어 버전으로 페어#4는 연결되지 않았다.

마. 10BASE-T

10BASE-T는 WE8W/8K 접속 형태로 사용되는데 이는 EIA568B 선배열의 수정판으로 페어 #1을 개방하고 페어#2에서 시작한다. 이는 음성 및 데이터 장치의 상호접속으로부터 별도로 보호를 받게 된다. 음성 장치가 언제나 핀4.5번(페어#1)에 배선되고 데이터 장치가 핀3.4번은 절대 가동하지 않는다면 상호 접속은 불가능하다.

바. DEC(Digital Equipment Corporation)

DEC connect 호환으로 이선 배열은 Digital Equipment Corporation이 개발한 것으로 RS232C와의 역

[그림 2-3-7] 다이렉트 케이블

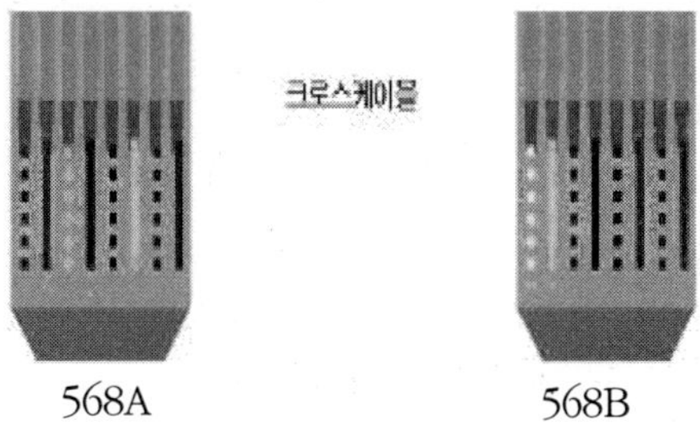

[그림 2-3-8] 크로스 케이블

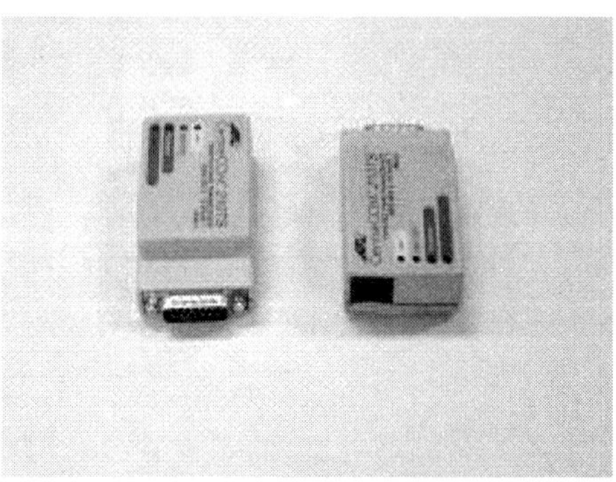

[그림 2-3-9] 마우(MAU)

[그림 2-3-10] 모듈러 압착공구

행적 호환성을 지닌 RS4232의 UTP 지원을 위한 DEC사의 고유의 DEC connect에 사용된 목적으로 개발되었다. RS423이 각기 하나의 송신 수신 페어를 보유하고 있으므로, 통신채널은 모든 페어에서 교환되어야만 하는데, 이는 RS232C의 개별적인 송수신 방식과는 반대이다. 전화 시스템의 간단한 리버싱 라인 코드 사용이 요구되었기 때문에 페어체계도 조정되어져야 했다. 그 결과 페어 #1은 핀2, 3에 페어#2는 핀4, 5에 페어#3는 핀1, 6으로 각각 정해졌다. 이에 따른 더해진 이점은 R1과 R2를 중심 핀(핀3, 4)으로 놓아 신호집지용으로 사용하는데 있다. 이를 통해 아날로그 음성라인에 연결되었을 때 안전하게 Ringer Voltage를 낮출 수 있다.

사. 선번 배열 규정[표 2-3-3]

TP배선 시스템은 국제협약 Band Strip Color Coding에 따른 색상코드를 가지고 있다. 한 페어의 색상코드가 각각의 신 가딕에 및도록 설징되어 있다. 선의 각 페어는 색상페어를 공유한다. 즉, 선의 페어는 고유한 한 페어의 색채를 사용한다. 한 가닥이 기본 페어 바탕에 줄무늬는 2차색으로 되어 있으며 나머지 한 가닥은 바탕이 2차색으로 줄무늬는 기본색으로 되어 있는 식이다. 예를 들면 4개의 페어로 된 케이블의 경우 기본색은 4페어 모두 흰색이며 2차색은 각기 청색, 등색, 녹색, 갈색이 된다. 따라서 페어#1은 희색/청색 페어#2는 희색/등색 등으로 색상코드가 정해진다. 그러므로 육안으로나 연속성 테스트를 통해 쉽게 건물배선이 각 페어를 식별하고 서로 연결되는 모듈러 인터페이스 핀을 찾아낼 수 있다.

만일 빌딩 배선 시스템이 Band Strip color Code로 되어 있지 않을 경우에는 선 배열 식별을 다음과 같이 할 수 있다.

(1) 케이블 재킷을 벗겨내어 어느 커넥터가 서로 꼬임을 이루어 한 쌍의 페어가 되는지 알아낸다.

〈표 2-3-3〉 UTP 케이블 칼라 코드

1번 선 L1	2번 선 L2
백	청
적	등
흑	녹
황	갈
자	회

〈표 2-3-4〉 광케이블 칼라 코드

1. 청색	7. 적색
2. 등색(주황)	8. 흑색
3. 녹색	9. 황색
4. 갈색	10. 보라색
5. 회색	11. 연청색/옥색
6. 흰색	12. 분홍색

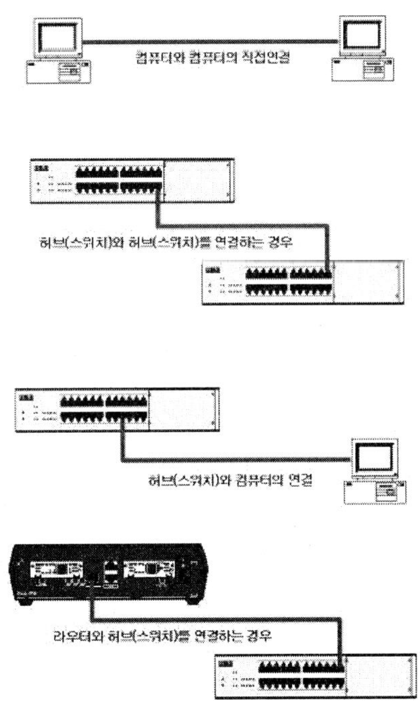

[그림 2-3-11] UTP 케이블의 사용

(2) 색상이 심선의 가닥 가닥에 상응되는 모듈러 인터페이스 위치를 찾아낸다.

(3) 페어를 이룬 선의 가닥들 꼬임을 다시 참고하여 어느 모듈러 인터페이스 핀이 서로 짝을 이루는지 알아낸다.

(4) 이를 선 배열 매핑과 대조하여 해당 선 배열을 식별할 수 있다.

(5) 가장 일반적으로 사용되는 광의 식별 시스템은 가 그룹이 색상 코드화 되어 있는 12개의 광 그룹으로 구성된다.

6. 다이렉트 케이블과 크로스 케이블

다이렉트 케이블은 양쪽 모두 같은 순서로 케이블이 배선되어 있는 형태이며. 크로스케이블의 경우 한쪽의 1번이 반대쪽 3번 위치에 2번이 6번 위치에 오게 되는 구조이다.

허브(스위치)의 경우 다이렉트 케이블로 연결하고 버튼 조작으로 두 개의 허브(스위치)가 연결되도록 하는 기능을 제공하는 장비도 있다.

7. UTP 케이블 만들기

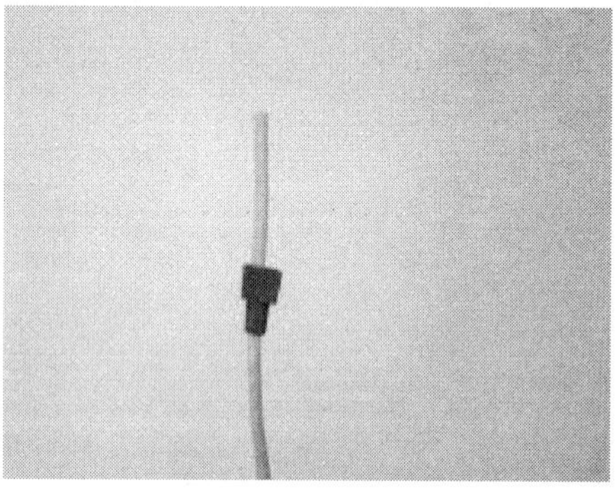

1) 부트 캡을 케이블에 끼운다.

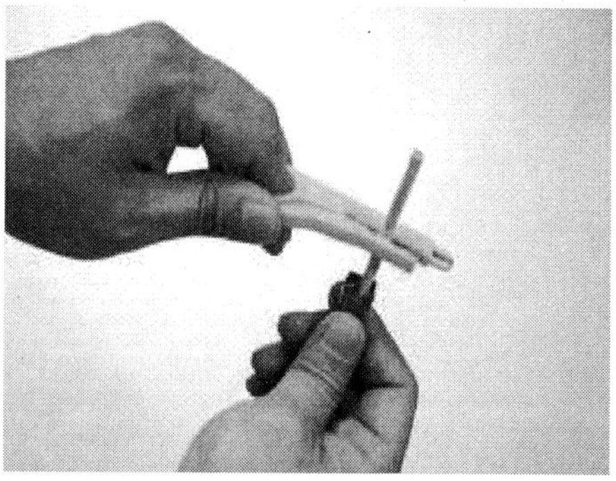

2) 탈피기나 칼을 이용하여 랜 케이블의 외부 피복을 약 2[㎝] 정도 벗겨낸다.

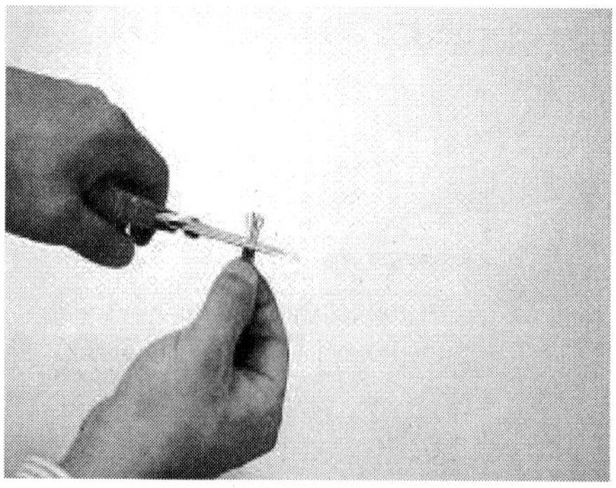

3) 내부 케이블을 순서대로 정렬한다.

4) 8개의 내부 케이블을 곧게 펴고, 가지런히 정렬한다.

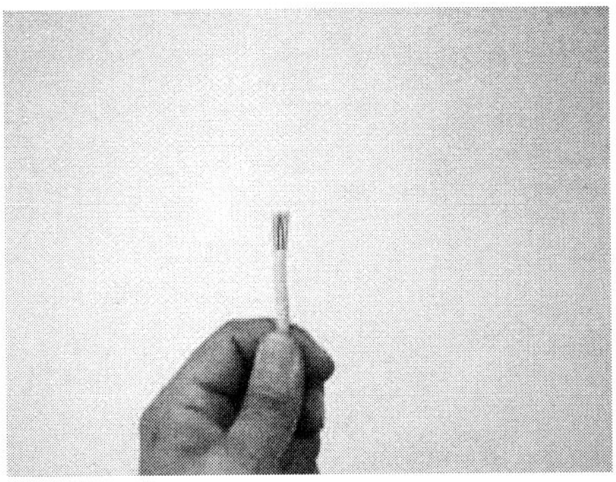

5) 외부 피복에서 구리선을 1[cm]만 남기고 끝을 일직선으로 자른다.

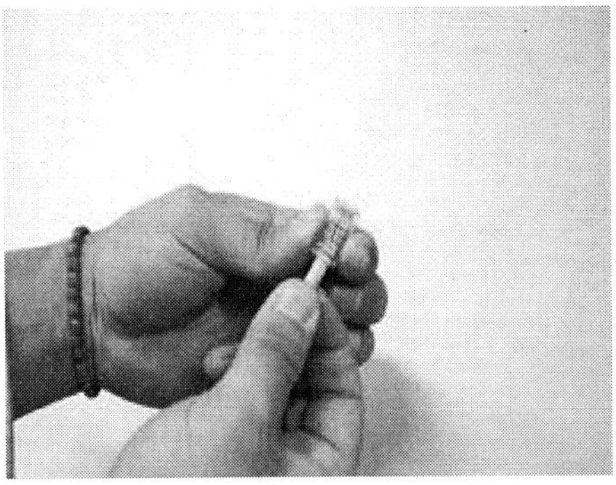

6) RJ-45 잭을 끼운다.

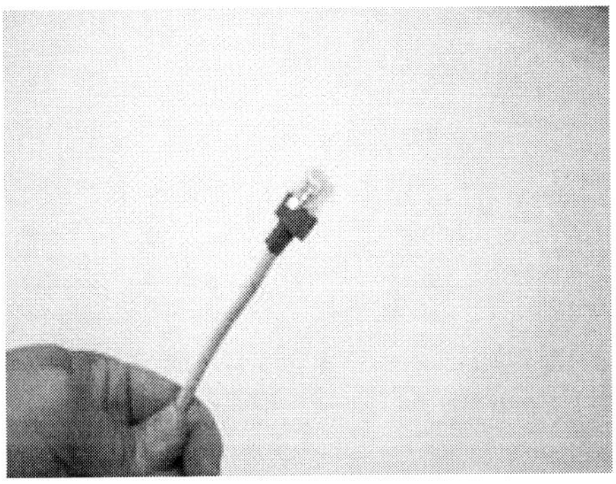

7) 모듈러 툴을 이용하여 케이블과 RJ-45 잭을 고정시킨다.

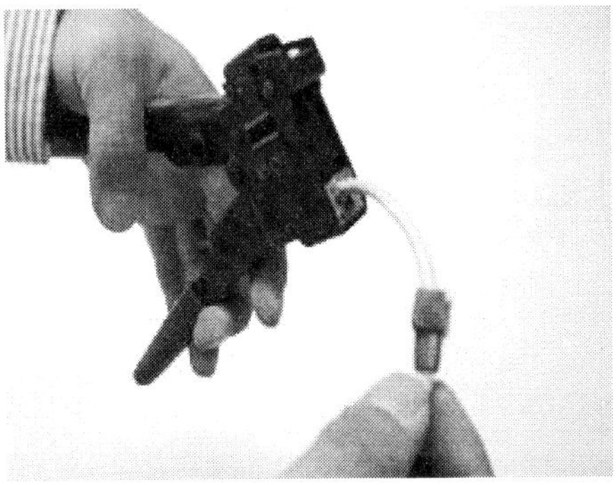

8) 부트 캡을 씌운다. 한쪽이 끝나면 반대편도 같은 방법으로 케이블을 만든다.

[그림 2-3-12] 크로스 케이블의 경우

실습 보고서	2-3. UTP 케이블 접속하기	소요시간: 1시간

장비명 equipment		학 과 :	
제조사 maker		학 번 :	
모델명 Model No.		이 름 :	
S/N serial number		실습 조	

〈평가기준〉

<table>
<tr><td colspan="2">평 가 항 목</td><td>만점</td><td>양호</td><td>보통</td><td>득점</td><td colspan="4">비고</td></tr>
<tr><td rowspan="3">작품평가
(60점)</td><td>장비 및 공구 사용법</td><td>20</td><td>15</td><td>10</td><td></td><td colspan="4"></td></tr>
<tr><td>취부 상태</td><td>20</td><td>15</td><td>10</td><td></td><td colspan="4"></td></tr>
<tr><td>공법 적용상태</td><td>20</td><td>15</td><td>10</td><td></td><td colspan="4"></td></tr>
<tr><td rowspan="4">작업평가
(40점)</td><td>실 습 태 도</td><td>10</td><td>8</td><td>6</td><td></td><td colspan="4"></td></tr>
<tr><td>실 습 안 전</td><td>10</td><td>8</td><td>6</td><td></td><td colspan="4"></td></tr>
<tr><td>정 리 정 돈</td><td>10</td><td>8</td><td>6</td><td></td><td colspan="4"></td></tr>
<tr><td>보고서 작성내용</td><td>10</td><td>8</td><td>6</td><td></td><td colspan="4"></td></tr>
<tr><td rowspan="2">시간평가</td><td colspan="5" rowspan="2">소요시간은 ( )분 초과마다 ( )점 감점</td><td>작품
평가</td><td>작업
평가</td><td>시간
평가</td><td>총점</td></tr>
<tr><td></td><td></td><td></td><td></td></tr>
</table>

2-4 동축 케이블 접속하기

소요시간: 1시간

목 표

CATV용 동축 케이블을 사용하여 커넥터 접속 작업을 할 수 있다.

기계 및 공구

코닝 틀, 파이프 커터, 화장 공구, 케이블 스트리퍼, 클램프 공구, 리퍼, 작업 칼

재 료 명

동축 케이블, 커넥터

안전 및 유의사항

① 심선의 절연체를 제거할 때 심선에 손상이 없도록 한다.
② 토치램프를 사용할 때 화상 및 화재에 조심하고 작업자 상호간에 충분한 간격을 둔다.
③ 토치램프의 이상 유무를 반드시 확인한다.

[그림 2-4-1] 동축 케이블의 외관

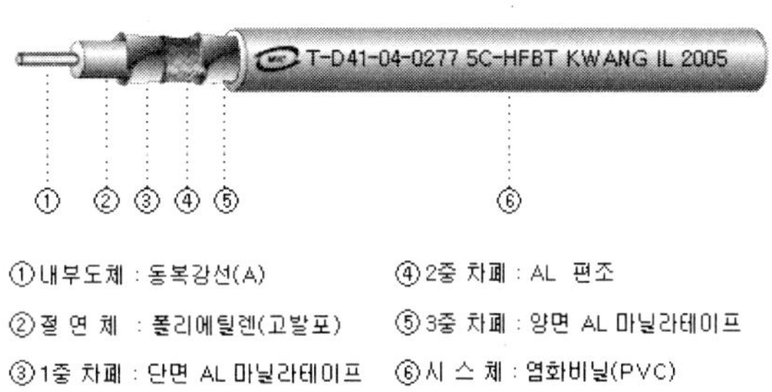

[그림 2-4-2] 동축 케이블의 구조

관 계 지 식

1. 동축케이블에는 Thick과 Thin 두 종류의 케이블이 있다. Thin은 가는 굵기의 케이블로 유연성이 뛰어나고 설치가 용이하다. 10Base-2 방식에 사용된다. Thick은 Thin에 비해 두껍고 유연성이 떨어진다. 주로 건물 백본에 이용되고 10Base-5 방식으로 시설할 때 사용한다. [그림 2-4-2]는 동축케이블의 기본적인 구조를 나타낸 것이다.

2. 10Base-2 방식은 5에 비해 설치가 용이하고 비용이 저렴하지만, 안정성이 떨어지고 매체 장애 시 전체 네트워크에 영향을 미치는 단점이 있다. 이 방식은 BNC 커넥터를 이용하여 스테이션의 랜 카드와 케이블을 연결하는데, T자형 커넥터를 사용하여 접속하고 종단에는 터미네이터(Terminator) 처리를 하여야 한다([그림 2-4-3] 참조). 10Base-2는 200M까지 서비스가 가능하다.

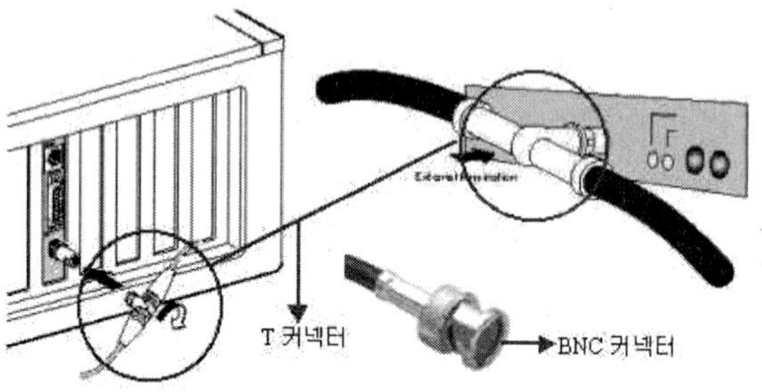

[그림 2-4-3] BNC 커넥터와 터미네이터

3. 10Base-5는 안정성과 전송거리가 긴 장점이 있으나, 시공이 10Base-T나 2에 비해 불편하고, 각 노드마다 트랜시버(Transceiver)를 붙여야 하는 단점이 있다. 백본 케이블의 정해진 위치에 트랜시버를 설치하고, 여기에 AUI케이블을 연결한다. AUI케이블의 반대편에는 랜 카드를 접속하게 된다([그림 2-4-4] 참조). 10Base-5는 500M까지 지원한다.

주의) 동축케이블을 사용할 경우, 반드시 케이블의 종단에 터미네이터 처리를 하여야 한다. 터미네이터를 연결하지 않을 경우 링크가 되지 않는다. 두 대의 스테이션을 BNC케이블로 네트워크를 구축할 때, T커넥터로 랜 카드에 연결한 후 T 커넥터의 한 쪽을 터미네이터 처리해야한다. 간혹 이렇게 하지 않고 BNC케이블로만 서로 연결하고 네트워크 장애를 의뢰하는 경우가 있다. 이 점을 유의하기 바란다.

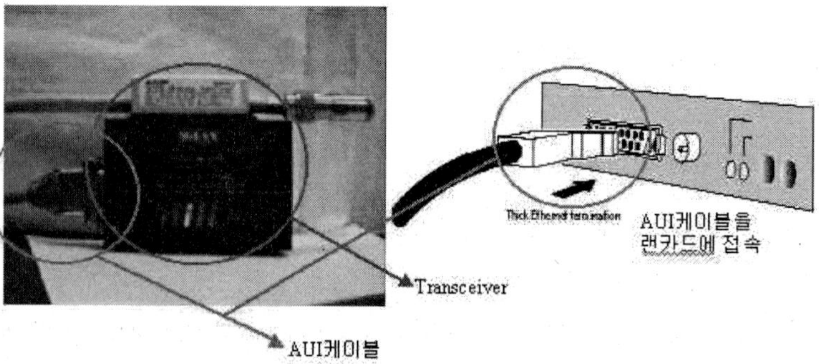

[그림 2-4-4] 트랜시버와 AUI 케이블

작 업 순 서

1. 압착식 핀 플러그 설치법(RCAP-C시리즈)

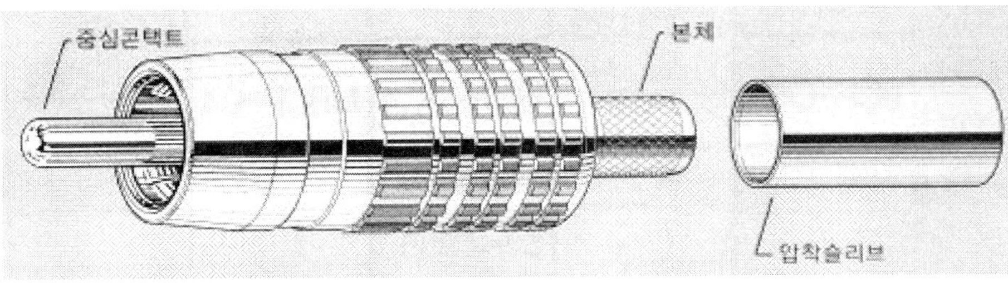

[그림 2-4-5] 압착식 핀 플러그

① 동축 케이블의 외피, 외부도체(편조),절연체를 왼쪽 그림과 같이 잘라내어 압착 슬리브를 케이블에 넣는다.

(주1) 내부도체가 연선인 경우는 절연체를 잘라낸 후 꼰 방향으로 비틀어 놓는다.

(주2) 알루미늄 랩 실드의 동축 케이블은 알루미늄 랩 테이프를 벗겨 둔다.

② 중심 콘택트를 케이블 내부도체에 꽂아 압착 공구로 조인다.

③ 편조를 나팔 모양으로 열어서 본체를 밀어 넣기 쉬운 상태로 만든다.

④ 중심 콘택트를 본체에 삽입하여 찰칵 하는 감촉이 생길 때까지 삽입한다. 이런 상태에서 동축 케이블을 가볍게 당겨서(2kgf이하) 빠지지 않는 것을 확인한다.

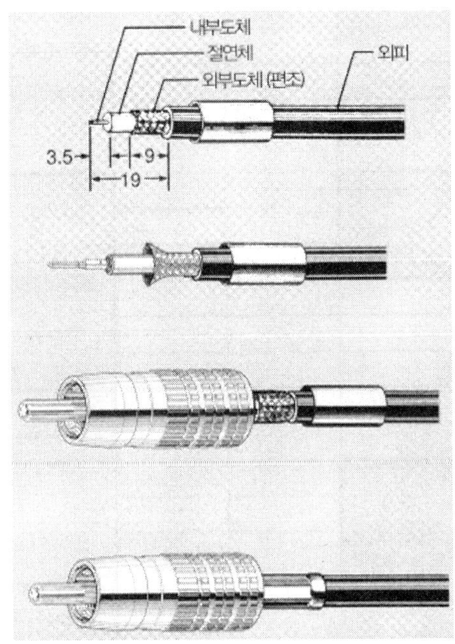

[그림 2-4-6] 압착식 핀 플러그 조립 과정

⑤ 압착 슬리브를 커넥터 본체에 부딪힐 때까지 이동시켜 압착 공구로 조인다. 압착 공구의 안쪽(모서리를 깎아 면을 내지 않은 쪽)을 커넥터 본체에 꽉 부착시킨다.

2. 압착식 BNC형 플러그 설치법

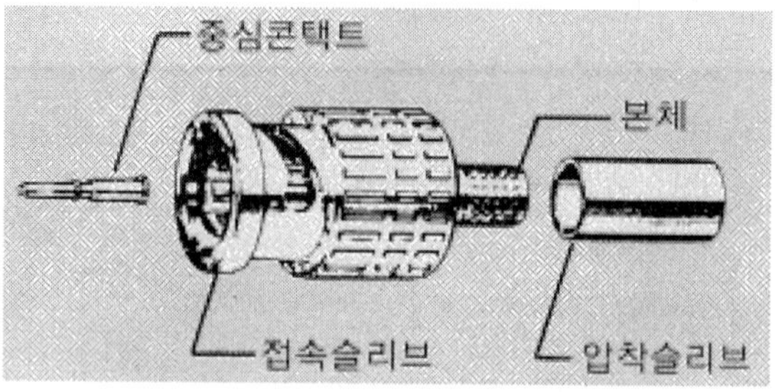

[그림 2-4-7] 압착식 BNC형 플러그

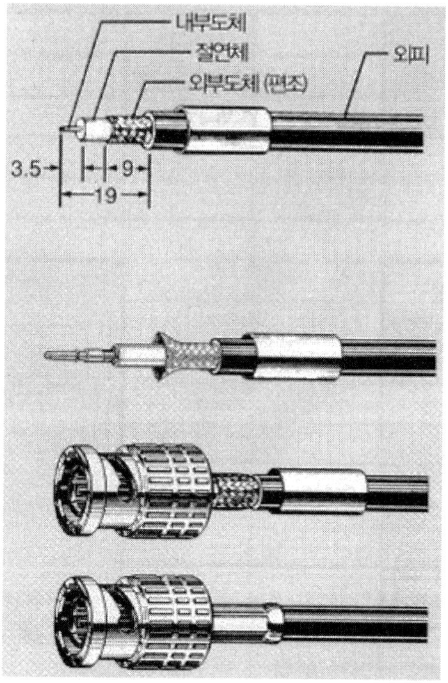

[그림 2-4-8] 압착식 BNC형 플러그 접속 과정

① 동축 케이블의 외피, 외부도체(편조), 절연체를 왼쪽 그림과 같이 잘라내어 압착 슬리브를 케이블에 넣는다.

(주1) 내부도체가 연선인 경우는 절연체를 잘라낸 후 꼰 방향으로 비틀어 놓는다.

(주2) 알루미늄 랩 실드의 동축 케이블은 알루미늄 랩 테이프를 벗겨 둔다.

② 중심 콘택트를 케이블 내부도체에 꽂아 압착 공구로 조인다.

③ 편조를 나팔 모양으로 열어서 본체를 밀어 넣기 쉬운 상태로 만든다.

④ 중심 콘택트를 본체에 삽입하여 찰칵 하는 감촉이 생길 때까지 삽입한다. 이런 상태에서 동축 케이블을 가볍게 당겨서(2kgf 이하) 빠지지 않는 것을 확인한다.

⑤ 압착 슬리브를 커넥터 본체에 부딪힐 때까지 이동시켜 압착 공구로 조인다. 압착 공구의 안쪽(모서리를 깎아 면을 내지 않은 쪽)을 커넥터 본체에 꽉 부착시킨다.

3. 압착식 F형 플러그 설치법

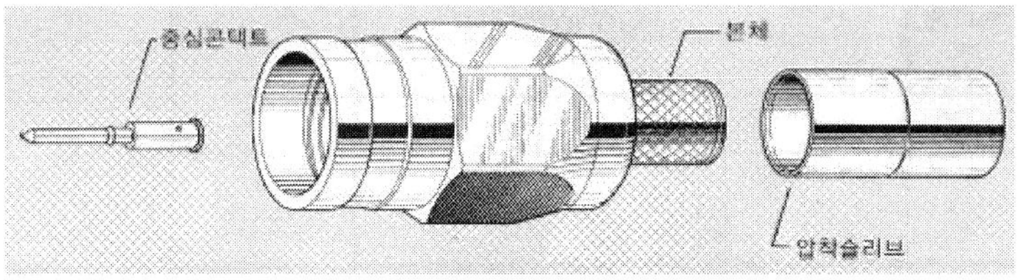

[그림 2-4-9] 압착식 F형 플러그

① 동축 케이블의 외피, 외부도체(편조),절연체를 왼쪽 그림과 같이 잘라내어 압착 슬리브를 케이블에 넣는다.

(주1) 내부도체가 연선인 경우는 절연체를 잘라낸 후 꼰 방향으로 비틀어 놓는다.

(주2) 알루미늄 랩 실드의 동축 케이블은 알루미늄 랩 테이프를 벗겨 둔다.

② 중심 콘택트를 케이블 내부도체에 꽂아 압착공구로 조인다.

③ 편조를 나팔 모양으로 열어서 본체를 밀어넣기 쉬운 상태로 만든다.

④ 중심 콘택트를 본체에 삽입하여 찰칵 하는 감촉이 생길 때까지 삽입합니다. 이런 상태에서 동축 케이블을 가볍게 당겨서(2kgf이하) 빠지지 않는 것을 확인한다.

⑤ 압착 슬리브를 커넥터 본체에 부딪힐 때까지 이동시켜 압착 공구로 조인다. 압착 공구의 안쪽(모서리를 깎아 면을 내지 않은 쪽)을 커넥터 본체에 꽉 부착시킨다.

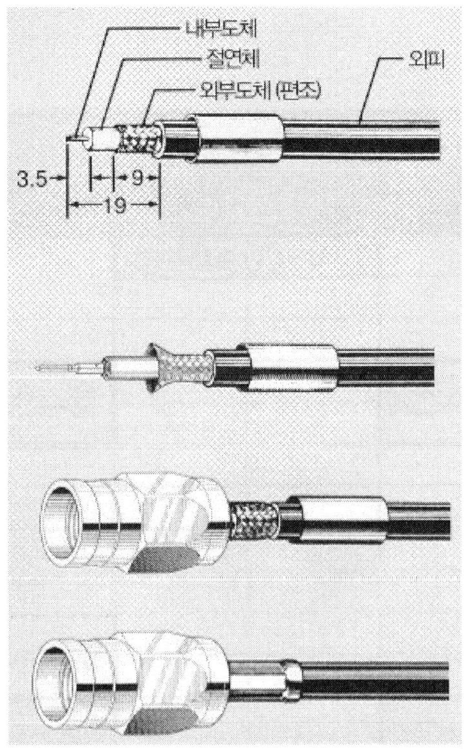

[그림 2-4-10] 압착식 F형 플러그 접속 과정

실습 보고서

2-4. 동축 케이블 접속하기

소요시간: 1시간

장비명 equipment		학 과 :	
제조사 maker		학 번 :	
모델명 Model No.		이 름 :	
S/N serial number		실습 조	

〈평가기준〉

평 가 항 목		만점	양호	보통	득점	비고			
작품평가 (60점)	장비 및 공구 사용법	20	15	10					
	취부 상태	20	15	10					
	공법 적용상태	20	15	10					
작업평가 (40점)	실 습 태 도	10	8	6					
	실 습 안 전	10	8	6					
	정 리 정 돈	10	8	6					
	보고서 작성내용	10	8	6					
시간평가	소요시간은 ( )분 초과마다 ( )점 감점					작품 평가	작업 평가	시간 평가	총점

제3장 가입자망 케이블링 실습

구 성

① 가입자망 전체 실습을 다음과 같이 실습한다.

② 가입자 모델링 부스와 모델링 전주와 MDF를 아래와 같이 설치 구축한다.

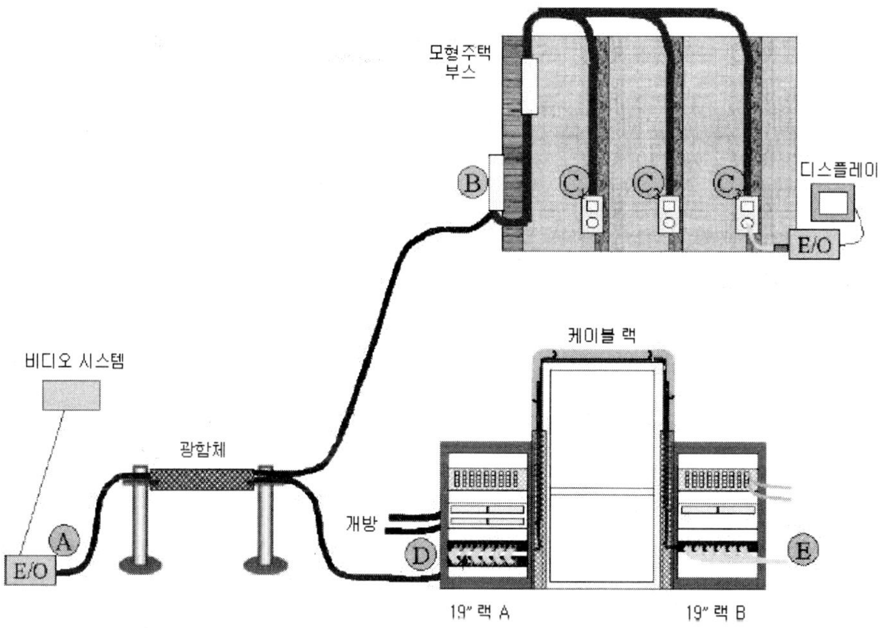

[그림 3-1] 통신망 분배기술 실습 구성도

작 업 내 용

① 구내 케이블의 설치

구내 케이블 선로는 간선케이블과 수평케이블 포설시 과도한 인장력에 의해 케이블이 손상되지 않도록 한다. 4페어 케이블의 인장력은 배선의 늘어짐을 방지하기 위하여 10kg(100N)을 초과하지 않도록 설치한다. 전기적 간섭을 최소화하기 위하여 건물 배선에서의 긴 거리는 전력배선과 평행하게 설치하지 않도록 한다.

② 수평 배선계

실습실의 MDF용 수평배선계중에서 중간단자함에서 가입자 단자함까지의 수평배관은 통신용 1공과 배관 공수에 대한 동등 이상의 내용을 가진 배관을 설치한다.

③ UTP(Unshield Twist Pair) 설치

(가) 수평케이블 최소 곡률반경

4페어 UTP 케이블의 무 부하 상태에서의 최소 곡률 반경을 케이블 지름의 4배를 초과하지 않도록 설치한다.

(나) 간선케이블 최소 곡률 반경

다중 페어 간선 케이블(25페어)의 무 부하 상태에서의 최소 곡률반경이 케이블 지름의 10배를 넘지 않도록 설치한다.

(다) 접속자재 종단처리

케이블의 형태를 유지하기 위하여, 접속 자재위에 종단되는 케이블 페어만큼 케이블 외피를 제거하여 설치한다. 카테고리 5e 케이블을 설치하며 케이블 페어 꼬임은 종단점으로부터 13㎜ 이내로 유지되도록 설치하고, 접속자재에 케이블을 종단할 때 최고 성능을 위해 케이블 페어의 꼬임은 종단점에서 가능한 근접하게 유지되도록 설치한다.

④ 광배선 설치

(가) 주거용(옥내용) 광케이블 설치

건물 내 설치되는 광케이블은 24core 광케이블을 사용하며 부하가 없는 상태에서 곡률반경 30㎜ 이상으로 설치한다. 광케이블의 곡률반경은 인장력을 받는 경우 케이블 외경의 15배 이상으로 설치하고, 인장력을 받지 않는 경우 케이블 외경의 10배 이상이 되도록 설치한다.

(나) 주거용 건물 간(옥외용) 광케이블 설치

옥외용으로 설치되는 광케이블은 24core 광케이블을 사용하며 건물 간을 배선할 경우 방수형으로 처리하며 최소 인장강도는 2627N 이상으로 설치한다. 광케이블의 굴곡반경은 인장력을 받는 경우에는 케이블 외경의 20배 이상으로 설치하며, 인장력을 받지 않는 경우에는 케이블 외경의 10배 이상으로 설치한다.

구 성 내 역

① 광케이블 접속 및 함체 작업 Booth

광섬유 융착 접속기와 광케이블 함체를 설치하고 이를 이용하여 옥외용 광섬유 케이블의 함체 작업 및 광섬유 접속 기술을 학습 할 수 있도록 한다. LCD 모니터를 설치하여 광섬유의 형태 및 종류를 육안으로 식별하고 접속과정을 학습할 수 있도록 구성한다.

② 광케이블 함체 종류 및 분기접속 Booth

종류별 광케이블 접속 함체를 설치하여 지중 및 가공 함체의 조립실습을 가능하도록 한다. 설치된 광섬유 접속 함체를 이용하여 중간분기 접속기술을 학습할 수 있도록 구성한다.

③ 광케이블 접속 종류 및 단자접속 Booth

종류별 기계식 접속자를 설치하여 기계식 접속자 실습이 가능하도록 하고 OTDR을 이용한 반사 손실 측정 실습이 가능하도록 구성한다. 옥외/옥내 광 단자함을 설치할 수 있도록 하여 옥외용 광케이블의 인입과 옥내용 광케이블의 접속 실습 및 학습이 가능하도록 구성한다. 설치된 광 단자함을 이용하여 ONU까지의 옥내용 광케이블을 포설하고 접속할 수 있는 학습이 가능하도록 구성한다. WDM coupler, Coupler, 커넥터 등을 설치하여 광 분기 실습이 가능하도록 구성한다.

④ 시각적으로 통신망 구조를 한눈에 알 수 있도록 Booth를 구성하며 협의 후 필요 시 추가의 Booth를 설치할 수 있도록 확장성을 높여 설치한다.

⑤ 시각효과와 더불어 실습이 가능한 구조로 필요자재의 재사용성을 높여 각각의 Booth를 설치한다.

3-1 광분배함 설치하기

소요시간: 5시간

목 표

① 광케이블을 성단 할 수 있다.
② 광 점퍼코드를 성단 할 수 있다.

기계 및 공구

광 융착 접속기, OTDR, 광케이블 접속 기본공구

재 료 명

[24형]광분배함 24코어 1set, 광 점퍼코드 SC형 2개, 열 수축슬리브 10개

안전 및 유의사항

① 광케이블 성단 시 규정된 허용곡률 반경을 준수하여야 한다.
② 광 점퍼코드 성단 시 분배함 고정 어댑터의 규격과 일치하는지 확인해야 한다.
③ 광케이블의 코어수와 광 분배함의 규격이 맞는지 확인해야 한다.

관 계 지 식

1. 일반사항

광케이블 성단은 광 단국장치(또는 광 중계장치)와 광케이블 상호간에 커넥터 접속이 될 수 있도록 하기 위해 광케이블 종단을 커넥터화 하여, 커넥터 접속부가 안전하게 보호될 수 있도록 광케이블을 성단함에 수용하는 것이다.

광케이블 성단에서는 광 커넥터 접속부 및 광섬유의 광학적 특성이 저하되지 않도록 하여야 하고, 성단함에 광케이블이 견고하게 고정되어야 한다. 또한, 광케이블이 수용된 성단함이 진동 및 충격 등으로부터 보호될 수 있도록 안전하게 설치되도록 하고, 먼지 등의 이물질이 침투되지 않도록 하여야 한다. 광케이블 성단은 사용하는 성단함의 종류, 광케이블의 구조, 성단방법에 따라 케이블의 종단처리, 수용방법 등이 다르다.

성단된 광케이블을 점퍼코드로 연결하여 광 단국 장치에 연결하여야 하며, 연결되는 광 점퍼코드는 광분배함이나 단자함에 점퍼코드와 커넥터 종류에 따라 견고하게 연결되어 손실이 최소화되어야 한다.

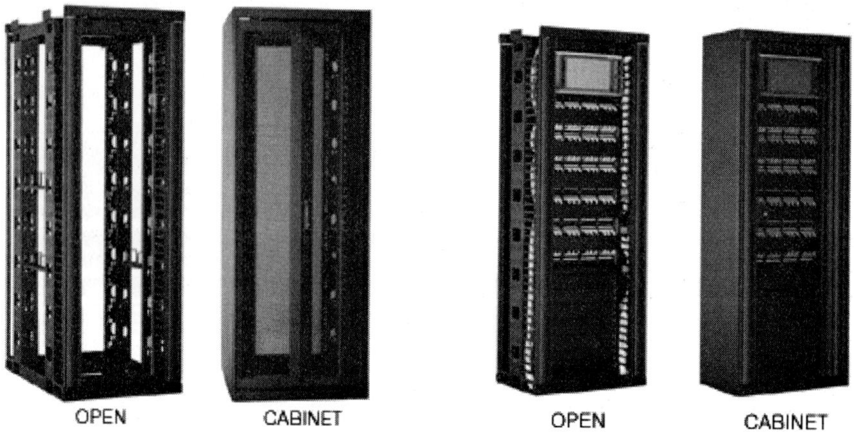

[그림 3-1-1] OPEN BASIC RACK

가. 광케이블 성단은 사전에 설계서에 의한 광분배반, 광분배함, 광 단자함 등 성단함의 종류, 성단 할 광케이블의 종류, 광 커넥터, 어댑터, 광 감쇠기 등 용부품의 종류 등을 사전에 확인하여야 한다.

나. 성단함은 광케이블의 종단부를 수용하는 장치로 용도나 적용범위에 따라 기능이 다르며, 성단함의 적용범위는 다음과 같다.

(1) 광분배반(FDF : Fiber Distribution Frame) : 광가입자의 변경과 등록을 자유롭게 할 수 있도록 가입자 광 전송장치 또는 중간단자와 외부 광선로 간의 연결, 분배 및 절체 기능을 수행하기 위해 전화국에 설치하여 운용할 수 있는 장치[그림 3-1-2].

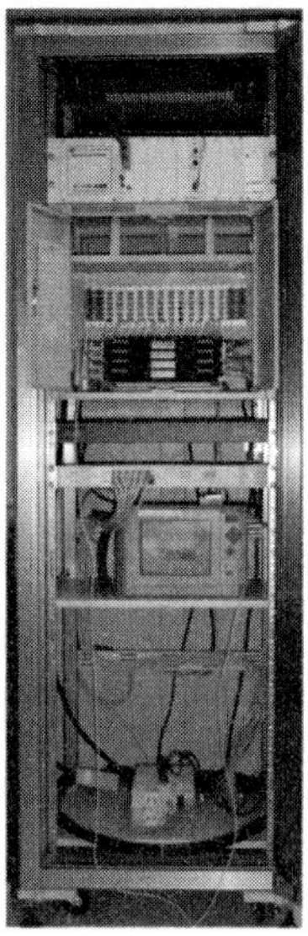

[그림 3-1-2] 광분배함

[그림 3-1-3] 광분배함 내부 구조

[그림 3-1-4] 광 단국장치 1

[그림 3-1-5] 광 단국장치 2

(2) 광분배함A(OFD : Optical Fiber Distribution) : 광케이블과 광 전송장치 및 광 중계 장치들을 상호 연결 및 광케이블의 광섬유심선을 분배하기 위해 전화국에 설치하여 운용하는 장치

(3) 광분배함B(OFD : Optical Fiber Distribution) : 광케이블과 광 전송 장치 및 광 중계 장치들을 상호 연결 및 성단광케이블의 광섬유 심선을 분배하기 위해 전화국에 설치하여 운용하는 장치

다. 성단함에 수용되는 광케이블 종단을 커넥터화 하는 것을 성단방법이라 하며, 성단방법은 광케이블 및 광 커넥터가 연결되는 형태에 따라 다음의 방법을 적용한다.

(1) 성단광케이블을 사용하는 방법

(2) 광 커넥터를 광케이블에 부착하는 방법. 광케이블의 성단방법은 성단함의 구조, 광케이블의 구조, 광 커넥터의 부착방법에 따라 〈표 3-1-1〉과 같이 한다.

〈표 3-1-1〉 성단함 구조별 성단방법

종류	성단방법
광분배반(FDF) 광분배함B(OFD)	1) 리본형 성단광케이블 2) 루즈튜브형 성단광케이블
광분배함A(OFD)	1) 루즈튜브광케이블 + 광 점퍼코드 2) 루즈튜브광케이블 + 다심분리형광코드 3) 리본광케이블 + 다심분리형광코드

마. 광케이블의 성단방법에 따라 성단함에 수용되는 광케이블과 광 점퍼코드(또는 다심분리코드)의 접속방법은 〈표 3-1-2〉와 같이 한다.

〈표 3-1-2〉 성단방법에 따른 광섬유심선의 접속방법

접속방법 / 성단방법	커넥터접속	융착접속		기계식접속	
		단심	리본	단심	다심
성단광케이블, 광 점퍼코드	○				
리본광케이블+다심분리형광코드〈주1〉			○		○
루즈튜브 광케이블+광 점퍼코드		○		○	
루즈튜브 광케이블+ 다심분리형광코드〈주2〉			○		○

〈주1, 2〉 다심일괄동시접속으로 시행하며, 광섬유심선의 접속형태가 각각 리본 심선 간 접속, 리본화 접속 등의 형태이다.

바. 광섬유심선과 광 점퍼코드, 리본심선과 다심분리코드의 접속손실은 최소화하여야 하고, 접속방법별 접속손실 규정은 〈표 3-1-3〉과 같이 한다.

〈표 3-1-3〉 광케이블성단에서의 광섬유심선의 접속손실 규정

접속방법	융착접속(접속손실)	기계식접속 (접속손실/반사손실)	커넥터접속 (삽입손실/반사손실)
기준치(개소)	0.5dB 이하〈주1〉	0.5dB 이하〈주2〉/ 40dB 이상	광 커넥터의 광학적 특성에 준함
평가방법	융착접속기상 정치(코어 직시법)	기계식 접속자 성능(삽입법)	광 커넥터의 성능(삽입법)

〈주1, 2〉 광섬유심선 및 리본심선에 동일 적용

사. 성단광케이블 및 광 점퍼코드(다심분리코드) 등에 사용되는 광 커넥터들의 광학적 특성은 〈표 3-1-4〉와 같다.

아. 광섬유심선(리본심선)과 광 점퍼코드 또는 다심분리코드와의 융착접속부는 열 수축슬리브로 보강한다.

〈표 3-1-4〉 광 커넥터의 광학적 특성

광 커넥티의 종류	SC, SC2		FC		바이코닉	평가방법
	PC	APC	PC	APC		
삽입손실(개소) (Insertion loss)	0.5dB 이하				1dB 이하	삽입법
반사손실(개소) (Back-reflection loss)	-40dB 이상	-60dB 이상	-40dB 이상	-60dB 이상	-	반사손실 측정법

자. 광케이블의 성단, 광섬유심선의 접속 및 여장정리 등의 작업에서 허용 곡률반경을 준수하고(「광케이블 표 준공법(접속), 일반사항」 참조), 충격 등으로 인해 외피가 손상되지 않도록 하여야 한다.

차. 성단작업은 광케이블 구조에 적합한 방법으로 시행하여야 하며, 성단 후 케이블의 인장선 및 외피의 도체 부분은 주접지반에 접지시킨다.

카. 성단함은 장치가의 지정된 위치에 견고하게 고정하며, 성단함 종류별 작업순서는 [그림 3-1-6]과 [그림 3-1-7]과 같다.

타. 성단함 내 광 커넥터 접속 시는 양측 광 커넥터들의 단면을 광 커넥터 클린테이프로 닦아 이물질이나 먼지가 묻지 않도록 한다.

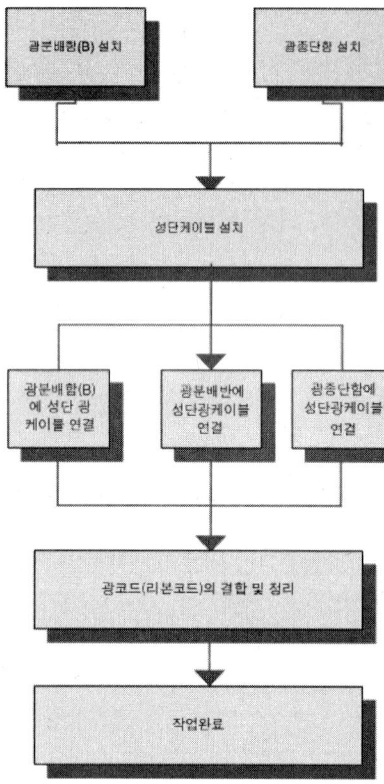

[그림 3-1-6] 성단광케이블의 성단

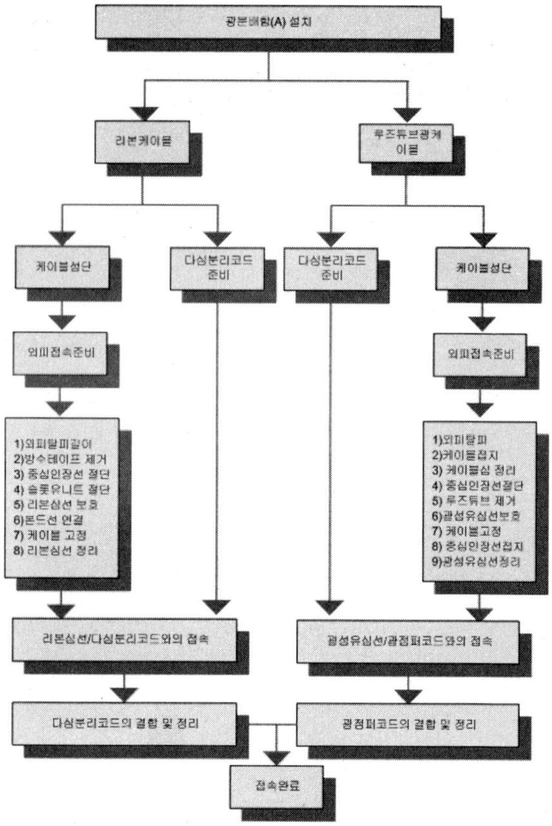

[그림 3-1-7] 루즈튜브(리본) 광케이블의 성단

2. 성단함의 종류

가. 광분배함A

(1) 광분배함A의 종류

(가) 수용 심선 수에 따라 24형, 96형, 192형이 있으며, 분배함체, 분배기, 접속판, 저장함체로 구성된다.

〈표 3-1-5〉 광분배함A의 종류

품명	구성품					
	분배함체	분배기		접속판(성단 케이블종류)		저장함체
		SC형	바이코닉형	루즈튜브형	리본형〈주〉	
[192]형 분배함	1	32		8	4	1
[96]형 분배함	1	16		4	2	1
[24]형 분배함	1	4		1	2	〈부표#1〉

〈주〉 1개의 접속 판에 수용할 수 있는 리본 심선 수는 64심(8심 리본 8개)이며, 접속부 배열 판이 리본형인 것을 적용함.

〈부표#1〉 [24]형 분배함체의 수에 따른 저장함체 소요수량

분배함체 수 전체 수용심선	1(24심)	2(48심)	3(72심)	4(96심)	5(120심)	6(144심)
저장함체 수	1	1	1	2	2	2

(나) [96]형, [192]형의 분배함은 저장함이 일체로 되어 있고, [24]형 분배함은 최대 72심을 수용할 수 있다.

(2) 구성품 및 용도

(가) 광분배함A의 각 구성부품의 용도 및 기능은 〈표 3-1-6〉과 같다.

〈표 3-1-6〉 광분배함A의 각 구성품의 용도 및 기능

품명	약호	단위	용도 및 기능	비고
분배함체	OFD-〈주1〉	대	광케이블과 광 단국장치 및 광 중계 장치를 상호연결, 절체하기 위해 어댑터 취부판 및 광섬유 접속판을 내장한 분배함체(OFD : Optical Fiber Distribution)	
저장함체	OFS	대	광 점퍼코드의 여장을 최대 72본까지 여장 처리할 수 있는 저장함체(OFS : Optical Fiber Storage)	수량은 구매 시 지정
분배기	OFD-H	개	광 점퍼코드 연결이 용이하도록 6개의 접속부를 갖고 있는 분배기(분배기 : 광케이블의 광섬유심선을 광 단국장치 등으로 분배시키기 위한 패널) (OFD : Optical Fiber Distribution-Housing)	
접속판	OST	개	외부인입 광케이블의 광섬유심선(리본심선)과 광 점퍼코드(다심분리코드)의 심선접속부의 보호판 (OST : Optical Fiber Splice Tray)	

〈주1〉 분배함체의 약호

〈주1〉	표기방법	내용	비고
광케이블의 최대수용가능 심선 수	1	24심(8심 리본 3개)	
	2	96심(8심 리본 12개)	
	3	192심(8심 리본 24개)	

(나) 접속 판에는 광섬유심선 및 리본심선을 수용할 수 있으며, 접속부 배열 판만을 광섬유심선용과 리본심선용으로 구분한다.

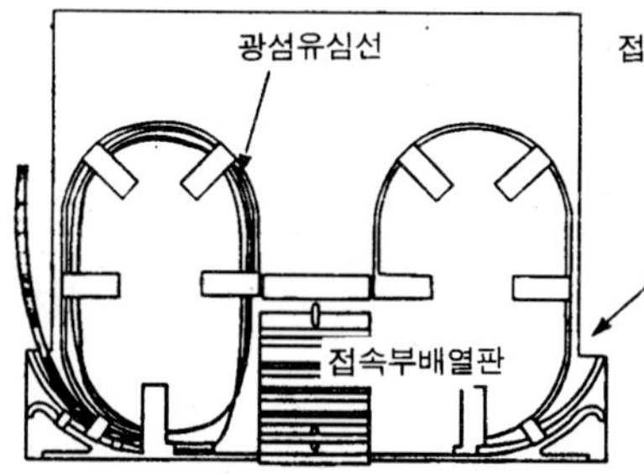

[그림 3-1-8] 광분배함A의 광섬유 접속판의 구조

(3) 수용부품의 종류 및 용도

(가) 광분배함A 내 케이블과 광 단국장치 및 중계 장치를 상호 연결하기 위해 사용되는 부품으로는 광 점퍼코드, 어댑터, 광 감쇠기 등이 있으며, 용도 및 기능은 〈표 3-1-7〉과 같다.

〈표 3-1-7〉 광분배함A 내 수용부품

품명	약호	단위	용도 및 기능	비고
광 점퍼코드	OJC -〈주2〉-〈주3〉 -〈주4〉-〈주5〉	본	분배함과 광 단국장치 및 광 단국장치 상호간의 상호연결 및 시스템 절체에 사용되는 광 커넥터가 부착된 점퍼코드 (OJC : Optical Jumper Cord)	수량 및 형은 구매시 지정
어댑터	OFA -〈주6〉-〈주7〉 -〈주5〉	개	광 전송장치 또는 분배함에 고정으로 설치하여 광 점퍼코드의 상호연결에 사용 (OFA : Optical Fiber Adaptor)	
광 감쇠기	OFAT -〈주8〉-〈주7〉 -〈주9〉-〈주5〉	개	광 수신레벨 조정 및 광 점퍼코드의 상호연결 (OFAT : Optical Fiber Attenuator)	

〈주〉 수용부품의 약호

[부표#2] OFAT-〈1〉형의 광 감쇠기의 종류

페룰의 접촉방식〈주5〉	감쇠량(dB)의 약호〈주9〉			
	A	B	C	D
SC/PC	5 ± 1.5	10 ± 1.5	15 ± 1.5	20 ± 1.5
SC/APC	2 ± 1	5 ± 1	7 ± 1	10 ± 1

[부표#3] OFAT-〈2〉형의 광 감쇠기의 종류

연결 광커넥터〈주7〉	감쇠량(dB)의 약호〈주9〉								
	감쇠용							연결용	
	A	B	C	D	E	F	G	I	K
SM	2-4	4-6	6-8	8-10	10-12			단일, 다중	단일, 단일
mm	-	4-6	6-8	8-10	10-12	12-14	14-16	-	다중, 다중

작 업 순 서

1. 준비한다.

(1) 광분배함 장치가 상단에 확보된 광케이블은 고장 복구여장(3.4m)을 제외하고, 케이블 성단을 위한 접속 및 견인여장만을 케이블여장부에서 인출한다. 이때, 케이블 여장부에서 분배함 위치까지의 케이블길이를 포함한다.

(2) 광분배함이 설치된 곳에서 작업이 용이하도록 작업대를 설치한다.

(3) 인출한 광케이블을 작업에 편리하도록 구부려 정렬한 후, 작업대 위에 움직이지 않도록 단단하게 고정한다.

(4) 광케이블의 접속작업주변은 평탄하고 청결해야 하며, 융착접속기 등 접속작업에 소요되는 자재 및 공기구 등을 점검하고, 작업대 위에 사용 순서별로 정돈한다.

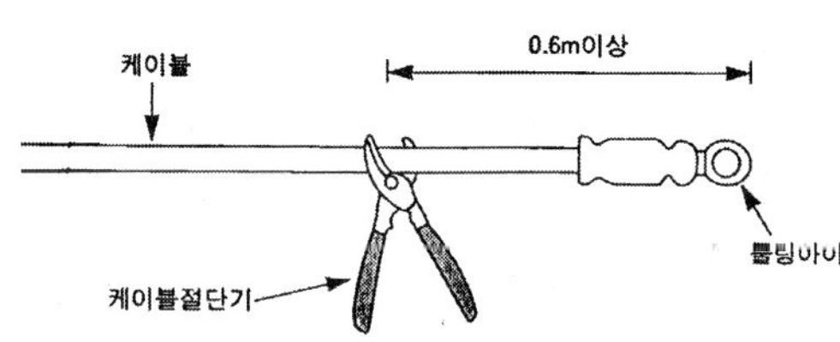

[그림 3-1-9] 케이블종단 제거

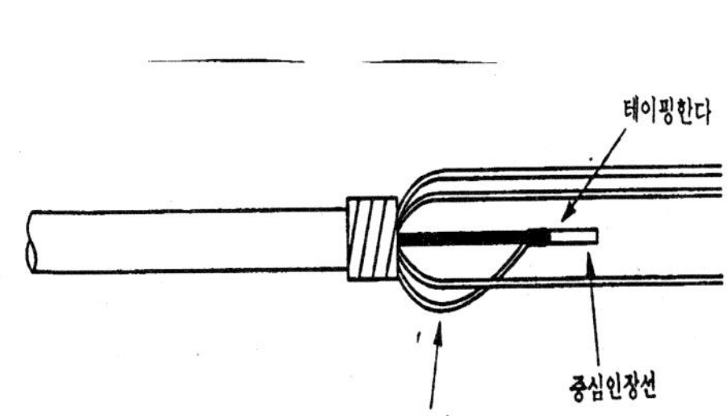

[그림 3-1-10] 본드선과 중심인장선의 연결

2. 루즈 튜브 광케이블을 성단한다.

(1) 외피접속

(가) 외피접속준비

1) 국내로 인입된 케이블은 풀링아이를 포함하여 종단에서부터 0.6[m]정도를 [그림 3-1-9]와 같이 케이블절단기로 절단한다. 단, 케이블여장부에서 광분배함 설치 위치까지의 길이 및 접속여장 1.2[m]를 제외하고 절단하되 절단부분은 케이블종단으로부터 0.6[m]가 포함되어야 한다.

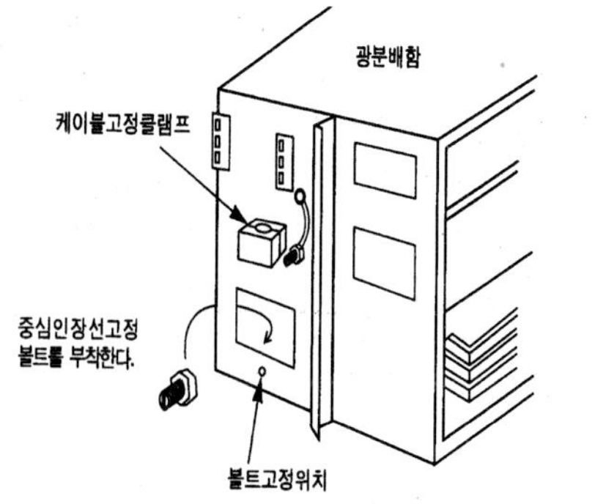

[그림 3-1-11] 광분배함A에 중심인장선 고정 볼트 부착

2) 케이블에 묻은 먼지 및 오물 등을 걸레나 헝겊으로 깨끗이 닦아낸다.

3) 케이블 종단으로부터 1.2[m] 되는 지점에 테이프로 감아 탈피지점을 표시한다.

(나) 외피탈피, 케이블 접지, 케이블 심 정리는 「루즈튜브 광케이블(컴파운드형 접속함) 외피접속공법」을 준용한다.

(다) 중심인장선 정리

1) 중심 인장선을 외피탈피지점으로부터 15[㎝]정도 남겨두고 절단한다.

2) 중심인장선의 PE피복을 외피탈피지점에서 5[㎝] 지점에서 종단방향으로 벗겨낸다.

3) 케이블외피에 접지시킨 본드선의 한쪽 단을 중심인장선의 PE피복 탈피지점에 [그림 3-1-10]과 같이 연결하고, PVC테이프로 감는다.

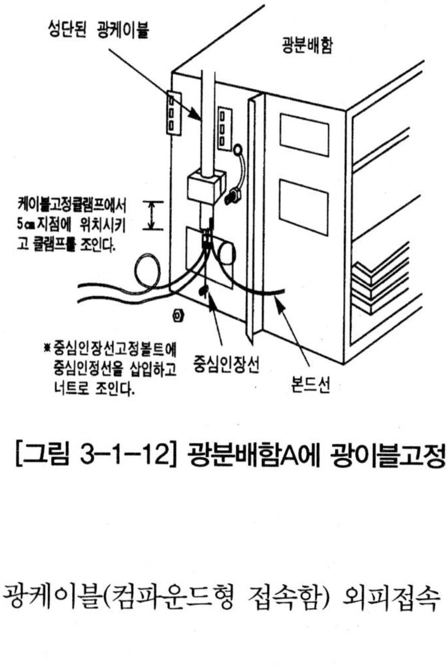

[그림 3-1-12] 광분배함A에 광이블고정

(라) 루즈 튜브 제거, 광섬유심선 보호는 「루즈 튜브 광케이블(컴파운드형 접속함) 외피접속공법」을 준용한다.

(마) 케이블 고정

1) 광분배함A의 외부측면 후단부에 부착된 케이블고정클램프와 일직선상의 광케이블인입구 하단에 [그림 3-1-12]와 같이 중심인장선 고정 볼트를 부착한다.

2) 케이블 고정클램프의 나사 및 와셔를 풀면 클램프 덮개가 분리된다.

3) 케이블 외경에 맞추어 내부 클램프의 크기를 선택한다.

4) 외피절단지점이 케이블고정클램프에서 5[㎝] 하단에 위치하도록 하여, 케이블을 클램프 내 삽입하고 나사로 클램프를 [그림 3-1-13]과 같이 고정한다.

5) 중심 인장선을 인장선 고정 볼트 내로 삽입하고 볼트로 견고하게 조인다.

(바) 케이블 접지

케이블에 연결된 본드선과 중심인장선의 외피탈피부분을 한데 모아 접지선(비닐절연 전선 14㎟에 연결하고, [그림 3-1-13]과 같이 주접지반의 접지선에 연결한다.

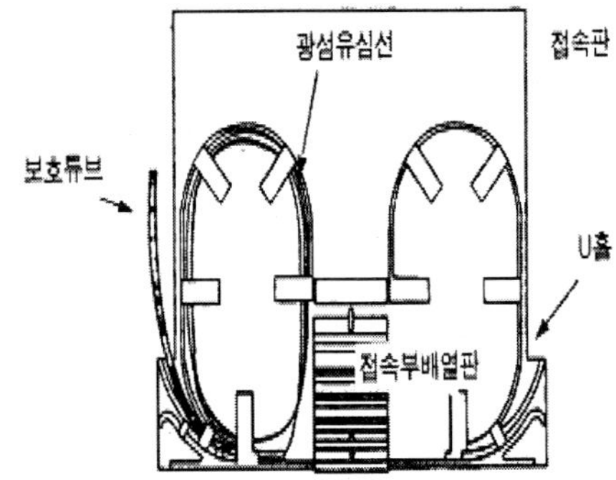

[그림 3-1-13] 접지단자에 본드선 연결

(사) 광섬유심선의 여장정리

1) 케이블이 고정되면 광섬유심선의 여장(보호튜브 포함)을 분배함의 광케이블인입구를 통하여 분배함 내부로 인입시킨다.

2) 광섬유심선이 수용된 보호튜브를 케이블 인입 방향 측의 접속 판 U홈에 끼운다. 이때, 보호튜브의 종단은 U자 홈의 끝부분에서 보호 지지판 내로 1[㎝]정도 삽입되어야 한다. 단, 접속 판의 U자 홈에는 보호튜브를 4개까지 끼울 수 있다.

3) 접속 판의 U자 홈에 끼워진 보호튜브들은 접속판의 삽입 및 인출로 인해 유동되지 않도록 하고, U홈 커버를 닫는다.

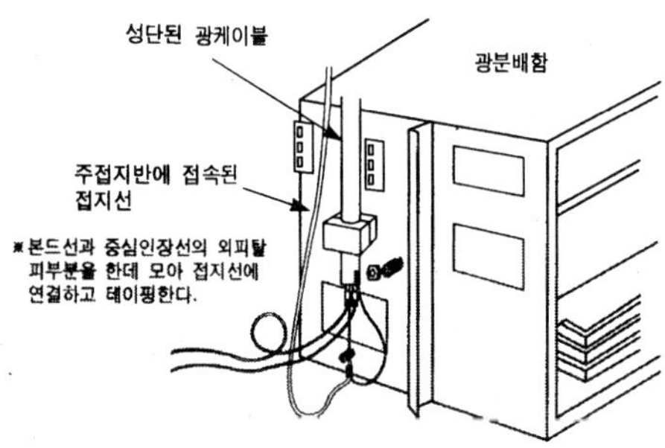

[그림 3-1-14] 접속판 내 광섬유 심선 정리

4) 여분의 광섬유심선은 [그림 3-1-14]와 같이 접속 판의 여장정리부에 광섬유심선의 곡률반경에 유의하여 감아 정리한다

(2) 편단 광 점퍼코드(이하 "편단코드"라 한다.)의 준비

(가) 편단코드의 성단은 다음과 같이 한다.

1) 길이가 1.5[m]인 편단 광 점퍼코드(양단 광 점퍼코드의 1/2)는 커넥터로부터 0.8[m] 지점에서 공구 칼로 재킷부분만을 가볍게 흠을 주어 커넥터 반대방향으로 잡아당겨 탈피하고, 장력 보강층(케블라)은 재킷이 절단된 지점에서 가위로 깨끗하게 제거한다.

2) 편단코드는 색상이 동일하기 때문에 순번을 기입한 각각의 견출지를 편단코드의 커넥터부분과 이중코팅심선의 종단에 각각 부착하여 광섬유 심선과 접속 시 식별이 가능하도록 한다.

(나) 편단코드의 정리는 다음과 같이 한다.

1) 재킷이 제거된 편단코드들을 광분배함의 케이블설치위치 반대 측으로 인입시키고, 분배함의 후면에 부착된 어댑터에 편단코드의 광 커넥터들을 결합한다. 이때, 광 커넥터의

단면을 광 커넥터 클린테이프로 깨끗이 닦은 후 결합한다.

2) 편단코드들을 6심 단위로 한데 모아서 재킷이 제거된 부분을 [그림 3-1-15]와 같이 2-3[㎝] 정도 PVC테이프로 감아준다. 이때 각각의 편단코드별 재킷이 제거된 지점은 모두 테이핑 되어야 한다.

3) 광섬유 접속판 단위별(최대 24심) 인입된 편단코드들을 한데 모아서 테이핑 된 지점을 케이블타이로 가볍게 묶어준다.

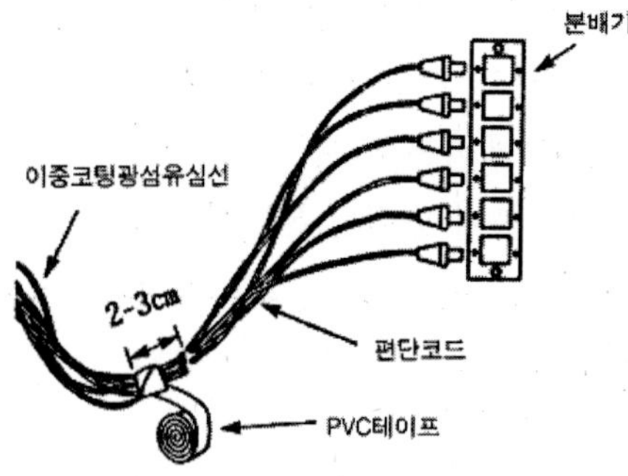

[그림 3-1-15] 편단코드의 재킷 탈피지점의 보호

4) 편단코드들을 어댑터에서 접속 판의 U홈까지의 길이(접속 판이 앞으로 빠진 상태)에 맞춰서 한데 모아 PVC테이프로 감아준다. 이때, 어댑터로부터 접속 판까지의 길이는 곡률반경을 고려해야 하고, 테이핑횟수는 접속 판의 U홈보다 조금 크게 되도록 한다.

5) 편단코드의 재킷이 제거된 지점부터 접속 판의 U홈까지 노출된 이중코팅광섬유심선(이하 "이중코팅심선"이라 한다)들은 [그림 3-1-16]과 같이 유닛 스파이럴로 감아 보호한다.

(다) 편단코드에서 인출된 이중코팅심선의 여장정리는 다음과 같이 한다.

1) 재킷과 장력 보강층이 제거된 이중코팅심선은 케이블의 광섬유심선이 인입된 반대 측 접속판 U홈에 끼운다. 단, U홈에는 이중코팅심선을 24개까지 끼울 수 있다.

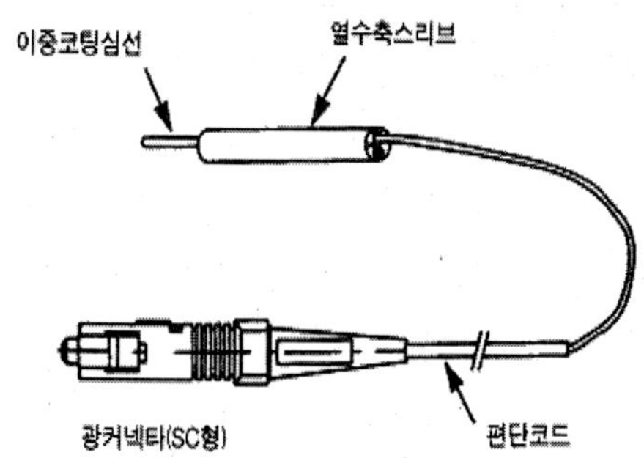

[그림 3-1-16] 이중코팅심선의 유닛 스파이럴 취부

2) 접속판 U홈에 인입된 이중코팅심선들이 유동되지 않도록 하고, U홈 커버를 닫는다.

3) 여분의 이중코팅심선은 곡률반경에 유의하여 접속 판의 여장 정리부에 서로 꼬이지 않게 감아 정리한다.

(3) 광 점퍼코드 접속

(가) 접속준비

1) 작업대를 깨끗이 정리한 다음 접속작업이 용이하게 장비를 배치하고, 광섬유심선이 정리된 접속 판을 분배함으로부터 인출(이때, 접속 판은 이탈 방지기구에 의해 분배함에 걸려 있음)하여 작업대 앞에 움직이지 않도록 위치시킨다. 이때, 접속 판의 U홈에 고정되어 있는

광섬유보호튜브 및 이중코팅심선이 이탈되지 않도록 한다.

2) 케이블 측의 광섬유심선과 편단코드의 이중코팅심선은 구조적으로 서로 상이하므로 접속 시에는 충분한 특징을 고려해야 한다.

3) 접속 판에 여장 정리된 광섬유심선을 각각의 튜브별(또는 유닛별)로 꺼내어 색상 등을 점검하고, 가벼운 벤딩이나 육안으로 광섬유의 손상을 확인한다.

4) 케이블 측의 광섬유심선을 종단으로부터 2-3[㎝]정도 절단하고, 각각의 심선으로 분리시켜 피복에 묻어 있는 이물질을 부드러운 가재로 닦아낸다.

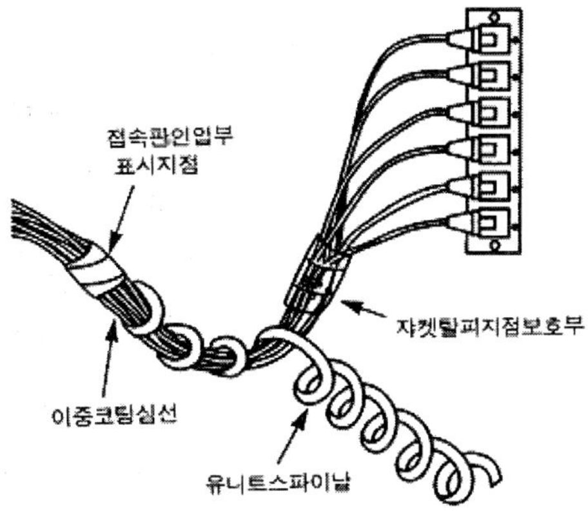

[그림 3-1-17] 열 수축슬리브 삽입

5) 이중코팅심선에 열 수축슬리브를 미리 [그림 3-1-17]과 같이 끼운다.

6) 광섬유의 접속과정순서는 다음과 같으며, 광섬유심선의 색상과 편단코드의 순번을 확인하고 시행하여야 한다.

① 광섬유심선의 단면처리(코딩제거, 절단) → ② 광섬유 접속 → ③ 광섬유 접속부 보강 → ④ 광섬유심선의 접속여장정리

(나) 광섬유심선과 편단코드의 접속

1) 광섬유심선의 단면처리, 광섬유접속은 「광섬유심선접속공법」을 준용한다.

2) 접속부 보강은 「광섬유심선접속공법」을 준용한다. 케이블 측 단일 코팅광섬유심선이 편단코드의 이중코팅심선과 접속된 경우라도 접속부는 반드시 열 수축슬리브를 사용하여 보강하여야 하며, 취급 시는 이중코팅심선을 기준으로 취급하도록 한다.

3) 접속여장정리

① 광섬유접속부의 보강이 완료되면 접속 판의 접속부 배열 판에 열 수축슬리브를 끼워 고정시킨다. 이때, 하나의 접속 판에 수용 가능한 접속 보강부는 24개이다.

② 접속부 배열 판에 안치된 열 수축슬리브가 좌우로 움직이지 않도록 배열판 뚜껑을 닫고 볼트로 조인다.

③ 광섬유심선의 여장은 접속 판의 여장처리부에 허용곡률반경을 유의하여 [그림 3-1-18]과 같이 접속 판의 U홈 측 광섬유심선여장부터 밀어 넣으면서 원형으로 감아 정리한다. 이때, 광섬유심선이 꼬이거나 심하게 굴곡되지 않도록 하여야 한다.

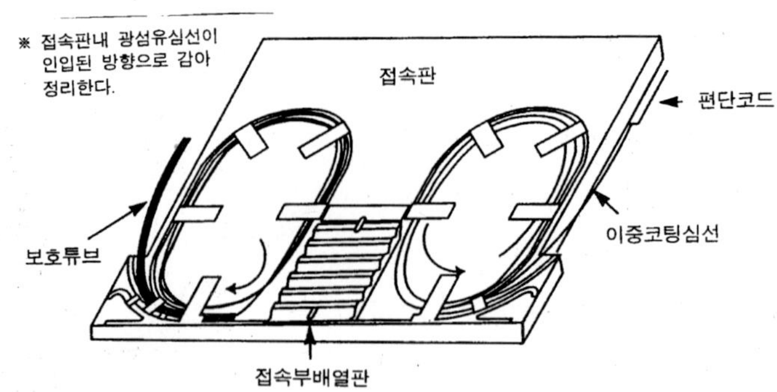

[그림 3-1-18] 광섬유심선의 접속여장 정리

④ 접속판은 케이블의 광섬유의 심선 수에 따라서 지지판의 추가 결합이 가능하다.(〈표 3-1-6〉참조).

⑤ 광섬유의 비틀림은 접속여장을 정리할 경우 가장 심하게 발생하기 때문에 여장 정리 시 특히 주의해야 하고, 비틀림을 줄이기 위해 8자형 처리 등으로 비틀림을 완화시킨다.

⑥ 접속여장의 정리가 완료되면 광섬유심선의 꼬임이나 곡률반경 에 유의하여 접속 판을 이탈방지금구 핀을 눌러 밀어 넣는다.

(4) 광 점퍼코드의 정리

(가) 편단코드의 결합 및 정리

1) 광분배함A의 분배기에 커넥터용 어댑터를 설치한다.

① SC형 : 분배기의 앞면(광 단국으로 연결되는 부분)에서 어댑터를 밀어 넣고, 나사로 견고하게 조인다.

② 바이코닉형 : 분배기의 뒷면(케이블로부터 연결되는 부분)에서 고정형 어댑터를 끼우고, 나사로 견고하게 조인다.

2) 분배기의 심선배열은 광분배함A의 후면에서 맨 우측을 1번 분배기로 하고 분배기의 상단에서부터 1번 편단코드를 결합하는 것을 원칙으로 한다.

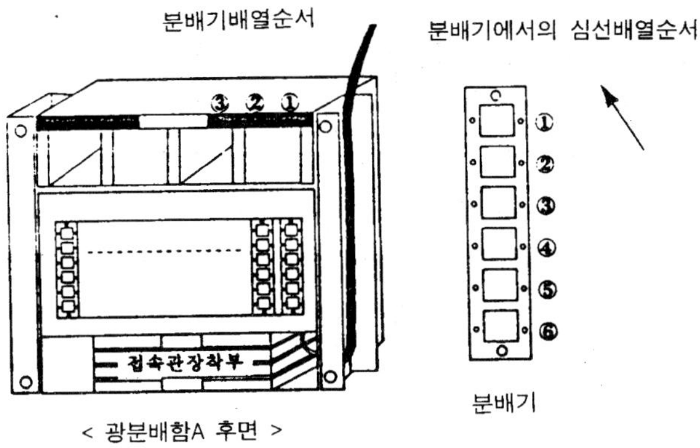

[그림 3-1-19] 분배기의 심선연결

3) 편단코드에 부착된 커넥터를 광분배함A의 분배기 뒤편으로 돌려서 분배기의 심선 배열순서에 따라 편단코드의 심선번호를 확인하여 분배기의 어댑터에 결합한다. 커넥터 결합 시는 반드시 점퍼코드를 잡고 결합시키고, 커넥터 보호 캡은 결합직전에 분리한다.

4) 분배기에 결합된 편단코드들은 분배기 단위로 [그림 3-1-20]과 같이 점퍼코드가이드에 삽입시킨다.

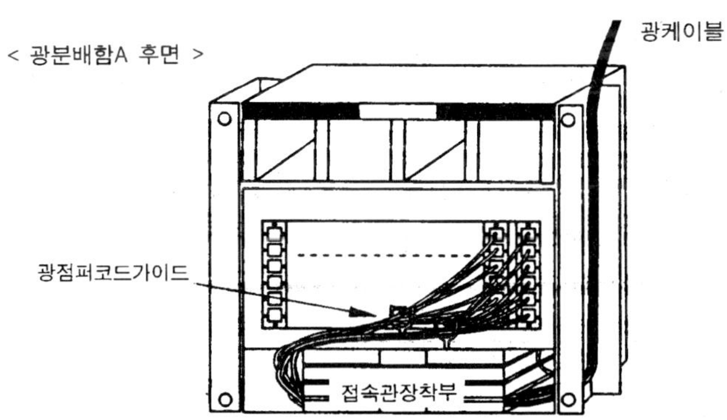

[그림 3-1-20] 점퍼코드가이드에 편단코드의 삽입

5) 점퍼코드가이드를 통과한 편단코드들은 분배기단위로 가볍게 묶고, 편단코드가이드를 통해 접속 판으로 인입되도록 하여야 한다.

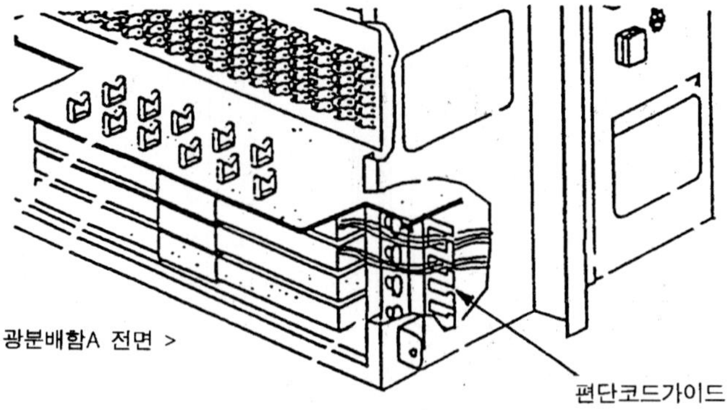

[그림 3-1-21] 편단코드가이드에 편단코드 삽입

6) 분배기에 연결된 편단코드들은 분배기에서 접속 판까지의 최소길이를 제외하고 접속 판의 여장정리부에 감아 정리하는 것을 원칙으로 한다. 단, 재킷이 제거되지 않는 부분은 편단코드가이드를 통과하기 전에 다른 편단코드들과 함께 가볍게 묶어 접속 판의 밑에 감아 정리하고, 분배함 내에서 움직이지 않도록 고정시킨다.

7) 편단코드들의 접속판 인입방향은 분배함에 설치된 케이블 측의 반대방향으로 하는 것을 원칙으로 한다. 단, 분배함 내 케이블설치위치, 분배기에 점퍼코드의 결합여건 등을 고려해 분배함에 고정된 케이블 측으로도 인입이 가능하다.

8) 분배기에 편단코드의 커넥터 결합이 완료되면, 분배기에 광섬유 심선의 식별번호를 기입한다.

① 분배기 식별 : 분배함의 전면에서 맨 좌측을 1번 분배기로 하여 일련번호를 부여하고, 분배기 식별스티커를 분배기취부판 상단에 분배기별로 부착한다.

② 광섬유 식별 : 바이코닉형은 분배기의 후면에 결합된 편단코드의 번호를 확인하여 분배기의 전면표시판에 광섬유의 식별번호를 기입한다.

(나) 광 감쇠기 결합

1) SC형은 분배기의 앞면에 결합된 어댑터의 핀에 맞추어 광 감쇠기를 결합한다.

2) 바이코닉형은 분배기 앞면에 있는 감쇠기 고정 핀 삽입구에 감쇠기 핀을 끼워 돌려 결합한다. 단, 해체 시에는 분배기의 감쇠기 고정 핀을 누르고 감쇠기를 반대로 돌려 분해한다.

(다) 광 점퍼코드 연결

1) 광분배함A 전면의 분배기에 부착된 감쇠기에 광 점퍼코드의 한쪽 커넥터를 접속한다. 이때, 커넥터 접속 시에는 반드시 점퍼코드를 잡고, 커넥터 보호 캡은 접속 직전에 분리한다.

2) 감쇠기에 결합된 광 점퍼코드는 분배기(즉, 커넥터결합 : 6개) 단위로 가볍게 묶은 다음 점퍼코드 입출구로 빼낸다. 이때 코드에 심한 굴곡이 생기거나 서로 꼬이지 않게 한다.

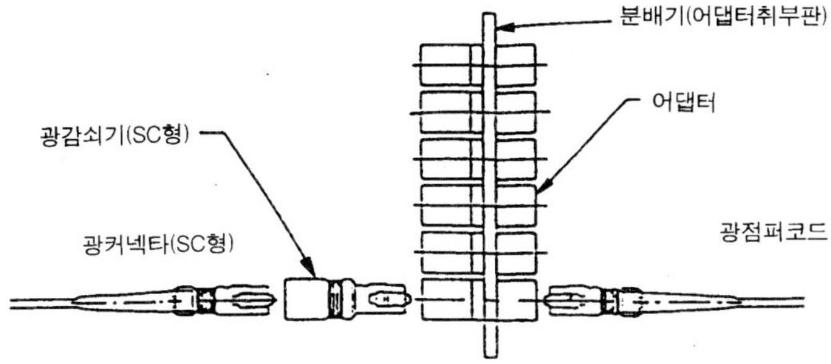

[그림 3-1-22] SC형 광 점퍼코드의 연결

(라) 광 점퍼코드의 정리

1) 광분배함A에서 나온 광 점퍼코드를 점퍼 수용구를 통하여 미리 설치해 놓은 저장함에 인입하여 광 점퍼코드별로 여장을 정리 보관한다. 또한, 광 단국장치로 코드를 연결할 수 있도록 일정한 표시를 해두어야 한다.

2) 여장 정리된 광 점퍼코드의 적층 시는 각 점퍼코드간의 꼬임이 발생하지 않도록 하고, 점퍼 수용구를 통하여 저장함으로 배선될 경우에 서로 꼬이거나 수용구내에서 외부 충격이 가해지지 않도록 특별히 주의해야 한다.

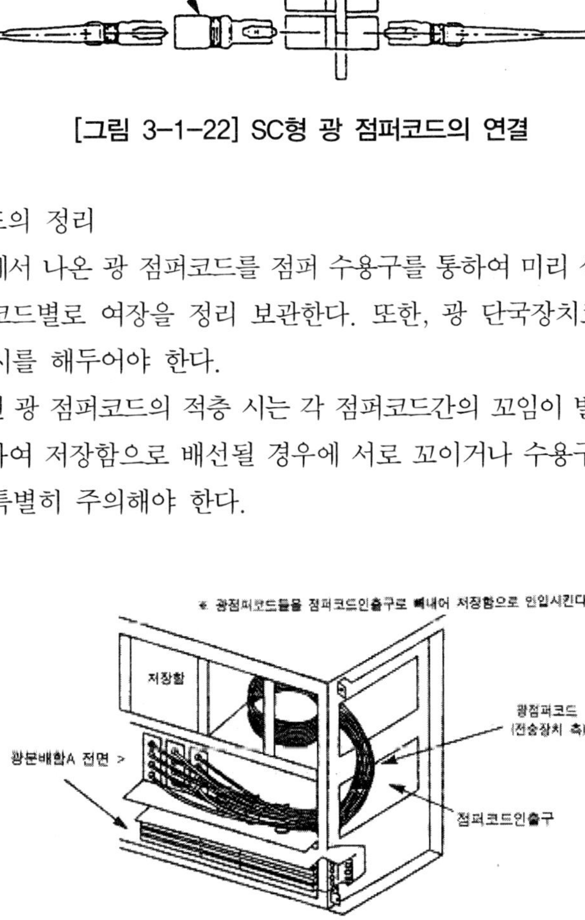

[그림 3-1-23] 광 점퍼코드의 정리

(마) 광분배함A 정리

1) 분배기에 일련번호와 광섬유심선의 식별번호를 확인하여 분배함의 앞문 우측에 [그림 3-1-24]와 같은 심선수용 현황 표를 부착하여, 광분배함에 수용된 광 점퍼코드가 광 단국 장치나 광 중계 장치로 연결될 때, 그 수용현황을 표기하도록 하여야 한다.

2) 모든 작업이 끝나면 분배함의 외부측면에 케이블고정부와 점퍼수용구의 커버를 장착하고, 분배함 및 저장함의 앞뒤 문을 닫는다.

OFD-H-1		OFD-H-2		--------	OFD-H-14		OFD-H-15		OFD-H-16	
1		1			1		1		1	
2		2			2		2		2	
3		3			3		3		3	
4		4			4		4		4	
5		5			5		5		5	
6		6			6		6		6	

[그림 3-1-24] 광분배함A내 광섬유심선 수용 현황표

3) 운용 및 전송특성의 유지를 하기 위하여 외부로부터 보호를 받을 수 있도록 각별히 주의 표시를 하여야 한다.

3. 실습보고서를 작성한다.
4. 정리정돈 한다.

실습 보고서	# 3-1. 광분배함 설치하기	소요시간: 5시간

장비명 equipment		학 과 :	
제조사 maker		학 번 :	
모델명 Model No.		이 름 :	
S/N serial number		실습 조	

〈평가기준〉

<table>
<tr><td colspan="2">평 가 항 목</td><td>만점</td><td>양호</td><td>보통</td><td>득점</td><td colspan="4">비고</td></tr>
<tr><td rowspan="3">작품평가
(60점)</td><td>장비 및 공구 사용법</td><td>20</td><td>15</td><td>10</td><td></td><td colspan="4"></td></tr>
<tr><td>취부상태</td><td>20</td><td>15</td><td>10</td><td></td><td colspan="4"></td></tr>
<tr><td>공법 적용상태</td><td>20</td><td>15</td><td>10</td><td></td><td colspan="4"></td></tr>
<tr><td rowspan="4">작업평가
(40점)</td><td>실 습 태 도</td><td>10</td><td>8</td><td>6</td><td></td><td colspan="4"></td></tr>
<tr><td>실 습 안 전</td><td>10</td><td>8</td><td>6</td><td></td><td colspan="4"></td></tr>
<tr><td>정 리 정 돈</td><td>10</td><td>8</td><td>6</td><td></td><td colspan="4"></td></tr>
<tr><td>보고서 작성내용</td><td>10</td><td>8</td><td>6</td><td></td><td colspan="4"></td></tr>
<tr><td rowspan="2">시간평가</td><td colspan="5" rowspan="2">소요시간은 ( )분 초과마다 ( )점 감점</td><td>작품 평가</td><td>작업 평가</td><td>시간 평가</td><td>총점</td></tr>
<tr><td></td><td></td><td></td><td></td></tr>
</table>

3-2 패치 패널 작업하기

소요시간: 4시간

목 표

① 패치 패널의 용도 및 기능을 익힌다.
② 모듈러 플러그를 접속한다.

기계 및 공구

칼, 가위, 모듈러 공구, 임팩트 공구, 니퍼, 자, 랜 테스터

재 료 명

패치패널, UTP 케이블

안전 및 유의사항

① 작업 후에는 주변정리를 깨끗이 한다.
② 공기구 사용법을 완전히 익혀 조그만 실수로 인해 인명 피해나 공구 파손이 발생하지 않도록 주의하여야 한다.

관 계 지 식

패치 패널은 수직, 수평 케이블간의 교차접속을 위한 도구로 24, 48, 96 포트로 구분된다.

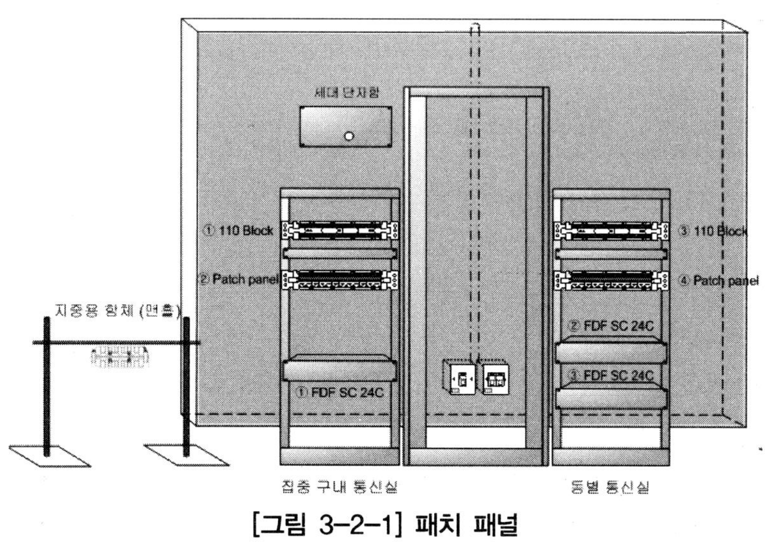

[그림 3-2-1] 패치 패널

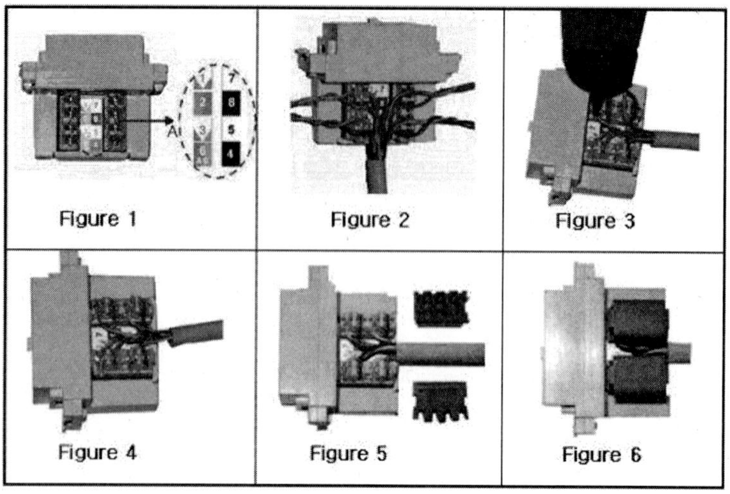

[그림 3-2-2] 모듈러 인출구의 조립 방법 1

작 업 순 서

1. 패치 패널 작업하기

가. 작업 공구를 준비한다.

1) 모듈러 툴

2) 임팩트 툴

3) LAN 테스터

4) 가위, 줄자, 니퍼 기타

나. 실습 자재를 준비한다.

1) UTP 4P 케이블

2) 패치 패널

다. 패치 패널 접속 작업하기

1) UTP 케이블의 외피를 끝에서 4~5[㎝] 정도 벗겨낸다.

주) 외피 제거 시 심선에 손상이 가지 않도록 주의한다. 페어의 꼬임이 풀리지 않도록 주의한다.

2) 패치 패널에 공법에 맞게 각 심선을 배열한다.

주) 페어의 꼬임이 풀리지 않도록 주의한다.

3) 접속공법에 따라 심선을 정렬한 후 임팩트 툴(impact tool)을 이용 접속한다.

주) USOC, 568A, 568B등 공법에 맞게 심선을 배열한다. 임팩트 툴의 2-3회 반복 사용으로 심선을 완전히 접속시키고 잔여 심선은 자동으로 커팅된다. 그러므로 임팩트 툴의 칼날 부분이 케이블의 반대편으로 가도록 주의한다.

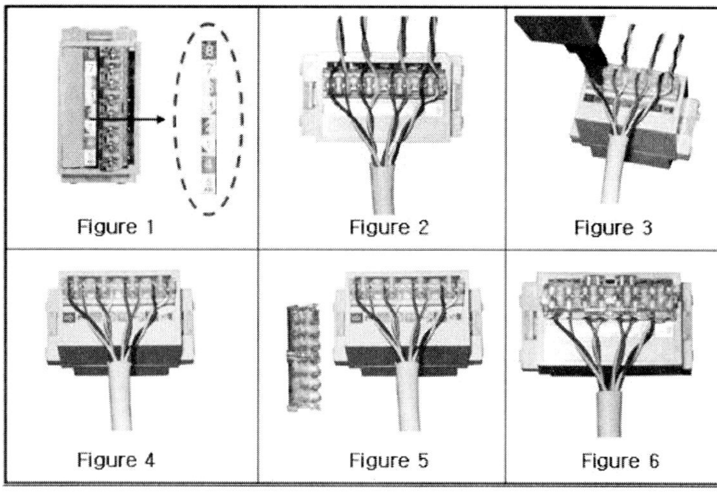

[그림 3-2-3] 모듈러 인출구의 조립 방법 2

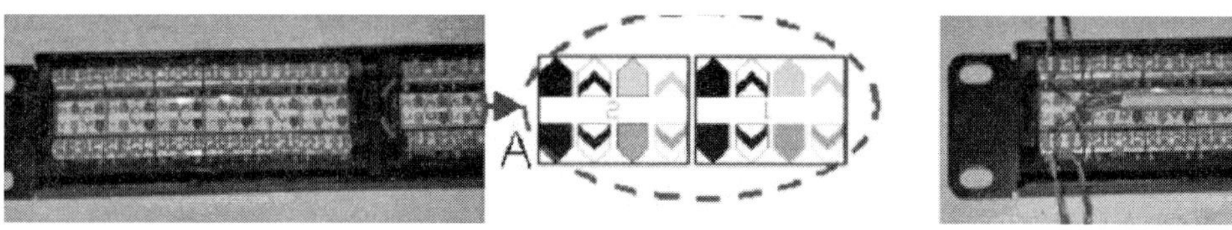

[그림 3-2-4] 패치 패널 조립 방법 1

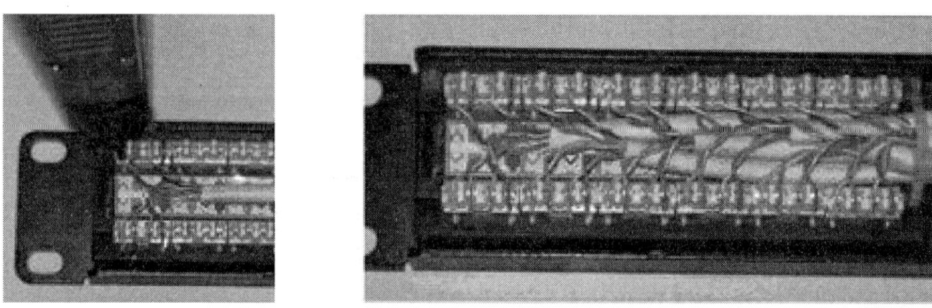

[그림 3-2-5] 패치 패널 조립 방법 2

3-2. 패치 패널 조립하기

소요시간: 4시간

장비명 equipment		학 과 :	
제조사 maker		학 번 :	
모델명 Model No.		이 름 :	
S/N serial number		실습 조	

〈평가기준〉

<table>
<tr><td colspan="2">평 가 항 목</td><td>만점</td><td>양호</td><td>보통</td><td>득점</td><td colspan="4">비고</td></tr>
<tr><td rowspan="3">작품평가
(60점)</td><td>장비 및 공구 사용법</td><td>20</td><td>15</td><td>10</td><td></td><td colspan="4"></td></tr>
<tr><td>취부 상태</td><td>20</td><td>15</td><td>10</td><td></td><td colspan="4"></td></tr>
<tr><td>공법 적용상태</td><td>20</td><td>15</td><td>10</td><td></td><td colspan="4"></td></tr>
<tr><td rowspan="4">작업평가
(40점)</td><td>실 습 태 도</td><td>10</td><td>8</td><td>6</td><td></td><td colspan="4"></td></tr>
<tr><td>실 습 안 전</td><td>10</td><td>8</td><td>6</td><td></td><td colspan="4"></td></tr>
<tr><td>정 리 정 돈</td><td>10</td><td>8</td><td>6</td><td></td><td colspan="4"></td></tr>
<tr><td>보고서 작성내용</td><td>10</td><td>8</td><td>6</td><td></td><td colspan="4"></td></tr>
<tr><td rowspan="2">시간평가</td><td colspan="5" rowspan="2">소요시간은 ( )분 초과마다 ( )점 감점</td><td>작품 평가</td><td>작업 평가</td><td>시간 평가</td><td>총점</td></tr>
<tr><td></td><td></td><td></td><td></td></tr>
</table>

3-3 110블럭 및 아울렛 작업하기

소요시간: 4시간

목 표

① 세대 단자함의 용도를 안다.

② 세대 단자함을 취부할 수 있다.

기계 및 공구

칼, 가위, 모듈러 공구, 임팩트 공구, 니퍼, 자, 렌 테스터

재 료 명

세대단자함, UTP 케이블, Wiring Block, 모듈러 잭, 모듈러 플러그

안전 및 유의사항

① 작업 후에는 주변정리를 깨끗이 한다.

② 공기구 사용법을 완전히 익혀 조그만 실수로 인해 인명 피해나 공구 파손이 발생하지 않도록 주의하여야 한다.

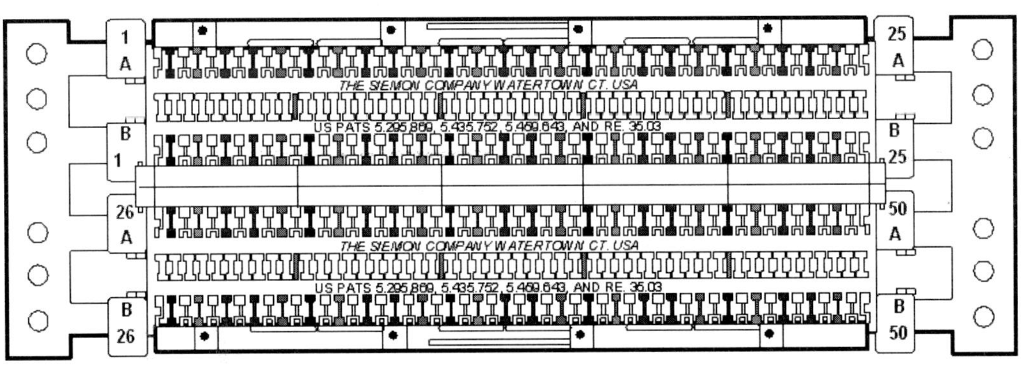

[그림 3-3-1] 110블럭 커넥터

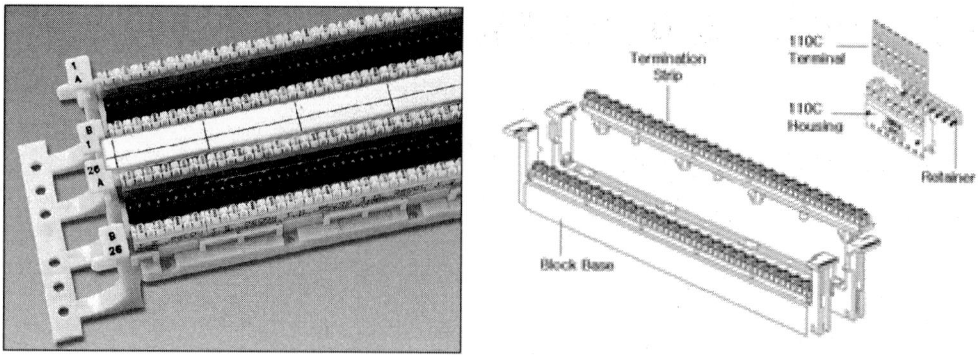

[그림 3-3-2] 110블럭 커넥터

관 계 지 식

[세대 단자]

가정에서 고속의 데이터 서비스를 제공받을 수 있도록 세대 단자함 내에 설치되는 단자로, 인입단자와 단자함 내에 설치된다. 인입단자와 인출단자가 나란히 배열되며 추가 배선이나 시험을 위하여 쉽게 절분할 수 있는 보조 절분점을 제공한다.

1) 세대단자함으로부터 각 실별 배선

① 1회선이상 단독 배선하는 성형배선방식 원칙

② 원룸인 경우 최소 2회선 이상 배선

2) 구내 케이블 : 16[㎒] 이상의 전송대역을 갖는 0.5[㎜] 4페어 꼬임 케이블 또는 동등 이상의 케이블을 사용한다.

3) 인출구

① 단말 장치와 접속 위한 실내 케이블 종단 접속장치

② 핀 모듈러 잭 사용, 실외 공간에는 방수용 인출구 사용

[그림 3-3-3] Office Outlet

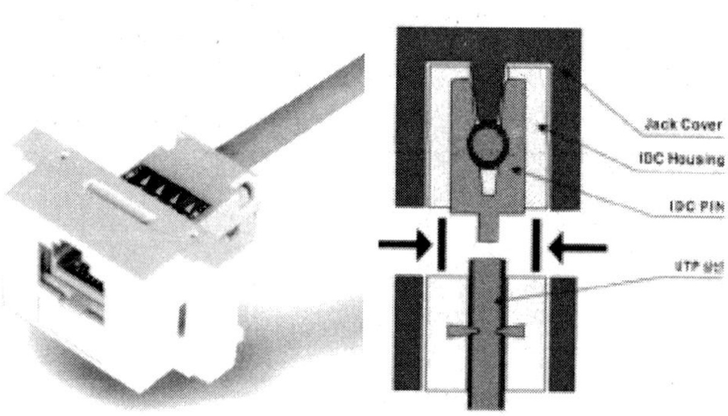

[그림 3-3-4] 모듈러 잭 및 결선원리

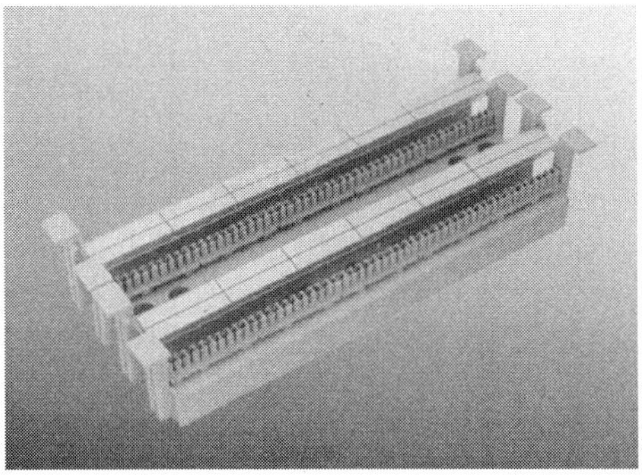

[그림 3-3-5] 110블럭 커넥터

[그림 3-3-6] 임팩트 툴

작 업 순 서

1. 작업준비를 한다.

가. 작업공구를 준비한다.

나. 실습자재를 준비한다.

2. 8P 배선판 작업하기

가. UTP 케이블의 외피를 끝에서 4~5[㎝] 정도를 벗겨낸다.

주) 외피 제거 시 심선에 손상이 가지 않도록 주의한다. 페어의 꼬임이 풀리지 않도록 주의한다.

나. 8P 배선판 공법에 맞게 각 심선에 배열한다.

주) 페어의 꼬임이 풀리지 않도록 주의한다.

다. 접속공법에 따라 심선을 정렬한 후 임팩트 공구를 이용, 접속한다.

주) USOC, 568A, 568B등 공법에 맞게 심선을 배열한다. 임팩트 공구를 2~3회 반복 사용하여 심선을 완전히 접속시키고, 잔여 심선은 자동으로 커팅된다. 그러므로 임팩트 공구의 칼날 부분이 케이블의 반대편으로 가도록 사용한다.

라. 종료 후 정리한다.

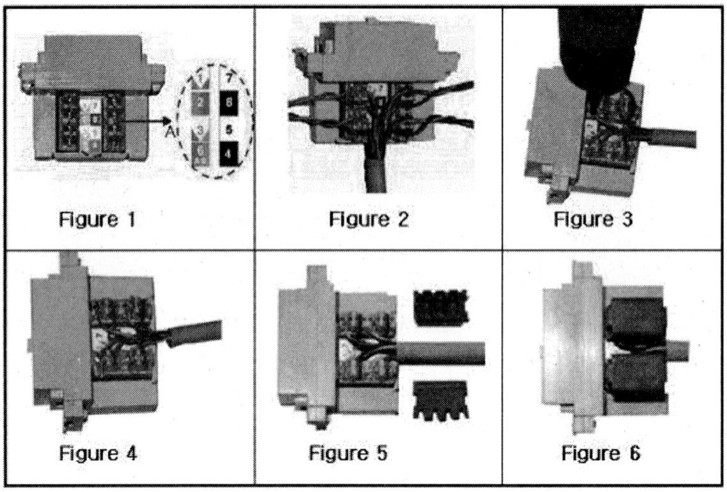

[그림 3-3-7] 모듈러 인출구의 조립 방법 1

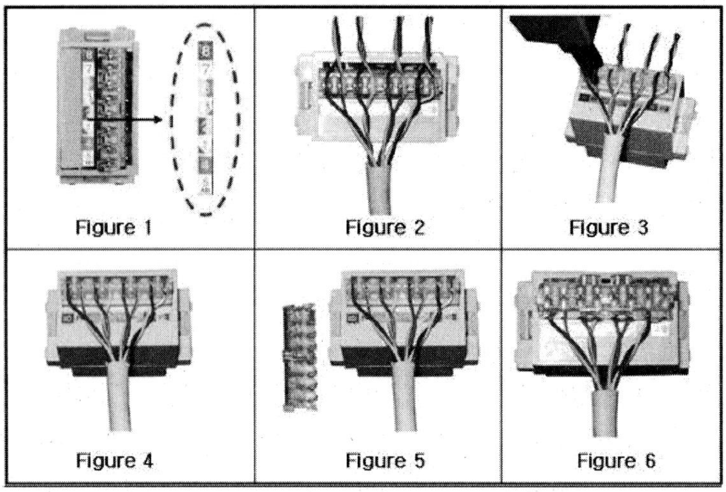

[그림 3-3-8] 모듈러 인출구의 조립 방법2

3. 모듈러 잭 작업하기[그림 3-3-9]

가. 작업공구를 준비한다.

1) 모듈러 공구 2) 임팩트 공구 3) LAN 테스터 4) 가위, 줄자, 니퍼, 기타

나. 실습 자재를 준비한다.

1) UTP 4P 케이블 2) 모듈러 잭

다. 모듈러 잭 접속 작업하기

1) UTP 케이블의 외피를 끝에서 4~5[㎝] 정도 벗겨낸다.

주) 외피 제거 시 심선에 손상이 가지 않도록 주의한다. 페어의 꼬임이 풀리지 않도록 주의한다.

2) 공법에 맞게 각 심선을 배열한다.

주) 페어의 꼬임이 풀리지 않도록 주의한다.

3) 접속공법에 맞게 심선을 정렬한 후 임팩트 툴을 이용, 접속한다([그림 3-3-9] 참조).

주) USOC, TIA-568A, TIA-568B등 공법에 맞게 심선을 배열한다. 이펙트 툴을 2~3회 반복 사용하면 심선은 완전히 접속되고 잔여 심선은 자동으로 커팅된다.

4) 종료 후 정리한다.

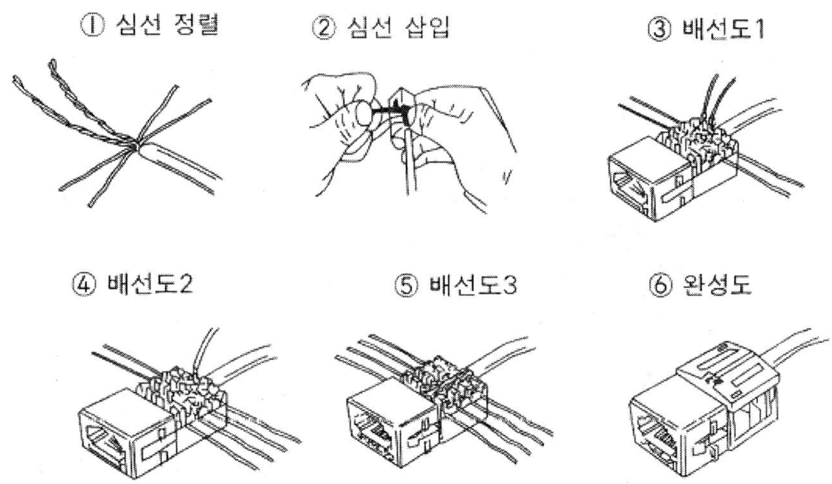

[그림 3-3-9] 모듈러 잭 작업하기

4. 모듈러 플러그 작업하기

가. 작업공구를 준비한다.

1) 모듈러 공구 2) 임팩트 툴 3) LAN 테스터 4) 가위, 줄자, 니퍼 기타

나. 실습 자재를 준비한다.

1) UTP 4P 케이블 2) 모듈러 플러그

다. 모듈러 플러그 접속 작업하기

1) UTP 케이블의 외피를 끝에서 3~4[㎝] 정도를 벗겨낸다.

주) 외피 제거 시 심선에 손상이 가지 않도록 주의한다.

2) 각 페어의 꼬임을 푼다.

주) 페어가 섞이지 않도록 주의한다.

3) 접속공법에 따라 심선을 정렬한 후 곧게 편다.

주) USOC, 568A, 568B 등 공법에 맞게 심선을 배열한다.

4) 정렬된 상태에서 가위를 이용하여 접속되며, 너무 짧으면 불완전하게 접속되므로 1.5 [cm]를 유지해야 한다. 그리고 절단면이 바르지 않으면 불완전 접속의 원인이 되므로 바르게 유지한다.

5) 심선의 배열이 섞이지 않도록 엄지와 검지를 이용하여 심선 부위를 꼭 잡고 모듈러 플러그에 리드 선을 따라 UTP케이블을 밀어 넣는다.

주) 모듈러 플러그 정면에서 보았을 때 심선의 색깔과 동선의 형태가 분명하게 보여야만 정확히 조립되었다고 할 수 있다. UTP 케이블의 외피 또한 강하게 플러그 안으로 밀어 넣어 모듈러 툴로 압찰 작업 시 모듈러 플러그와 같이 맞물리도록 하여야 하며, 심선의 색깔과 동선의 형태가 분명하게 보여야만 정확히 조립되었다고 할 수 있다.

6) 모듈러 플러그에서 케이블이 빠지지 않도록 하여 모듈러 툴에 삽입 후 압착한다.

주) 단 한 번의 압착으로 성공해야 하며 실패하였을 때에는 처음부터 작업을 다시 해야 한다. 케이블의 외피가 모듈러 플러그에 단단히 압착되어 있는지 확인한다.

7) LAN 테스터로 접속 상태를 확인한다.

주) 공법에 맞도록 플러그를 테스터에 삽입한 후 사용한다. 플러그 및 툴에 의한 불량이 발생하므로 항상 확인한다.

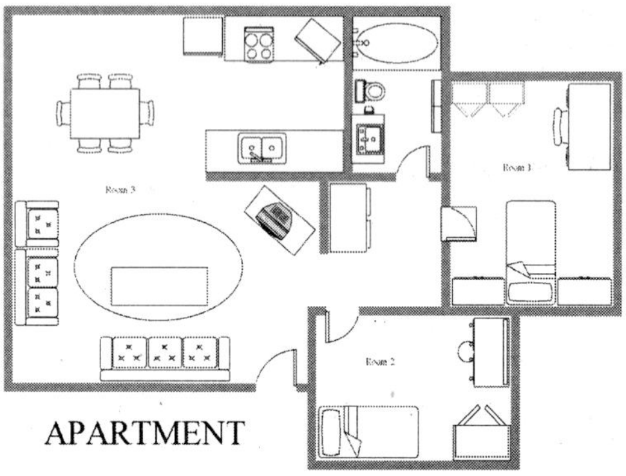

[그림 3-3-10] 주택 내 배선도

[그림 3-3-11] 배선의 예

실습 보고서 | **3-3. 110블럭 및 아울렛 작업하기** | 소요시간: 4시간

장비명 equipment		학 과 :	
제조사 maker		학 번 :	
모델명 Model No.		이 름 :	
S/N serial number		실습 조	

〈평가기준〉

평 가 항 목		만점	양호	보통	득점	비고			
작품평가 (60점)	장비 및 공구 사용법	20	15	10					
	취부 상태	20	15	10					
	공법 적용상태	20	15	10					
작업평가 (40점)	실 습 태 도	10	8	6					
	실 습 안 전	10	8	6					
	정 리 정 돈	10	8	6					
	보고서 작성내용	10	8	6					
시간평가	소요시간은 ( )분 초과마다 ( )점 감점					작품 평가	작업 평가	시간 평가	총점

제4장 통신 계측 실습

작 업 내 용

① OTDR을 이용하여 광섬유 손실, 접속 손실, 고장점 거리를 측정한다.

② 광원, 광력계의 사용법을 숙지하고, 절단법에 의한 접속 손실을 측정한다.

③ 광전화기를 이용하여 광섬유 심선대조를 한다.

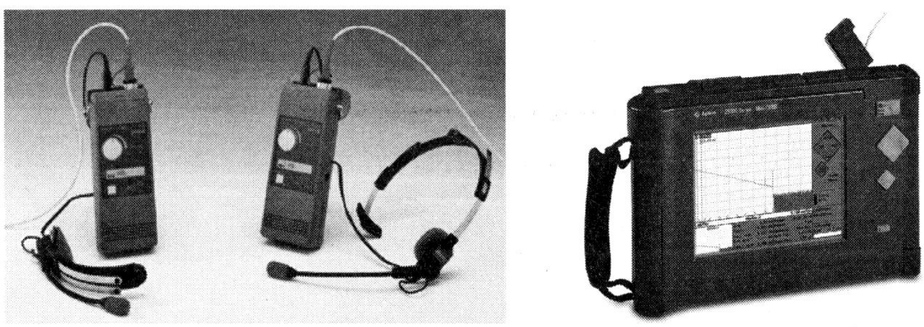

[그림 4-1] 광전화기와 OTDR

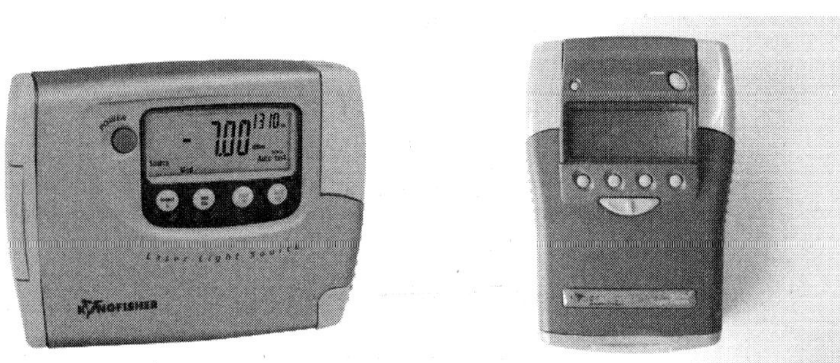

[그림 4-2] 안정화 광원

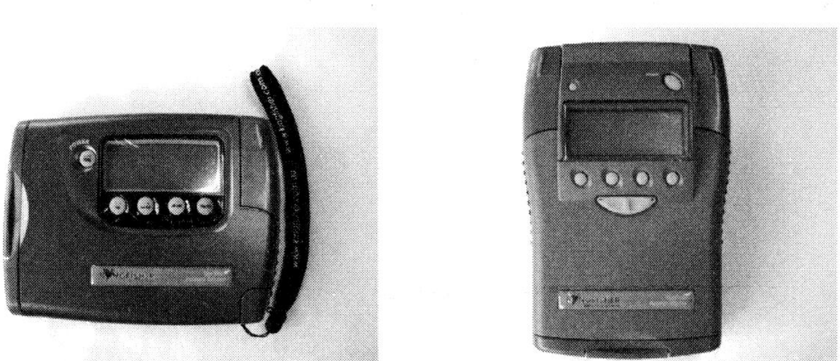

[그림 4-3] 광력계

4-1 OTDR 사용하기

소요시간: 8시간

목 표

① OTDR의 각 부분 명칭과 기능을 설명할 수 있다.
② OTDR의 조작순서를 알고 사용할 수 있다.
③ 광섬유 손실, 접속 손실, 고장 지점의 거리를 측정할 수 있다.

기계 및 공구

OTDR, V-groove, 광 피그테일, 광섬유코팅제거기, 광섬유 절단기

재 료 명

알코올(이소프로필(99.9%)), 면 솜 1BOX, 플라스틱 용기 50cc, 광섬유(SMF) 10/125[㎛] 3[㎞]

실습 참고사항

① 광섬유의 조작은 플라스틱 용기에 모아 둔다.
② 코팅 제거기, 광섬유 절단기 등에 충격을 주거나 떨어뜨리지 않는다.
③ 화재가 발생하지 않도록 주의한다.
④ OTDR의 사용 전원을 반드시 확인할 것.
⑤ 광 출력은 근적외선 영역으로 눈에 보이지 않으므로 출력 광을 직접 보지 말 것.
⑥ 먼지가 많은 곳에서는 사용을 금할 것.
⑦ 광섬유를 직접 광원에 연결하여 사용하면 광 출력부가 손상되므로 주의할 것.
⑧ 광섬유를 광 출력 커넥터에 연결하기 전, 광섬유 단면을 알코올로 청소하여 사용할 것.
⑨ OTDR을 사용 전에 30분 정도 워밍업하여 사용할 것.
⑩ 피 측정 광섬유의 모드와 굴절률을 반드시 확인할 것.

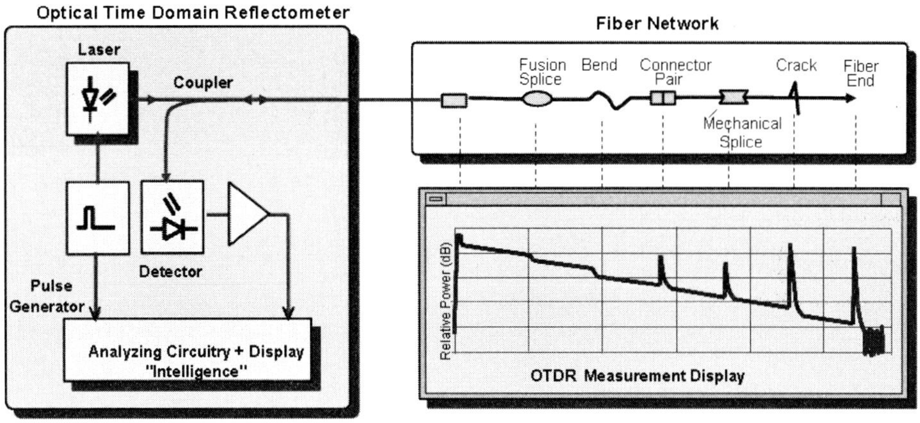

[그림 4-1-1] OTDR에 의한 측정도

관 계 지 식

1. OTDR의 구성 및 측정항목은 다음과 같다.

가. 장비의 구성

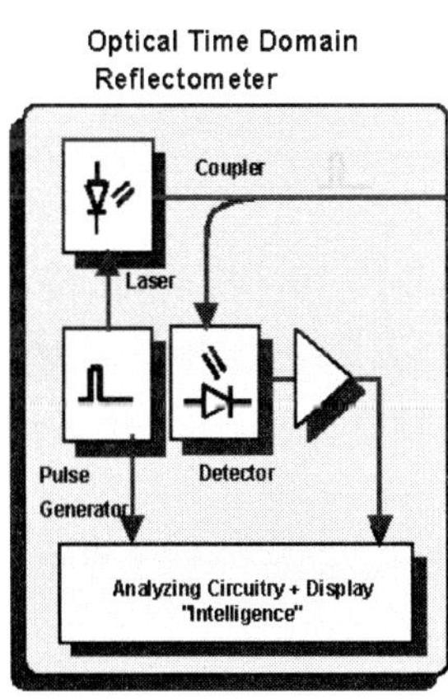

[그림 4-1-2] OTDR의 구성도

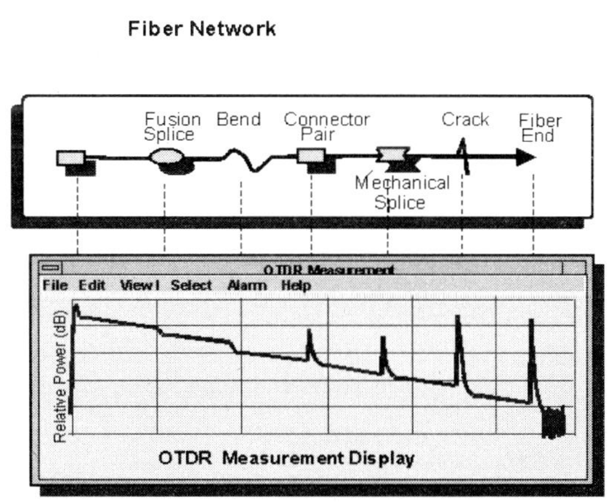

[그림 4-1-3] OTDR의 CRT 출력도

나. 측정항목

① 광섬유의 거리

$$L[km] = (C * T) / (2 * n)$$

여기서, C : 광속 3×10^8[m/s], T : 광 펄스 전파시간[s], n : 광섬유의 굴절률 상부국과 하부국의 측정 장치를 바꾸어 측정하여 평균치를 계산한다.

② 광섬유의 손실

$$L\ [dB] = 5\ \log\ (P_2/P_1)$$

여기서, P_2 : 입사 광 전력[W], P_1 : 출사 광 전력[W]

③ 광섬유의 접속손실[dB]

광섬유에 광을 입사시키면 굴절률이 서로 다른 부분에서 후방산란광이 발생하며, 접속점(커넥터 연결점, 광섬유의 파단점, 광섬유의 접속점)등의 불완전한 점에서 반사광이 발생한다. 이 광을 광 방향성 결합기로 구분하여 APD로 광의 세기를 알아낸다.

2. OTDR 각 부의 명칭과 기능

가. OTDR의 전면도

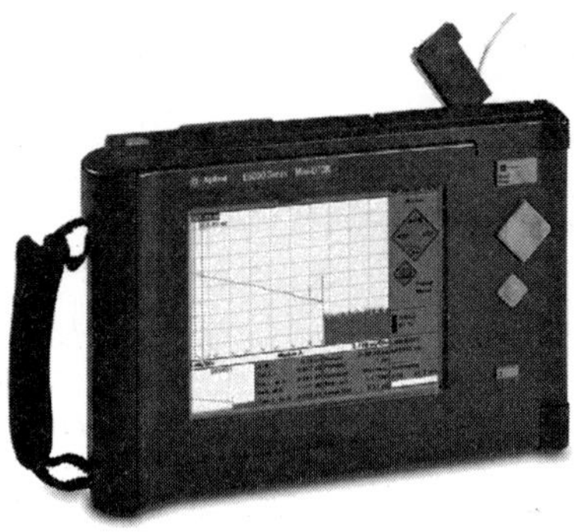

[그림 4-1-4] OTDR의 전면도

나. 작동법(E6000C Agilent Mini-OTDR)

(1) Mini-OTDR 모듈

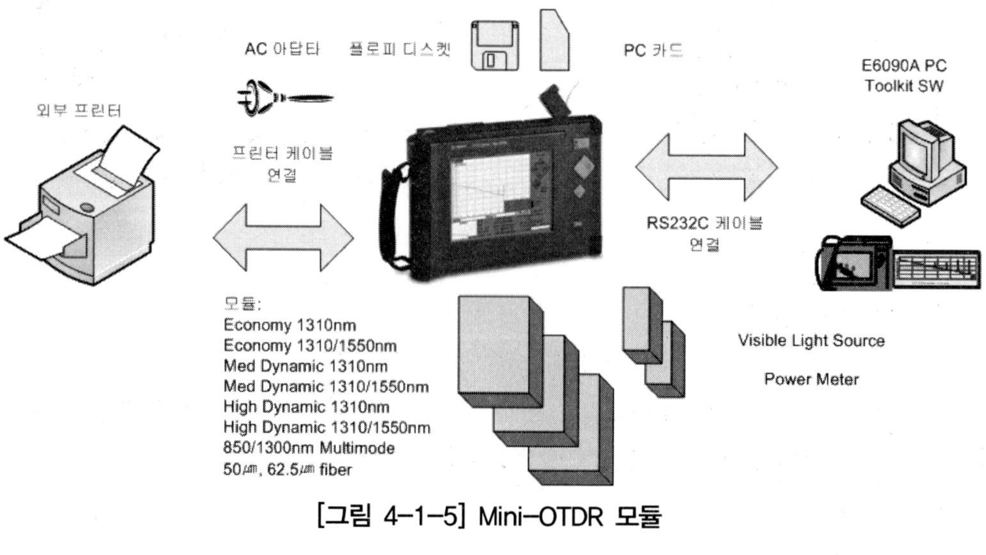

[그림 4-1-5] Mini-OTDR 모듈

모듈 캐치로 모듈을 고정시킨다. 모듈이 고정된 상태에서 캐치는 화면과 수직을 이루어야 한다. 광섬유를 광 출력 커넥터에 연결한다.

보조 모듈은 보조 모듈 슬롯에 삽입한다. 사용가능한 보조 모듈로는 PowerMeter(E6006A) 및 Visual Fault Fider(E6007A)가 있다.

1) 모듈 삽입 및 분리

모듈을 삽입 또는 분리하기 전에 Mini-OTDR 전원을 꺼야 한다.

① 커넥터 덮개 열기

Mini-OTDR 후면에 있는 슬롯은 여러 종류의 OTDR 계측 모듈을 삽입하는데 사용된다.

모듈 삽입 또는 모듈 분리 시에는 모듈 상단에 위치한 커넥터 덮개를 연다.

광섬유가 부착되어 있는 광 출력 커넥터와 모듈 양 측면에 있는 모듈 캐치의 위치를 확인한다.

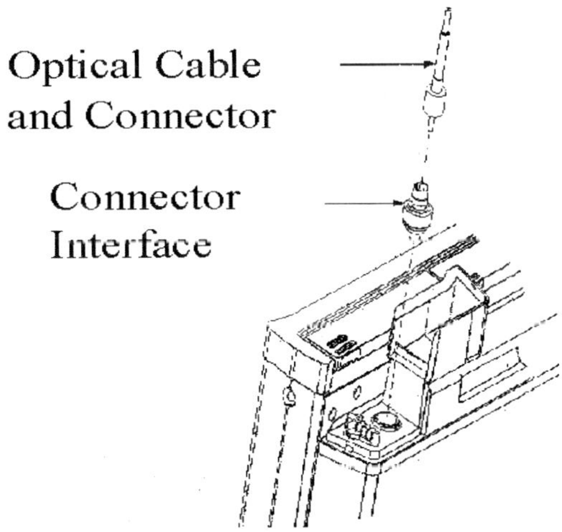

[그림 4-1-6] 커넥터 열기

② 모듈 캐치 회전

모듈 캐치가 화면과 평행을 이루는지 확인한다.

③ 모듈 추가 / 분리 후 다시 캐치 회전

모듈이 고정되어 있는 상태에서 화면과 수직이 되도록 캐치를 90도 돌리면 모듈이 잠긴다. 그런 다음 커넥터 덮개를 닫는다.

(2) 팝업 메뉴

OTDR mode 메뉴에서 Select키를 누르면 팝업 메뉴가 나타난다. 팝업 메뉴를 통해 9개의 메뉴와 주요 기능에 빠르게 접근할 수 있다.

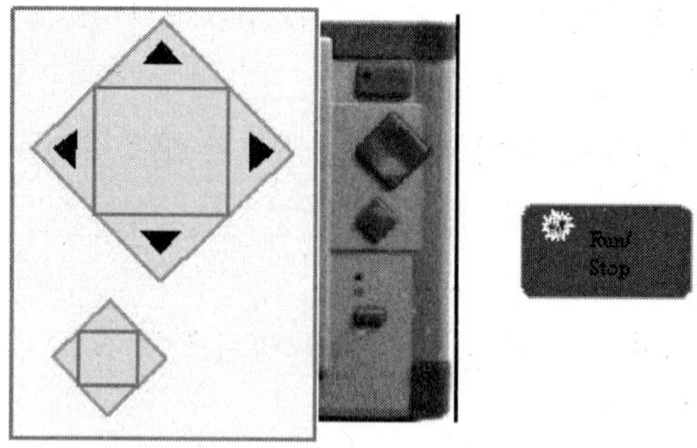

[그림 4-1-7] 팝업 메뉴

다음의 팝업 메뉴의 주요기능

[취소] - 팝업 메뉴를 종료하고 정상 OTDR mode로 복귀한다.

[파일] - 로딩, 데이터 저장 및 추적 인쇄 등 파일 유틸리티

[구성] - Mini-OTDR을 구성한다.

[줌] - 커서 키를 사용하여 현재의 추적을 확대 및 축소한다.

[설정] - 계측 변수를 변경한다.

[보기] - 추적 형태를 변경한다.

[이벤트] - 이벤트 및 지표를 추가 또는 삭제한다.

[분석] - 추적을 분석한다.

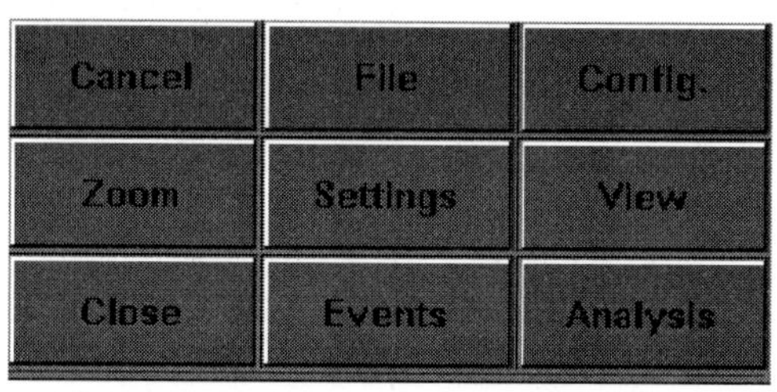

[그림 4-1-8] 팝업 메뉴 주요 기능

(3) OTDR 작동 방법

OTDR은 연결된 광섬유로 광 펄스를 계속해서 보내 펄스의 반사를 측정한다.

화면에 표시된 추적은 파이버 거리와 함수 관계에 있는 후방 산란을 나타낸다.

① 이벤트

이벤트는 추적을 직선상에서 벗어나게 하는 파이버 변형 상태를 말한다. 이벤트는 반사 또는 비 반사가 있다. 반사 이벤트는 펄스 에너지 일부가 반사될 때(예 : 커넥터)에서 발생하는

것으로, 추적 선상에서 스파이크를 발생시킨다.

비 반사 이벤트는 약간의 손실은 있지만 빛은 반사되지 않은 파이버 부분에서 발생한다. 비 반사 이벤트는 추적 선상에 딥을 일으킨다.

OTDR은 반사 신호 복귀에 소요되는 사간으로 파이버에서 발생한 "이벤트" 거리를 계산한다. 이벤트 거리가 길수록 반사 신호가 OTDR로 복귀하는데 걸리는 시간이 길어진다. 반사 신호의 추적을 검사하여 파이버, 커넥터, 접속 등의 변수를 확인할 수 있다.

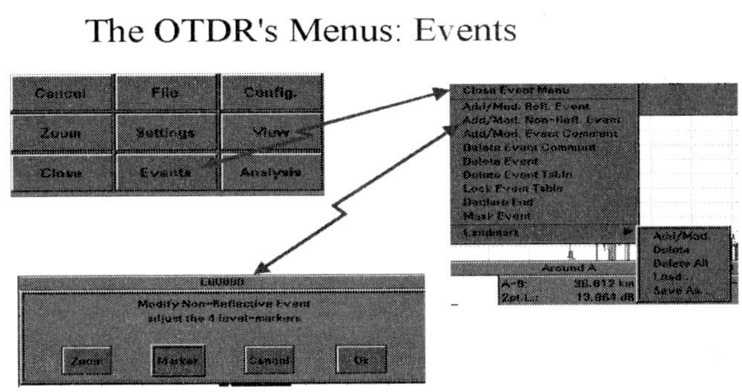

[그림 4-1-9] 이벤트 설정

② 외장 장치

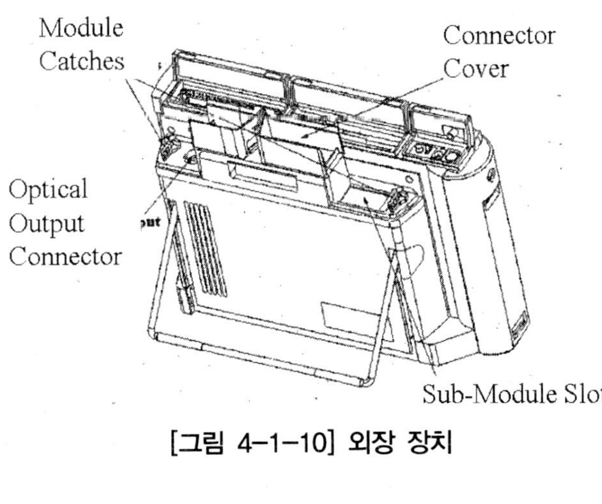

[그림 4-1-10] 외장 장치

- 스위치

  Mini-OTDR은 좌측 상단 플랩 아래에는 여러 개의 스위치와 기타 기능이 있다.

- 스위치 미치 기타 기능(Mini-OTDR 뒤쪽에 위치함)
- 백라이트 단추를 사용하여 그림의 밝기를 조절

- 대비 스위치를 사용하여 그림의 대비를 조절

- AC/DC 커넥터를 장착할 경우, DC 입력 커넥터를 사용

- 전원 스위치를 사용하여 Mini-OTDR을 켜거나 끈다. 전원 스위치는 플랩이 위 또는 아래에 있을 때 활성화된다.

(4) 추적 계측

① 파이버 연결 방법

Mini-OTDR에 파이버를 연결하는 방법은 아주 간단하다.

- 먼저 커넥터를 청소한다.
- 광 커넥터를 청소한다.
- 광 커넥터 인터페이스를 광 출력 부분에 장착한다.
- 기기 전원을 켠다.

② 굴절률 설정 변경 방법

거리를 가장 정확하게 계측하려면 광섬유 굴절률을 올바르게 입력해야 한다.

- OTDR 전원을 켠다. 초기 화면이 나타나면 OTDR 모드를 선택, 마커 두 개가 있는 공백 상태의 추적 화면이 나타난다.

- 팝업 메뉴에서 [설정]을 선택, 측정 설정 메뉴가 나타난다.

- 측정 파라** 페이지가 나타나지 않은 경우, 화면 좌측 하단에 있는 화살표 중 하나로 커서를 이동한다. 다음 화면으로 이동하려면 Select를 누른다.

- 커서를 [굴절률 변경]으로 이동한 다음 Select를 누른다.

- 커서 키를 사용하여 굴절률을 변경한다. 좌, 우 키를 사용하여 굴절률을 조절한다. 상, 하 키를 사용하여 현재 강조 표시된 숫자를 변경한다.

- 원하는 굴절률이 나타나면 확인으로 이동한 다음, Select 키를 누른다.

- 측정 설정 메뉴의 확인으로 이동한 다음 키를 누른다.

③ 자동 계측 방법

Mini-OTDR의 계측 설정을 자동으로 하려면, 다음 절차를 수행한다.

- OTDR 모드 팝업 메뉴에서 [설정]을 선택한다.

- 측정 파라** 페이지가 나타나지 않으면 화면 좌측 하단에 있는 화살표 중 하나로 커서를 이동한 다음 화면으로 이동하려면 Select를 누른다.

- 커서를 [자동]으로 이동한 다음 Select를 누르면 자동 설정이 활성화된다. 영역 및 펄스 폭 박스 안에 자동 테스트가 나타나면, Mini-OTDR은 파이버에 적합한 값을 설정한다.

- 확인을 선택하여 설정 메뉴를 종료한다.

- 팝업 메뉴에서 [보기]를 선택하면 메뉴 옵션 목록이 나타난다.

- [자동 스캔하다] 옆에 틱이 표시되면 자동 스캔이 이미 활성화된다. 자동 스캔이 활성화되지 않은 경우 [자동 스캔]으로 이동한 다음 Select를 누른다.

- [닫기]를 선택하여 메뉴를 종료한다.

- Run/Stop 하드 키를 누른다. 표시등이 켜지면 초기화 위상이 지나간 다음 OTDR은 첫 번째 결과를 표시한다.

- Run/Stop 하드 키를 누르거나 우측 하단 모서리에 표시되는 계측이 기간이 끝날 때까지 기다린다. 표시등이 켜진다.

④ 실시간 계측 방법

- OTDR 모드 팝업 메뉴에서 [설정]을 선택한다.

- 측정 파라** 페이지가 여전히 나타나지 않으면 화면 좌측 하단에 있는 화살표 중 하나로 커서를 이동, 다음페이지로 이동하려면 select를 누른다.

- [측정 모드]로 이동한 다음 Select를 누른다. 메뉴에서 Realtime(실시간)을 선택한 다음 확인을 누른다.

- 계측을 시작하려면 Run/Stop키를 누른다. 실시간 측정 시작 대화상자가 나타난다.

- 팝업 메뉴에서 [설정]을 선택한다. 추적 위쪽에 설정 화면이 작게 나타난다. 설정 화면에는 계측 중에 변경할 수 있는 변수가 나타난다.

- 변경하려는 변수로 이동한 다음 Select를 누른다.

- UP, DOWN 커서를 사용하여 변수 값을 변경한다. 원하는 값을 얻으면 Select를 누른다.

- 원하는 설정이 이루어질 때까지 6번째와 7번째 단계를 반복한다.

- 커서를 평균화로 이동한 다음 Select를 누른다. 계측 모드가 평균화로 다시 변경된다.

주 : 확인을 선택하면 계측이 실시간 상태로 유지된다.

⑤ 이벤트 테이블 사용법

OTDR은 추적을 자동으로 스캔하여 비 반사 이벤트(예 : 접속) 및 반사 이벤트(예 : 커넥터)를 찾아내도록 기본 설정이 되어 있다. 이벤트는 이벤트 표시줄 및 이벤트 테이블에 나타난다.

주 : 추적을 자동으로 스캔하지 않게 하려면, [보기] 메뉴에서 〈자동 스캔〉을 선택하면 〈자동 스캔〉 옆의 틱 표시가 사라진다.

A Typical Event Table

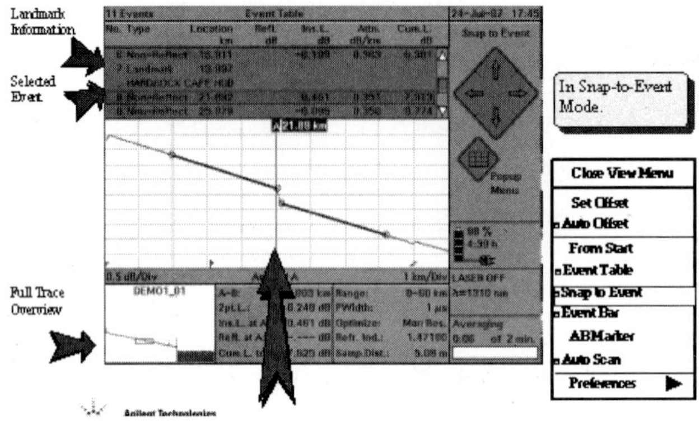

[그림 4-1-11] 이벤트 테이블 표시

◉ 이벤트 테이블 표시 방법

화면에서 이벤트 테이블을 불러오는 방법을 설명한다.

- 팝업 메뉴에서 [보기]를 선택

- 추적 위쪽에 이벤트 테이블이 나타나지 않은 경우, 〈이벤트 테이블〉옆에 틱 표시가 나타나지 않는다. Down 커서를 움직여서 〈이벤트 테이블〉로 이동한 다음 Select를 누른다.

◉ 이벤트 테이블

이벤트 테이블에는 각 이벤트의 유형과 위치가 나타난다. 또한 다음 계측 결과가 나타난다.

- 이벤트 반사율
- 이벤트 삽입 손실
- 해당 이벤트와 다음 이벤트간의 감쇠
- 누적 손실, 즉 현재 이벤트 포인트까지의 접속, 반사율 및 감쇠 손실의 합계.

◉ 이벤트 테이블 잠그는 방법

팝업 메뉴에서 [이벤트]를 선택한다. 〈이벤트 테이블 잠금〉을 선택 이벤트 테이블의 1열, 2열, 3열이 잠긴다.

다음 스캔 추적에는 새 이벤트를 찾지 않는다. 그러나 기존 이벤트의 계측 값은 각각의 새로운 스캔 추적으로 다시 계산된다.

이벤트 테이블의 잠금을 해제하려면 〈이벤트 테이블 잠금〉을 다시 선택, 다음 계측 시 변수를 변경하면 테이블 잠금이 자동 해제된다.

⑥ 파이버 종단 설정 방법

한 가지 방법을 선택하여 설정을 수행한다.

(a) OTDR 팝업 메뉴에서 [설정]을 선택한다.

(b) 측정 파라** 페이지가 여전히 나타나지 않은 경우 화면 좌측 하단에 있는 화살표 중 하나로 커서를 이동한다. 다음 페이지로 이동하려면 Select를 누른다.

(c) 커서를 종단 스레숄드로 이동한 다음 Select를 누른다.

(d) [분석] 〈스캔 트레이스〉를 선택한 다음, 스캔 추적을 실행한다. 이때 지정된 종단 임계값을 초과하는 첫 번째 이벤트는 End 유형으로 설정되고, 다음 이벤트는 무시된다.

(e) 커서를 사용하여 현재의 마커를 이벤트로 이동한다.

종단 이벤트는 이벤트 테이블에 End 유형으로 나타나며, 이벤트 표시 줄에 특수한 기호로 표시된다. 종단 이벤트의 우측에 있는 이벤트는 모두 삭제된다.

The Hardkeys on the Mini

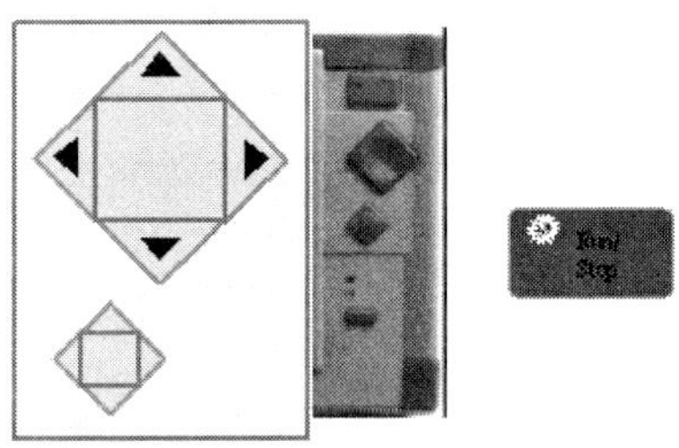

[그림 4-1-12]

Selecting Instrument

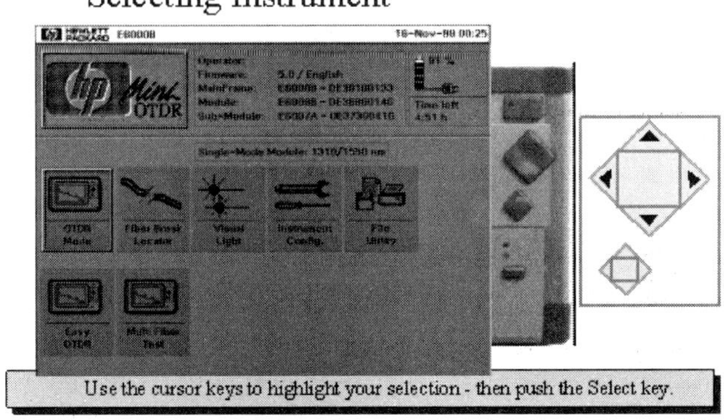

[그림 4-1-13]

Instrument Configuration 1

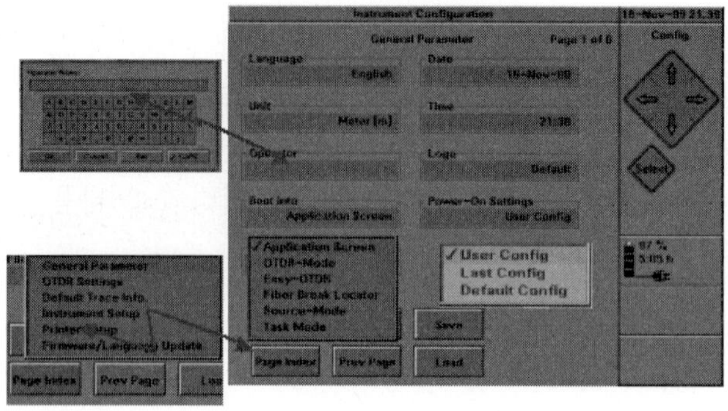

[그림 4-1-14]

The OTDR's Menus: Settings

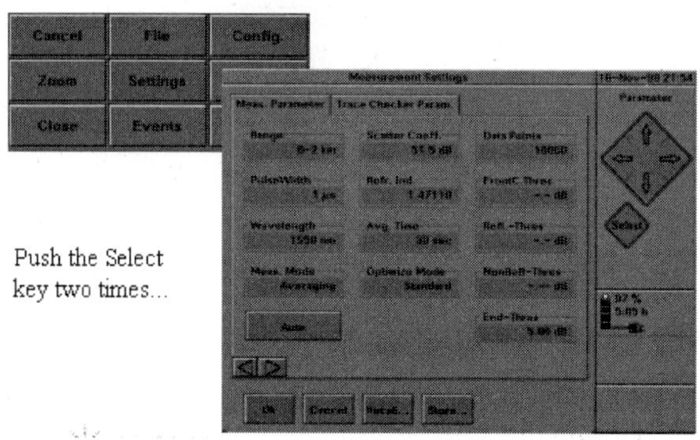

[그림 4-1-15]

The OTDR's Menus: Analysis

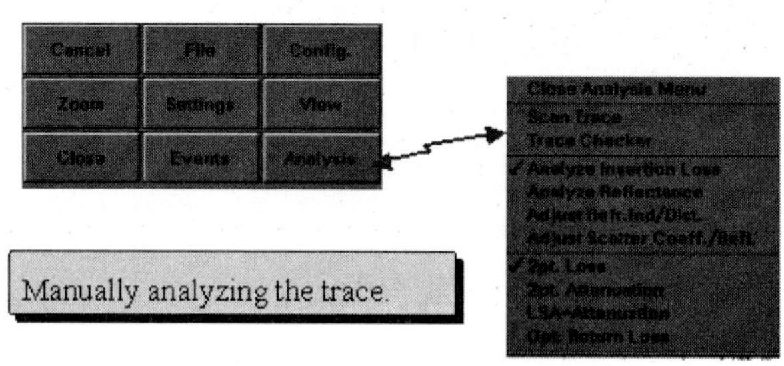

[그림 4-1-16]

The OTDR's Menus: Events

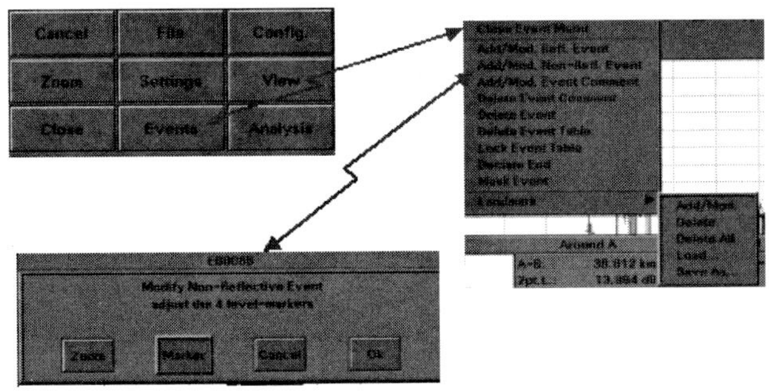

[그림 4-1-17]

Measuring with the Mini-OTDR

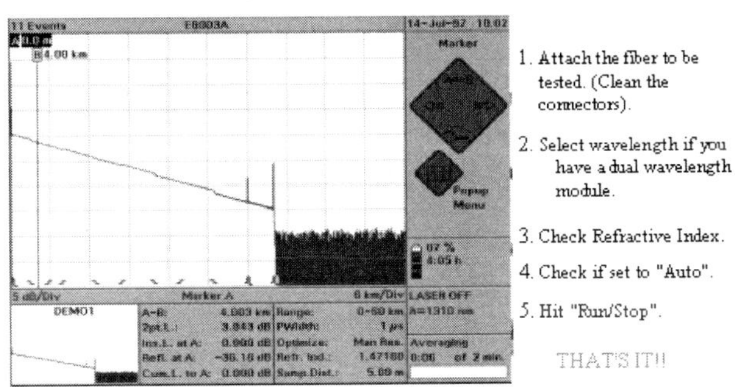

[그림 4-1-18]

작 업 순 서

1. 준비

가. OTDR, 광섬유, 공구 및 재료를 준비하고 확인한다.

나. 연결하고자 하는 광섬유를 2[km] 이상 준비한다.

다. OTDR 본체에 광 유닛을 삽입한다.

2. 사용전원을 준비한다.

가. 퓨즈 홀더에 퓨즈가 내장되어 있는지 확인한다.

나. 전원 단자에 플러그를 연결하고 AC를 공급한다.

다. POWER 스위치를 ON한다.

라. RUN 램프가 ON상태가 된다.

3. 광섬유를 연결한다.

가. 광섬유 커넥터를 알코올로 청소한다.

나. OTDR의 광 출력 커넥터에 광섬유가 연결된 커넥터를 연결한다.

다. 광 커넥터가 연결되지 않은 광섬유에 피 측정 광섬유를 융착 접속한다. 또는 광섬유 단면과 피 측정 광섬유를 V구로 연결하고 굴절률 맞춤 용액을 한 방울 떨어뜨린다.

라. 첫 번째 광섬유 드럼의 종단과 두 번째 광섬유 드럼을 광섬유 융착 접속기로 접속한다.

4. 각종 측정 조건을 변화시킨다.

측정 거리, 광 펄스폭, 측정파장, 수직 및 수평축 스케일, 굴절률, 이득 등을 변화시킨다.

5. 측정 결과를 확인한다.

6. 전원을 차단한다. OTDR의 전원 스위치를 OFF한다.

7. 광섬유를 빼낸다.

가. OTDR로부터 광 커넥터와 광섬유를 분리한다.

나. 피 측정 광섬유를 분리한다.

8. 실습보고서를 작성한다.

실습 보고서	4-1. OTDR 사용하기	소요시간: 8시간

장비명 equipment		학 과 :	
제조사 maker		학 번 :	
모델명 Model No.		이 름 :	
S/N serial number		실습 조	

〈평가기준〉

<table>
<tr><th colspan="2">평 가 항 목</th><th>만점</th><th>양호</th><th>보통</th><th>득점</th><th colspan="4">비고</th></tr>
<tr><td rowspan="3">작품평가
(60점)</td><td>장비의 조작순서</td><td>20</td><td>15</td><td>10</td><td></td><td colspan="4"></td></tr>
<tr><td>측정점의 선정상태</td><td>20</td><td>15</td><td>10</td><td></td><td colspan="4"></td></tr>
<tr><td>각 기능의 응용상태</td><td>20</td><td>15</td><td>10</td><td></td><td colspan="4"></td></tr>
<tr><td rowspan="4">작업평가
(40점)</td><td>실 습 태 도</td><td>10</td><td>8</td><td>6</td><td></td><td colspan="4"></td></tr>
<tr><td>실 습 안 전</td><td>10</td><td>8</td><td>6</td><td></td><td colspan="4"></td></tr>
<tr><td>정 리 정 돈</td><td>10</td><td>8</td><td>6</td><td></td><td colspan="4"></td></tr>
<tr><td>보고서 작성내용</td><td>10</td><td>8</td><td>6</td><td></td><td colspan="4"></td></tr>
<tr><td rowspan="2">시간평가</td><td colspan="5" rowspan="2">소요시간은 ( )분 초과마다 ( )점 감점</td><td>작품
평가</td><td>작업
평가</td><td>시간
평가</td><td>총점</td></tr>
<tr><td></td><td></td><td></td><td></td></tr>
</table>

4-2 광원 사용하기

소요시간: 6시간

목 표

① 광원의 각 부분 명칭과 기능을 설명할 수 있다.
② 광원의 조작 순서를 알고 사용할 수 있다.

기계 및 공구

안정화 광원, V-groove, 광 피그테일, 광섬유 외피탈피기, 광섬유 절단기

재 료 명

알코올(이소프로필 (99.9%)) 50cc, 거즈, 플라스틱용기 50cc, 광섬유(SMF) 9/125[㎛] 2[㎞]

실습 참고사항

① 광섬유의 조각은 플라스틱 용기에 모아둔다.
② 코팅제거기, 광섬유 절단기 등에 충격을 주거나 떨어뜨리지 않도록 한다.
③ 화재가 발생되지 않도록 주의한다.
④ 광원의 사용전원을 반드시 확인할 것.
⑤ 광원의 출력은 근적외 영역으로 눈에 보이지 않으므로 출력 광을 직접 보지 말 것.
⑥ 먼지가 많은 곳에서는 사용을 금할 것.
⑦ 광섬유를 직접 광원에 연결하여 사용하면 광 출력부가 손상되므로 주의할 것.
⑧ 광섬유를 광 출력 커넥터에 연결하기 전 광섬유 단면을 알코올로 청소하여 사용할 것.

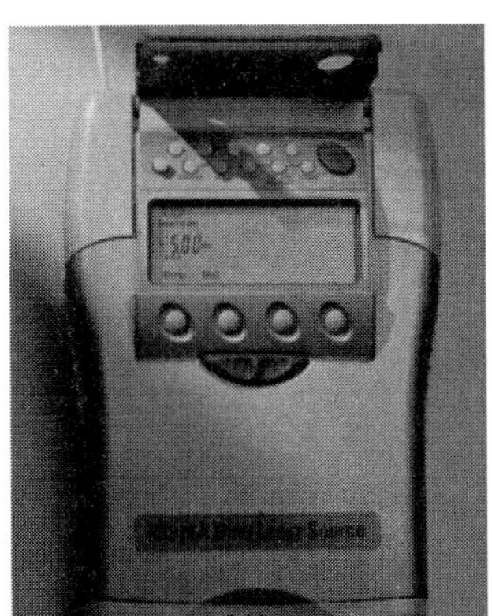

[그림 4-2-1] 광원의 구성도

관 계 지 식

1. 전송레벨

전송레벨(transmission level)의 비율은 입력과 출력을 전송단위로 표현한 것이다.

가. 상대레벨 : 입력과 출력을 상대적으로 비교하는 전송단위이다.

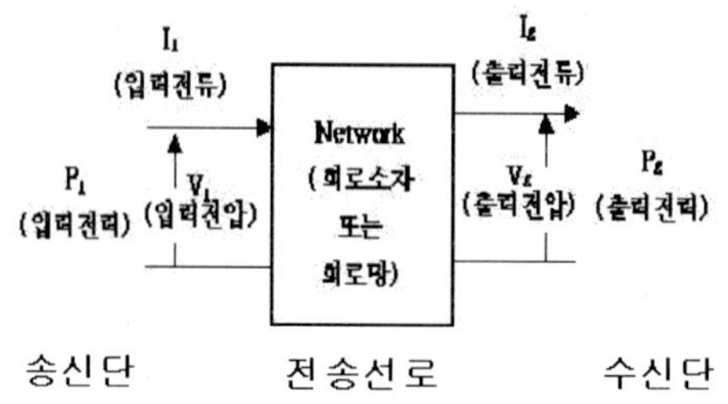

[그림 4-2-2] 전송 시 송신과 수신

송신단의 입력전압을 V_1[V], 입력전류를 I_1[A], 입력전력을 P_1[W]이라고 하고, 수신단의 출력전압을 V_2[V], 출력전류를 I_2[A], 출력전력을 P_2[W]라고 할 때, 전송단위를 데시벨[dB]과 네퍼[Nep]로 나타내면

$$X[dB] = 10\log_{10}\frac{P_2}{P_1}[dB] = 20\log_{10}\frac{V_2}{V_1}[dB] = 10\log_{10}\frac{I_2}{I_1}[dB]$$

$$N[Nep] = \frac{1}{2}\log_e\frac{P_2}{P_1}[Nep] = \log_e\frac{V_2}{V_1}[Nep] = \log_e\frac{I_2}{I_1}[Nep]$$

이며, 이는 송신단과 수신단과의 전압, 전류, 전력의 레벨차를 나타낸다. 이 결과의 값이 양(+)이면 이득(gain)이고, 음(-)이면 손실(loss)을 의미한다.

〈표 4-2-1〉은 전력비에 대한[dB]와의 관계를 표시한 것이다. 또한 전압과 전류비를[dB]로 표시하는 경우는 다음과 같다.

〈표 4-2-1〉 dB과 전력비

전력비	[dB]	전력비	[dB]
10^1 (10)	+10	10^{-1} (1/10)	-10
10^2 (100)	+20	10^{-2} (1/100)	-20
10^3 (1,000)	+30	10^{-3} (1/1,000)	-30
10^4 (10,000)	+40	10^{-4} (1/10,000)	-40
10^5 (100,000)	+50	10^{-5} (1/100,000)	-50
10^6 (1,000,000)	+60	10^{-6} (1/1,000,000)	-60

나. 절대단위

[dBm]은 절대레벨로는 어떤 기준치를 정해 놓고 이 기준치와 비교한 레벨을 의미하는 것으로

서 보통 유선계에서는 [그림]과 같이 600[Ω]회로에 1[㎽]의 전력이 공급될 때를 0[dBm]으로 규정하고 있으며 이때 전력 1[㎽]가 기준이 된다. 0[dBm]=1[㎽]로서 타 전력 P[W]는 다음의 식으로서 X[dBm]으로 환산한다.

$$X\,[\text{dBm}] = 10\log_{10}\frac{P\,[\text{W}]}{1\,[\text{mW}]}$$

〈표 4-2-2〉 dBm, dBw, W의 관계

dBm	dBW	Watt	dBm	dBW	mW
+60	+30	1,000	+23	- 7	200
+57	+27	500	+20	-10	100
+50	+20	100	+17	-13	50
+47	+17	50	+13	-17	20
+43	+13	20	+10	-20	10
+40	+10	10	+ 7	-23	5
+37	+ 7	5	+ 6	-24	4
+33	+ 3	2	+ 3	-27	2
+30	0	1	0	-30	1

〈표 4-2-3〉 [dB]의 % 전송 변환 표

[dB]	%	[dB]	%	%	[dB]	%	[dB]
0.00	100	1.0	69.2	100.0	0.000	45.0	3.468
0.01	99.8	1.7	67.6	99.5	0.022	40.0	3.979
0.02	99.5	1.8	66.1	99.0	0.044	35.0	4.559
0.05	98.9	1.9	64.6	98.5	0.066	30.0	5.229
0.10	97.7	2.0	63.1	98.0	0.088	25.0	6.021
0.15	96.6	3.0	50.1	97.0	0.132	20.0	6.990
0.20	95.5	4.0	39.8	96.0	0.177	15.0	8.239
0.25	94.4	5.0	31.6	95.0	0.223	10.0	10.000
0.3	93.3	6.0	25.1	94.0	0.269	5.0	13.010
0.4	91.2	7.0	20.0	93.0	0.315	4.0	13.979
0.5	89.1	8.0	15.8	92.0	0.362	3.0	15.229
0.6	87.1	9.0	12.6	91.0	0.410	2.0	16.990
0.7	85.1	10.0	10.0	90.0	0.458	1.0	20.000
0.8	83.2	15.0	3.2	85.0	0.706	0.5	23.010
0.9	81.3	20.0	1.0	80.0	0.969	0.2	26.990
1.0	79.4	25.0	0.3	75.0	1.249	0.1	30.000
1.1	77.6	30.0	0.1	70.0	1.549	0.05	33.010
1.2	75.9	30.5	0.03	65.0	1.871	0.01	40.000
1.3	74.1	40.0	0.01	60.0	2.218	0.005	43.010
1.4	72.4	45.0	0.003	55.0	2.596	0.001	50.000
1.5	70.8	50.0	0.001	50.0	3.010	0.0001	60.000

600[Ω]계에서는

$P = V \cdot I = I^2 \cdot R = \frac{V^2}{R}$이므로

$$I = \sqrt{\frac{P}{R}} = \sqrt{\frac{10^{-3}}{600}} = 1.29 \times 10^{-3} = 1.29[mA]$$

$$V = \sqrt{RP} = \sqrt{1 \times 10^{-3} \times 600} = 0.775[V]$$

전원이 유발하는 전압은 $2 \times 0.775 = 1.55[V]$가 된다.

절대레벨은 저항을 600[Ω]이라고 할 때, 전력, 전압, 전류에 따라 다음과 같이 계산할 수 있다.

$$X[dBm] = 10\log_{10}\frac{P[W]}{1[mW]} = 20\log_{10}\frac{E[V]}{0.775[V]} = 20\log_{10}\frac{I[A]}{1.29[mA]}$$

TV 방송시스템이나 유선 동축케이블 75[Ω]에서 전압, 전류는 다음과 같이 계산된다.

$$I = \sqrt{\frac{P}{R}} = \sqrt{\frac{10^{-3}}{75}} = 3.65 \times 10^{-3} = 3.65[mA]$$

$$V = \sqrt{RP} = \sqrt{1 \times 10^{-3} \times 75} = 0.273[V]$$

$$X[dBm] = 10\log_{10}\frac{P[W]}{1[mW]} = 20\log_{10}\frac{E[V]}{0.273[V]} = 20\log_{10}\frac{I[A]}{3.65[mA]}$$

무선시스템의 50[Ω]계에서는 다음과 같이 계산된다.

$$I = \sqrt{\frac{P}{R}} = \sqrt{\frac{10^{-3}}{50}} = 4.47 \times 10^{-3} = 4.47[mA]$$

$$V = \sqrt{RP} = \sqrt{1 \times 10^{-3} \times 50} = 0.223[V]$$

$$X[dBm] = 10\log_{10}\frac{P[W]}{1[mW]} = 20\log_{10}\frac{E[V]}{0.223[V]} = 20\log_{10}\frac{I[A]}{4.47[mA]}$$

2) dBW(전력 1W를 기준)

[dBW]는 전력 1W를 기준으로 한 절대레벨이다.

$$dBW = 10\log_{10}\frac{P[W]}{1[W]}$$

1[W]=0[dBW]=+30[dBm], 10[W]=10[dBW]=+40[dBm], 100[W]=20[dBW]=+50[dBm]이다.

3) dBmV

[dBm]은 1[mV]를 기준으로 한 절대레벨 단위로 75[Ω] 부하에 공급되는 전압이 1[mV]일 때 0[dB]V가 된다.

$$dBmV = 20\log_{10}\frac{E[V]}{1[mV]}$$

2. 광원의 특징

가. 단일모드(Single Mode) 1310, 1550nm 광원을 광섬유에 광을 출력한다.

나. 광 출력 파형을 변환시킬 수 있다.

다. 전원으로 AC100～220[V]를 사용한다.(배터리 사용)

3. 각 부의 명칭과 기능은 다음과 같다.

가. 광원의 전·후면도

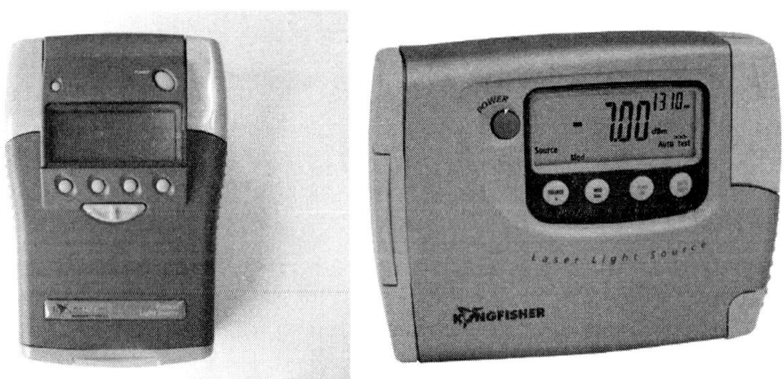

[그림 4-2-3] 광원의 전면도

나. 기능

(1) LD의 레인저 빔 방사램프 : LD 발광 시 LD광이 방사됨을 나타냄.

(2) 경보라벨 : 레이저 광이 발광되고 있음을 나타내는 라벨.

(3) 레이저 광전력 표시기 : 레이저 발광 시 LCD 출력.

(4) 광 출력 연결 커넥터 : 광 출력을 연결하기 위한 FC(또는 SC)형 커넥터.

(5) 레이저 광 출력 스위치 : 누르면 레이저빔이 방출.

(6) 키 스위치 : 키를 삽입하여 ON으로 할 때 전원이 공급됨.

(7) 원격 제어 커넥터 : 레이저광의 출력을 외부제어에 의해 사용 시 연결됨.

작 업 순 서

1. 준비한다.

가. 광원, 광섬유, 공구 및 재료를 준비하고 확인한다.

나. 연결하고자 하는 광섬유를 선택한다.

2. 광섬유를 연결한다.

가. 광원의 광 출력 커넥터를 알코올로 청소한다.

나. 광섬유 커넥터를 청소하고 광 출력 커넥터에 커넥터를 연결한다.

다. 광 커넥터가 연결되지 않은 광섬유에 피 측정 광섬유를 융착 접속한다. 또는 광섬유단면을 피 측정 광섬유를 V구로 연결하고, 굴절률을 맞추어 용액을 한 방울 떨어뜨린다.

3. 사용전원을 준비한다.

가. 퓨즈홀더에 퓨즈가 내장되어 있는지 확인한다.

나. 전원단자에 플러그를 연결하고 AC를 공급한다.

다. 전원 스위치를 ON한다.

4. LASER ON 스위치를 누른다.

가. LASER ON 스위치를 눌러 레이저 광 전력 표시기의 지침이 움직이는지 확인한다.

나. LASER ON 램프가 발광되면서 광이 피 측정 광섬유를 통하여 전송된다.

다. 연속 광의 경우에는 CW, 270[Hz] 구형파의 경우에는 CHOP를 누른다.

5. 전원을 차단한다.

가. 레이저 광 출력 스위치를 다시 눌러 LASER OFF로 한다.

나. 키스위치를 반시계 방향으로 돌려 전원 스위치를 OFF한다.

다. 전원 코드를 제거한다.

6. 광섬유를 빼낸다.

가. 광원으로부터 광 커넥터와 광섬유를 분리한다.

나. 피 측정 광섬유를 분리한다.

7. 실습보고서를 작성한다.

8. 정리정돈을 한다.

실습 보고서	4-2. 광원 사용하기	소요시간: 6시간

장비명 equipment		학 과 :	
제조사 maker		학 번 :	
모델명 Model No.		이 름 :	
S/N serial number		실습 조	

〈평가기준〉

평 가 항 목		만점	양호	보통	득점	비고			
작품평가 (60점)	장비의 조작순서	20	15	10					
	광섬유의 접속상태	20	15	10					
	각 기능의 응용상태	20	15	10					
작업평가 (40점)	실 습 태 도	10	8	6					
	실 습 안 전	10	8	6					
	정 리 정 돈	10	8	6					
	보고서 작성내용	10	8	6					
시간평가	소요시간은 ( )분 초과마다 ( )점 감점					작품 평가	작업 평가	시간 평가	총점

4-3 광력계 사용하기

소요시간: 5시간

목 표

① 광력계의 각 부분 명칭과 기능을 설명할 수 있다.
② 광력계의 조작 순서에 따라 사용할 수 있다.

기계 및 공구

광력계(광 파워미터), V-groove, 광 피그테일, 광섬유 외피탈피기, 광섬유절단기

재 료 명

알코올(이소프로필(99.9%)) 50cc, 면 솜 1BOX, 플라스틱용기 50cc, 광섬유(SMF) 10/125[㎛] 2[㎞]

안전 및 유의사항

① 광섬유의 조각은 플라스틱 용기에 모아둔다.
② 코팅 제거기, 광섬유 절단기 등에 충격을 주거나 떨어뜨리지 않도록 한다.
③ 화재가 발생되지 않도록 주의한다.
④ 광력계의 사용전원을 반드시 확인할 것.
⑤ 광력계의 센서 부분은 알코올로 깨끗이 청소하여 사용하고 먼지가 많은 곳에서는 사용을 금할 것.
⑥ 광섬유를 광 출력 커넥터에 연결하기 전 광섬유 단면을 알코올로 청소하여 사용할 것.

[그림 4-3-1] 광력계의 구성도

관 계 지 식

1. 광력계의 특징

가. 단일모드(Single Mode) 및 다중모드(Multi Mode) 광섬유의 광을 수광.

나. 10[nW]~10[mW] (-70~+10[dBm])의 광을 자동절체 수신.

다. 전원 : AC 100[V], 외부전지 연결하여 사용 가능.

라. 정확도 : 0.5[%]이내

마. 표시 : 4자리의 디지털 표시, [W], [dBm],[dB(REF)]

바. 처리기능 : 상대레벨 [dB] 표시기능, 평균화 처리 기능 및 자동 0점 기능

작 업 순 서

1. 준비한다.

가. 광력계, 광센서, 공구 및 재료를 준비하고 확인한다.

나. 연결하고자 하는 광섬유를 선택한다.

2. 광섬유를 연결한다.

가. 광력계의 센서 부분을 면봉에 알코올을 묻혀 청소한다.

나. 피 측정 커넥터 타입에 맞는 광 어댑터를 설치한다.

다. 광 코드의 커넥터 부를 알코올로 청소한다.

라. 광센서의 입력 커넥터에 광섬유가 연결된 커넥터를 연결한다.

마. 광 커넥터가 연결되지 않은 광섬유에 피 측정 광섬유를 융착 접속한다. 또는 광섬유 단면을 피 측정 광섬유를 V구로 연결하고 굴절률 맞춤 용액을 한 방울 떨어뜨린다.

3. 사용전원을 준비한다.

가. 퓨즈 홀더에 퓨즈가 내장되어 있는지 확인한다.

나. 전원 단자에 플러그를 연결하고, AC 또는 배터리를 공급한다.

다. POWER 스위치를 ON한다.

* 수광전력의 파장이 얼마인가(광원 측)를 확인 후 광 전력계의 파장을 광원 측의 파장으로 선택한다.

4. 수광전력을 측정한다.

가. MODE스위치의 [W]는 약 0.01[mW] 이하일 때 사용하고, AUTO OFF SET은 약 0.01[nW] 이상일 때 사용한다.

나. [W] 표시에 의한 측정 시 MODE를 [W]에, AVERAGE는 1, RANGE는 AUTO에 설치하고 MODE의 [W]를 누르면 숫자표시기는 [pW]~[W]중 1개가 점등된다. AVERAGE를 선택한다.

AVERAGE선택은 1[nW] 이상 시 1 또는 10, 1[nW]~0.1[nW]의 경우 10 또는 100을 선택한다. RANGE는 통상 AUTO로 선택하고 HOLD는 레벨변동이 적은 신호를 장시간 사용할 때 선택한다.

다. [dBm]에 의한 측정 시

(1) MODE를 [dmW]에 AVERAGE는 1로 한다.

(2) RANGE는 AUTO에 설정하여 둔다.

(3) MODE의 [W]를 누르면 숫자표시기는 [pW]~[W]중 1개가 점등된다.

(4) AVERAGE를 선택한다. AVERAGE선택은 -60[dBm] 이상 시 1 또는 10, -60~-70[dBm]의 경우 10 또는 100을 선택한다. RANGE는 통상 AUTO로 선택하고, HOLD는 레벨변동이 적은 신호를 장시간 사용할 때 사용한다.

라. 측정된 지시계의 값을 읽는다.([dBm]에 의한 표시는 전력의 절대치를 나타낸다.)

마. REF에 의한 측정 시

(1) [dBm] 표시에 의한 측정을 하여 피 측정 전력의 지시치를 읽는다.

(2) MODE의 REF를 누르면 상대 레벨차가 표시된다.

5. 전원을 차단한다. POWER를 OFF한다.

6. 광섬유를 빼낸다.

가. 광센서에서 광 커넥터와 광섬유를 분리한다.

나. 피 측정 광섬유를 분리한다.

7. 실습보고서를 작성한다.

8. 정리 정돈한다.

실습 보고서

4-3. 광력계 사용하기

소요시간: 5시간

장비명 equipment		학 과 :	
제조사 maker		학 번 :	
모델명 Model No.		이 름 :	
S/N serial number		실습 조	

〈평가기준〉

<table>
<tr><td colspan="2">평 가 항 목</td><td>만점</td><td>양호</td><td>보통</td><td>득점</td><td colspan="4">비고</td></tr>
<tr><td rowspan="3">작품평가
(60점)</td><td>장비의 조작순서</td><td>20</td><td>15</td><td>10</td><td></td><td colspan="4"></td></tr>
<tr><td>광섬유의 접속상태</td><td>20</td><td>15</td><td>10</td><td></td><td colspan="4"></td></tr>
<tr><td>각 기능의 응용상태</td><td>20</td><td>15</td><td>10</td><td></td><td colspan="4"></td></tr>
<tr><td rowspan="4">작업평가
(40점)</td><td>실 습 태 도</td><td>10</td><td>8</td><td>6</td><td></td><td colspan="4"></td></tr>
<tr><td>실 습 안 전</td><td>10</td><td>8</td><td>6</td><td></td><td colspan="4"></td></tr>
<tr><td>정 리 정 돈</td><td>10</td><td>8</td><td>6</td><td></td><td colspan="4"></td></tr>
<tr><td>보고서 작성내용</td><td>10</td><td>8</td><td>6</td><td></td><td colspan="4"></td></tr>
<tr><td rowspan="2">시간평가</td><td colspan="5" rowspan="2">소요시간은 ( )분 초과마다 ( )점 감점</td><td>작품
평가</td><td>작업
평가</td><td>시간
평가</td><td>총점</td></tr>
<tr><td></td><td></td><td></td><td></td></tr>
</table>

4-4 광섬유 손실 측정하기

소요시간: 8시간

목 표

① 광원, 광력계를 사용하여 절단법에 의한 측정 작업을 할 수 있다.
② 절단법에 의한 측정방법을 설명할 수 있다.

기계 및 공구

광원, 광력계, V-groove, 광 피크테일, 광섬유 외피 탈피기, 광섬유 절단기

재 료 명

알코올(이소프로필(99.9%)) 50cc, 면 솜 1BOX, 플라스틱용기 50cc, 광섬유(SMF) 9/125[㎛] 2[㎞]

안전 및 유의사항

① 광섬유의 조각은 플라스틱 용기에 모아 둔다.
② 코팅 제거기, 광섬유 절단기 등에 충격을 주거나 떨어뜨리지 않는다.
③ 화재가 발생되지 않도록 주의한다.
④ 광원, 광력계의 사용전원을 반드시 확인 할 것.
⑤ 광원의 출력은 근적외 영역으로 눈에 보이지 않으므로 출력광을 직접 보지 말 것.
⑥ 먼지가 많은 곳에서 사용을 금할 것.
⑦ 광섬유를 직접 광원에 연결하여 사용하면 광 출력부가 손상되므로 주의할 것.
⑧ 광섬유를 광 출력 커넥터에 연결하기 전 광섬유 단면을 알코올로 청소하여 사용할 것.
⑨ TTL 출력단에 입력을 인가하지 말 것.
⑩ 광력계의 센서는 알코올로 청소하여 사용하고 먼지가 많은 곳에서는 사용을 금할 것.

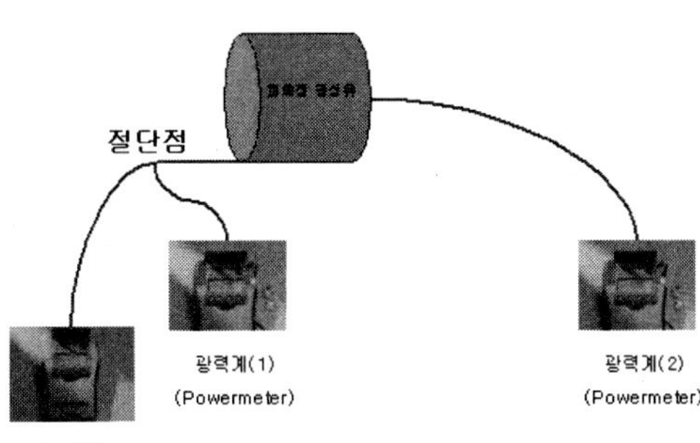

[그림 4-4-1] 절단법에 의한 광섬유 손실의 측정도

관 계 지 식

1. 절단법(Cut Back Method)에 의한 광 손실의 측정

가. 장비의 배치도

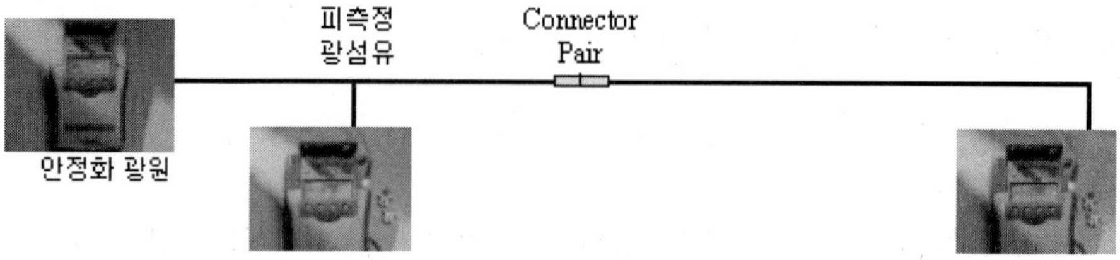

[그림 4-4-2] 절단법의 장비 배치도

나. 측정방법

장비를 [그림 4-4-2]와 같이 배치하고 하부국의 전력 (PB)를 먼저 측정한다. 하부국의 측정조건과 동일한 방법으로 상부국의 광섬유 케이블의 외피를 2.5[m]이상 제거하고 1[m]의 지점을 절단하여 전력(PA)을 측정한다. 반대방향으로 장비를 배치(상부국과 하부국의 측정 장치를 바꾸어 측정)하여 손실을 측정, 처음에 측정한 손실과 평균치를 손실 값으로 한다.

$$\text{손실의 계산 L [dB]} = 10 \log 10 \frac{P_B}{P_A}$$

작 업 순 서

1. 작업 준비를 한다.

가. 광원, 광력계, 광센서, 광섬유, 공구 및 재료를 준비하고 확인한다.

나. 연결하고자 하는 광섬유를 선택한다.

2. 광섬유를 연결한다.

가. 측정에 사용될 광 커넥터, 광원부, 광 센서부를 청소한다.

나. 광원의 광 출력 커넥터에 광섬유가 연결된 광섬유 커넥터를 연결한다.

다. 광 커넥터가 연결되지 않은 광섬유에 피 측정 광섬유를 융착 접속한다. 또는 광섬유의 단면과 피 측정 광섬유를 V구로 연결하여 굴절률 맞춤 용액(index matching oil)을 한 방울 떨어뜨린다.

라. 광력계의 광센서 입력 커넥터에 광섬유가 연결된 커넥터를 연결한다.

마. 센서를 광력계의 INPUT 단자에 연결한다.

바. 광센서에 연결된 피 측정 광섬유를 융착 접속 또는 V구에 연결한다.

사. 장비와 광섬유가 제대로 연결되었는지 확인한다.

3. 사용전원을 준비한다.

가. 퓨즈 홀더에 퓨즈가 내장되어 있는지 확인한다.

나. 전원단자에 플러그를 연결하고 AC또는 DC를 공급한다.

다. 광원, 광력계의 POWER 스위치를 ON한다.

4. LASER ON 스위치를 누른다.

가. 광출력 커넥터에 위의 LASER ON스위치를 누른다.

나. LASER ON 램프가 발광되면서 광이 피 측정 광섬유를 통하여 전송된다.

다. 연속 광의 경우에는 CW,270[Hz] 구형파의 경우에는 270[Hz]를 누른다.

라. 외부 변조 신호의 사용 시에는 후면의 BNC 연결단자에 50[Ω]의 동축케이블을 이용하여 변조시키고자 신호를 입력시킨다.

5. 하부국의 수광전력을 측정한다.

가. 상부국, 하부국간의 광섬유 케이블을 V구 또는 광섬유 융착접속기로 융착을 확인한다.

나. MODE스위치를 눌러 [W], [dB]의 전력(PB)를 측정한다.

6. 상부국의 피 측정 케이블의 입사전력을 측정한다.

가. 입사단의 광섬유 케이블의 외피를 2.5[m]이상 제거한다.

나. 1[m]의 지점을 절단하여 전력(PA)을 측정한다.

다. 광섬유의 손실치를 계산한다.(L1[dB]).

7. 하부국에서 상부국으로 수광전력을 측정한다.

가. 하부국과 상부국간의 측정 장치를 광섬유 케이블을 V구 또는 광섬유 융착접속기로 융착한다.

나. MODE스위치를 눌러 [W], [dBm]의 전력(PA)를 측정한다.

다. 하부국(입사단)의 광섬유 케이블의 외피를 2.5[m]이상 제거한다.

라. 1[m]의 지점을 절단하여 전력(PB)을 측정한다.

마. 광섬유의 손실치를 계산한다(L2[dB]).

8. 손실의 평균치를 계산한다.
가. 상부국에서 하부국으로 측정한 손실 L1[dB]과 L2[dB]를 더한다.
나. 나누기 2를 하여 평균치를 순시 값으로 한다.

9. 전원을 차단한다.
가. 광원의 전원 스위치를 OFF한다.
나. 광력계의 전원 스위치를 OFF한다.

10. 피 측정 광섬유와 광섬유 코드를 제거한다.
가. 광원으로부터 광 커넥터와 광섬유를 분리한다.
나. 피 측정 광섬유를 분리한다.
다. 광섬유 코드는 곡률반경에 따라 조심히 감아둔다.

11. 실습보고서를 작성한다.
12. 정리 정돈한다.

실습 보고서	4-4. 광섬유 손실 측정하기	소요시간: 8시간

장비명 equipment		학 과 :	
제조사 maker		학 번 :	
모델명 Model No.		이 름 :	
S/N serial number		실습 조	

	광원 출력 레벨	상대 측정(dBm)	절대 측정(dB)	접속지점 손실(dB)	비고
1					
2					
3					
4					
5					
6					
7					
8					
9					
10					

〈평가기준〉

평 가 항 목		만점	양호	보통	득점	비고			
작품평가 (60점)	장비의 조작순서	20	15	10					
	광손실의 측정상태	20	15	10					
	각 기능의 응용상태	20	15	10					
작업평가 (40점)	실 습 태 도	10	8	6					
	실 습 안 전	10	8	6					
	정 리 정 돈	10	8	6					
	보고서 작성내용	10	8	6					
시간평가	소요시간은 ( )분 초과마다 ( )점 감점					작품 평가	작업 평가	시간 평가	총점

4-5 광전화기 사용하기

소요시간: 5시간

목 표

① 광전화기 각 부분의 명칭 및 기능을 설명할 수 있다.
② 광전화기의 조작 순서를 알고 사용할 수 있다.
③ 광전화기를 광심선 대조에 사용할 수 있다.

기계 및 공구

광전화기, 반자동 광섬유 절단기, 광섬유 외피탈피기, 광 융착접속기

재 료 명

알코올(이소프로필 (99.9%)) 50cc, 거즈, 플라스틱용기 50cc, 광섬유(SMF) 9.8/125[㎛] 2[km], 광 피그 테일 9.8/125[㎛] 편단 커넥터 부착 2개

안전 및 유의사항

① 광섬유의 조작은 플라스틱 용기에 모아둔다.
② 코팅 제거기, 광섬유 절단기 등에 충격을 주거나 떨어뜨리지 않도록 한다.
③ 화재가 발생되지 않도록 주의한다.
④ 광 융착접속기의 사용전원을 반드시 확인할 것.
⑤ 광 커넥터 연결단자에 광섬유를 직접 삽입하지 않도록 한다.
⑥ 광 출력 단자가 먼지로 더러워지면 광 출력이 저하되므로 알코올을 묻힌 천으로 깨끗이 닦아주고, 공기분사기를 사용한 청소는 하지 말 것.

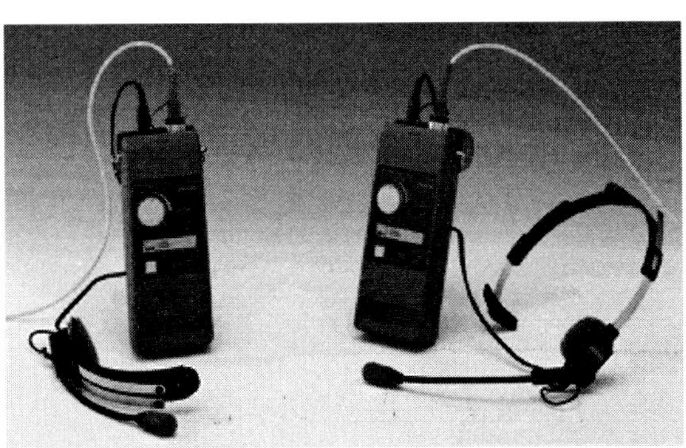

[그림 4-5-1] 광전화기

관 계 지 식

1. 광전화기의 특징

가. 3[㎛]밴드 광전화기는 LD와 PD를 사용하고 있으며, 기본적인 구성도는 [그림 4-5-2]와 같다. 변조방식은 FM방식이고, 2개의 주파수를 갖는다. 1개의 광섬유로 양방향 통신을 할 수 있고 입출력에는 PD가 붙어 있다.

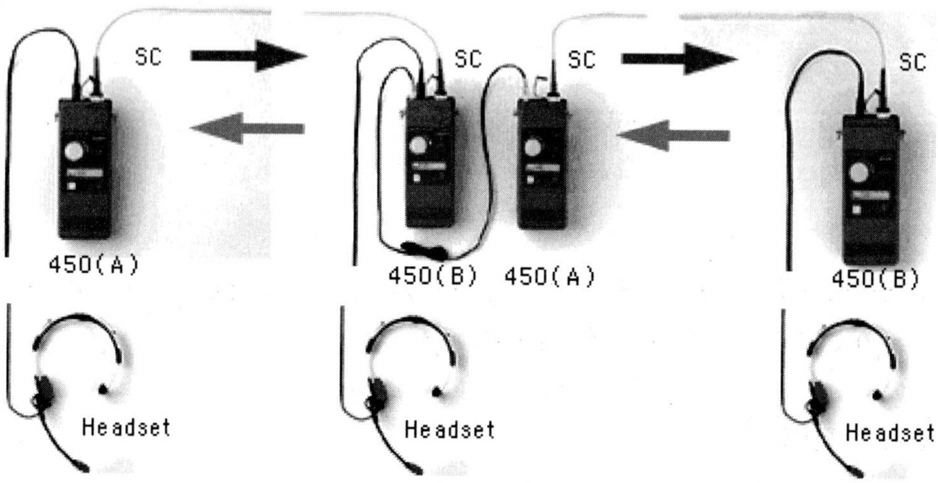

[그림 4-5-2] 광전화기의 응용도(1)

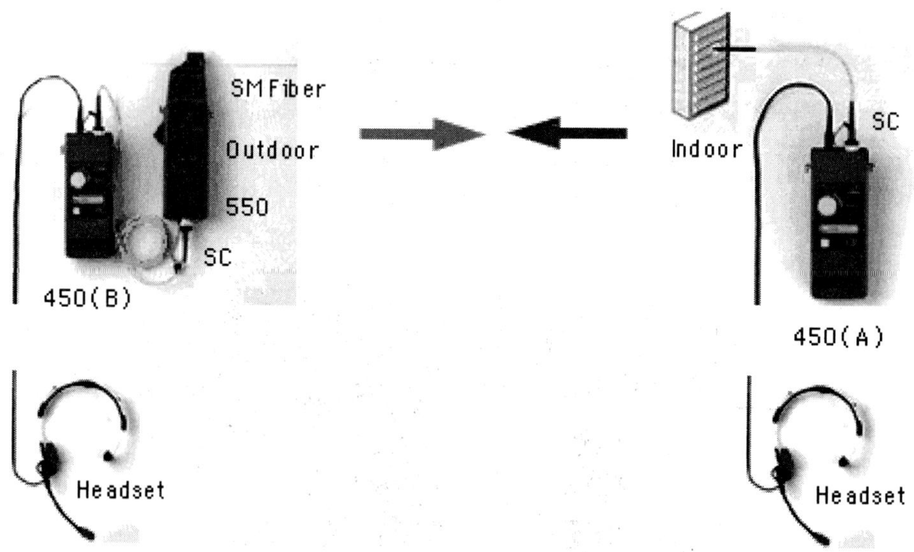

[그림 4-5-3] 광전화기 응용도(2)

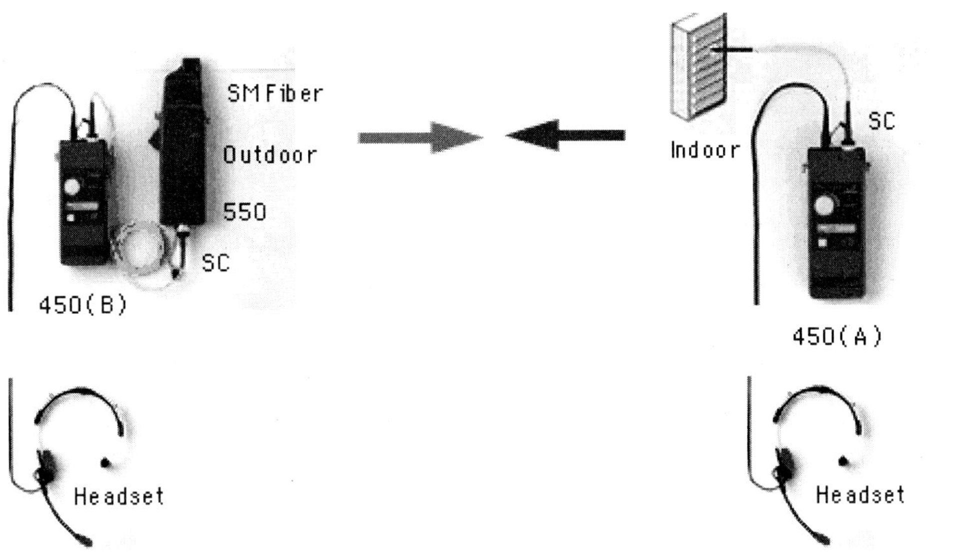

[그림 4-5-4] 광전화기 응용도(3)

〈표 4-5-1〉 광전화기 각부의 명칭과 기능

명칭	표시	기능
(1) 광 입출력 단자	Optical Output	이 단자는 통신하는데 광섬유를 연결하여 사용.
(2) 먼지 덮개		광 · 입출력단자를 사용하지 않을 때 먼지가 들어가지 않게 덮어 주는 덮개(FC형).
(3) CALL 스위치	CALL	이 스위치를 누르면 스피커로 벨소리가 난다. 헤드폰, 이어폰 등으로도 벨소리가 난다.
(4) 스피커 스위치	SPEAKER ON OFF	스피커로 소리가 나오거나 안 나오게 한다.
(5) 소리 조절기	VOLUME MIN MAX	스피커나 헤드폰의 음량을 조절하는 단자.
(6) 전원 스위치	POWER ON OFF	전원을 공급하거나 전원을 차단할 때 사용.
(7) 헤드셋 터미널	HEADSET	이 터미널은 헤드폰 세트를 연결한다. 통신을 위해서는 이 터미널에 연결하여 사용한다.
(8) POWER 스위치		DC전원에 사용. AC전원이 공급되고 있으면 AC로 기계가 동작된다.
(9) 건전지 케이스		AA형 건전지 4개가 이 케이스 안에 내장됨.

작 업 순 서

1. 준비한다.

가. 광전화기, 공구 및 재료를 준비하고 확인한다.

나. 전화기를 연결하고자 하는 광섬유를 선택한다.

2. 전원을 확인한다.

가. AC전원으로 사용할 때

(1) 퓨즈 홀더에 퓨즈가 내장되어 있는지 확인한다.

(2) 전원 단자에 어댑터의 플러그를 연결하고 AC를 공급한다.

나. 건전지로 사용할 때

(1) 퓨즈 홀더에 퓨즈가 내장되어 있는지 확인한다.

(2) 건전지 삽입 페넬을 열고 극성에 따라 건전지를 삽입한다.

다. 전원 스위치를 넣는다.

(1) 전원 램프가 켜지는지 확인한다.

(2) 램프가 희미하면 새 건전지로 교환한다.

3. 광섬유를 연결한다.

가. 광 입·출력 단자에 알코올을 사용하여 깨끗하게 청소한다.

나. 광섬유 코드의 커넥터를 알코올로 깨끗이 청소한다.

다. 광섬유 입·출력 단자에 광섬유 코드를 사용하여 조심하여 밀어 넣고 연결한다.

라. 광섬유 코드의 커넥터가 연결되지 않은 부분에 광섬유를 연결한다.

4. 송수화기 세트를 연결한다.

송·수화기 연결단자의 방향에 일치시켜 송·수화기를 연결한다.

5. 주파수를 선택한다.

가. 광전화기의 밴드 스위치를 서로 다른 주파수를 갖게 1 또는 2로 선택한다.

나. 한 측의 광전화기에 주파수 선택 스위치를 1, 다른 한 측의 광전화기에 주파수 선택 스위치를 2에 둔다.

6. 호출 스위치를 누른다.

상대방 호출 시 Call 스위치를 누르면 호출음이 스피커 또는 헤드폰으로 나온다.

가. 스피커 스위치 ON시 스피커를 통하여 소리가 난다.
나. 스피커 스위치 OFF시 헤드폰으로 소리가 난다.

7. 통신을 한다.
통신을 위하여 송 · 수화기를 사용한다.
가. 송수화기의 송화기를 통하여 송화한다.
나. 송수화기의 수화기나 스피커를 통하여 수화한다.

8. 전원 스위치를 차단한다.
가. 전원 스위치를 OFF한다.
나. 광섬유 코드를 제거한다.

9. 실습보고서를 작성한다.
10. 정리 정돈한다.

실습 보고서	4-5. 광전화기 사용하기	소요시간: 5시간

장비명 equipment		학 과 :	
제조사 maker		학 번 :	
모델명 Model No.		이 름 :	
S/N serial number		실습 조	

광전화기 사용결과를 기술한다.

〈평가기준〉

<table>
<tr><td colspan="2">평 가 항 목</td><td>만점</td><td>양호</td><td>보통</td><td>득점</td><td colspan="4">비고</td></tr>
<tr><td rowspan="3">작품평가
(60점)</td><td>광전화기의 조작</td><td>20</td><td>15</td><td>10</td><td></td><td colspan="4"></td></tr>
<tr><td>광섬유의 연결상태</td><td>20</td><td>15</td><td>10</td><td></td><td colspan="4"></td></tr>
<tr><td>광전화기의 기능암기</td><td>20</td><td>15</td><td>10</td><td></td><td colspan="4"></td></tr>
<tr><td rowspan="4">작업평가
(40점)</td><td>실 습 태 도</td><td>10</td><td>8</td><td>6</td><td></td><td colspan="4"></td></tr>
<tr><td>실 습 안 전</td><td>10</td><td>8</td><td>6</td><td></td><td colspan="4"></td></tr>
<tr><td>정 리 정 돈</td><td>10</td><td>8</td><td>6</td><td></td><td colspan="4"></td></tr>
<tr><td>보고서 작성내용</td><td>10</td><td>8</td><td>6</td><td></td><td colspan="4"></td></tr>
<tr><td rowspan="2">시간평가</td><td colspan="5" rowspan="2">소요시간은 ( )분 초과마다 ( )점 감점</td><td>작품
평가</td><td>작업
평가</td><td>시간
평가</td><td>총점</td></tr>
<tr><td></td><td></td><td></td><td></td></tr>
</table>

제5장 광통신 측정

5-1 전송 단위와 손실

1. 측정의 단위

가. 단위의 기본

예전에는 국가별로 고유의 단위를 사용하다가 국가 간의 교류가 증가함에 따라 서로 다른 단위계의 사용이 매우 불편하여 1875년 "국제미터 협약"이 성립되었고 우리나라는 1959년에 가입하였다.

"국제미터협약"에 따라 설치된 국제도량형 총회에서는 "국제단위계"라는 약칭을 SI로 하기로 결정했으며, 10진법의 접두사와 표를 실제 쓰기에 편리하도록 〈표 5-1-1〉과 같은 실용 단위를 명시하였다.

1991년 파리 국제도량형 총회(CGPM)에서 ±24제곱 단위까지 추가(우리나라 1960년 채택)하였고, 접두어를 2중으로 사용할 수는 없도록 되어 있다.

〈표 5-1-1〉 SI접두어

명칭	악어	수치	접두어	명칭	악어	수치	접두어
요타	Y	10^{24}	Yota	데시	d	10^{-1}	deci
제타	Z	10^{21}	Zeta	센티	c	10^{-2}	centi
엑사	E	10^{18}	Exa	밀리	m	10^{-3}	milli
페타	P	10^{15}	Peta	마이크로	μ	10^{-6}	micro
테라	T	10^{12}	Tera	나노	n	10^{-9}	nano
기가	G	10^{9}	Giga	피코	p	10^{-12}	pico
메가	M	10^{6}	Mega	펨토	f	10^{-15}	femto
킬로	k	10^{3}	kilo	아토	a	10^{-18}	atto
핵토	h	10^{2}	hecto	젭토	z	10^{-21}	zepto
데카	da	10^{1}	deca	욕토	y	10^{-24}	yotto

〈표 5-1-2〉 기본 단위

단위계의 종류	양	SI 단위		SI 단위와 병용하는 실용 단위 기호의 보기
		명칭	기호	
MKS 단위계	길이 질량 시간	미터 킬로그램 초	m kg s	㎜, ㎝, ㎞ g, t min, h, d
MKSA 단위계	전류	암페어	A	㎃, ㎄
국제단위계(SI)	온도 물질량 광도	캘빈 몰 칸델라	K mol cd	

〈표 5-1-3〉 보조 단위

양	SI 단위	
	명칭	기호
각도 입체각	라디안 스테라디안	rad sr

〈표 5-1-4〉 각종 상수

항목	크기	기호
광속	3×10^{8}[m/s]	c
Planck 상수	6.625×10^{-34}[J·s]	h
전자의 전하량	-1.6×10^{-19}[C]	-e
Boltzmann상수	1.38×10^{-23}[J/K]	k

〈표 5-1-5〉 잘못된 표기법

양	SI 단위		잘못 표기한 단위 기호의 예	해석
	명칭	기호		
길이	미터 밀리미터 센티미터 킬로미터	m ㎜ ㎝ ㎞	M MM, mM, M/M, m/m CM., cM, Cm KM, Km, kM	$M=10^{6}$ $MM=10^{6}\times10^{6}$, M/M =1, m/m =1
질량	그램 킬로그램 톤	g kg ton	G KG, Kg, kG T, Ton	$G=10^{9}$ KG = 캘빈10^{9}
시간	일 시 분 초	d h min s	DAY, Day, D HOUR, Hour, H MIN, Min, M, m SEC, Sec, sec, S	

단위 기호는 반드시 정해진 로마기호를 사용하여야 하며, 양의 기호에는 로마체(이탤릭체)를 사용한다.

나. 전송량의 단위

전화 회선을 통한 통화 음성은 약 1초 길이의 통화 스퍼트(talk spurt)에 에너지가 집중되며, 통화 스퍼트는 1초 또는 그 이상의 시간 간격을 갖는다. 시내 교환기의 입력단에 가해지는 통화 음성의 레벨은 송화자의 음량, 전화기의 음향신호-전기신호 변환 효율, 가입자 선로의 손실, 교환기 가입자 정합 회로의 정합 특성 등에 따라 다르지만, 보통 -16~-25[dBm] 범위 내에 분포한다.

전화 회선에서 음성 신호의 전력 레벨은 주로 [dBm]으로 표현하는데, 이 단위는 1[mW]의 기준 전력에 대한 피 측정 신호의 레벨을 나타낸다.

전송선로에 있어 전압, 전류 및 전력의 절대치의 비를 나타내는 데는 그 대수를 취하여 표시하는 것이 편리하다.

대수에는 상용대수와 자연대수가 있다. 상용대수를 기초로 한 단위를 데시벨(deciBel)이라고 하며 미국, 영국, 일본, 우리나라 등에서 사용된다. 자연대수를 기초로 한 단위를 네퍼(Neper)라 하며 주로 유럽에서 사용되고 있다.

데시벨은 전기 신호의 진폭 변화나 음향 레벨 등을 표현하기 위해 사용되는 단위이며, 1[dB]이라는 양은 순수한 사인파 음의 레벨 변화로서 인간의 귀로 겨우 듣고 분간할 수 있을 정도의 변화량이다. 두 신호 사이의 데시벨 차는 그들 전력비의 상용대수 값의 10배이다.

다. 상내 단위

다음과 같이 입력과 출력을 상대적으로 전송량을 비교하는 것을 상대레벨이라 한다.

송신단의 전력 P_1, 수신단의 전력 P_2, 송신단의 전압 V_1, 수신단의 전압 V_2, 송신단의 전류 I_1, 수신단의 전류 I_2라 하면

$$\frac{I_1}{I_2}^2 = \frac{V_1}{V_2}^2 = \frac{P_1}{P_2}$$

의 관계는 동일한 임피던스가 성립되는 경우에 사용해야 하며, 그들의 데시벨[dB] 값은 다음과 같다.

$$10\ \log_{10}\frac{P_1}{P_2} = 20\ \log_{10}\frac{I_1}{I_2} = 20\ \log_{10}\frac{V_1}{V_2}[\text{dB}] \quad , \quad P_1 = P_2 10^{\frac{dB}{10}}$$

위의 식을 [Neper]로 나타내면 다음과 같다.

$$\frac{1}{2}\log_e\frac{P_1}{P_2} = \log_e\frac{I_1}{I_2} = \log_e\frac{V_1}{V_2}[\neq p]$$

위의 두 식에서 [dB]과 [Nep]는 다음의 관계가 있다.
P_1 / P_2를 X라 하면

$$\frac{dB}{\neq p} = \frac{10\log_{10} X}{\frac{1}{2}\log_e X}$$

X대신 e로 바꾸면

$$\frac{dB}{\neq p} = \frac{10\log_{10} e}{\frac{1}{2}\log_e e} = 20\log_{10} e = 8.686$$

따라서 1[dB] = 0.115[Nep], 1[Nep] = 8.686[dB]이 된다.
보통 전송분야에서는 이득은 (+), 감쇠는 (-) 값으로 표시하며, [dB]와 원래 신호의 비율은 〈표 5-1-6〉과 같다.

〈표 5-1-6〉 dB와 전력 전송비율

dB	→	%	dB	→	%	%	→	dB	%	→	dB
0.00	→	100.0	1.6	→	69.2	100.0	→	0.000	45.0	→	3.468
0.01	→	99.8	1.7	→	67.6	99.5	→	0.022	40.0	→	3.979
0.02	→	99.5	1.8	→	66.1	99.0	→	0.044	35.0	→	4.559
0.05	→	98.9	1.9	→	64.6	98.5	→	0.066	30.0	→	5.229
0.10	→	97.7	2.0	→	63.1	98.0	→	0.088	25.0	→	6.021
0.15	→	96.6	3.0	→	50.1	97.0	→	0.132	20.0	→	6.990
0.20	→	95.5	4.0	→	39.8	96.0	→	0.177	15.0	→	8.239
0.25	→	94.4	5.0	→	31.6	95.0	→	0.223	10.0	→	10.000
0.3	→	93.3	6.0	→	25.1	94.0	→	0.269	5.0	→	13.010
0.4	→	91.2	7.0	→	20.0	93.0	→	0.315	4.0	→	13.979
0.5	→	89.1	8.0	→	15.8	92.0	→	0.362	3.0	→	15.229
0.6	→	87.1	9.0	→	12.6	91.0	→	0.410	2.0	→	16.987
0.7	→	85.1	10.0	→	10.0	90.0	→	0.458	1.0	→	20.000
0.8	→	83.2	15.0	→	3.2	85.0	→	0.706	0.5	→	23.010
0.9	→	81.3	20.0	→	1.0	80.0	→	0.969	0.2	→	26.990
1.0	→	79.4	25.0	→	0.3	75.0	→	1.249	0.1	→	30.000
1.1	→	77.6	30.0	→	0.1	70.0	→	1.549	0.05	→	33.010
1.2	→	75.9	35.0	→	0.03	65.0	→	1.871	0.01	→	40.000
1.3	→	74.1	40.0	→	0.01	60.0	→	2.218	0.005	→	43.010
1.4	→	72.4	45.0	→	0.003	55.0	→	2.596	0.001	→	50.000
1.5	→	70.8	50.0	→	0.001	50.0	→	3.010	0.0001	→	60.000

$$[dB] = 10\log_{10}[\frac{P_o(\text{출력전력})}{P_i(\text{입력전력})}]$$

여러 개의 시스템이 [표 5-1-1]과 같이 세 개의 회로가 직렬로 연결되어 있는 시스템의 경우를 생각해보면 전력레벨의 전체변화는 로그 스케일을 사용하면 매우 편리하며, 각 블록의 효율들을 곱하면 다음의 식과 같이 구할 수 있다.

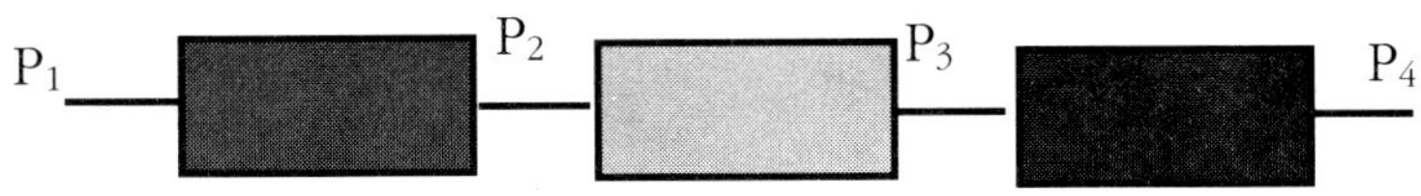

[표 5-1-1] 직렬연결의 전력 레벨

$$\frac{P_4}{P_1} = \frac{P_4}{P_3} \times \frac{P_3}{P_2} \times \frac{P_2}{P_1}$$

$$[dB] = 10\log_{10}\frac{P_4}{P_1} = 10\log_{10}\frac{P_4}{P_3} \times \frac{P_3}{P_2} \times \frac{P_2}{P_1}$$

$$[dB] = 10\log_{10}\frac{P_4}{P_3} + 10\log_{10}\frac{P_3}{P_2} + 10\log_{10}\frac{P_2}{P_1}$$

그러므로 직렬로 연결되어 있는 각 성분들의 데시벨로 계산된 개별적인 효율의 총합과 같은 것이 데시벨 단위의 장점이다.

2. 절대 단위

가. 정의

상대레벨과는 달리 입력레벨 대신에 어떤 기준 값과 비교한 레벨을 절대레벨이라 한다.

이 기준 값을 유선 계에서는 600[Ω] 회로에 1[㎽]의 전력을 공급하였을 경우의 레벨을 0레벨(0 level ; 0[dB]이라 하며, ITU에서는 "600[Ω]의 내부저항을 가진 전원이 600[Ω]의 회선 저항을 가진 회로에 1[㎽]의 전력을 송출할 때를 0레벨로 한다."고 규정하고 있다.

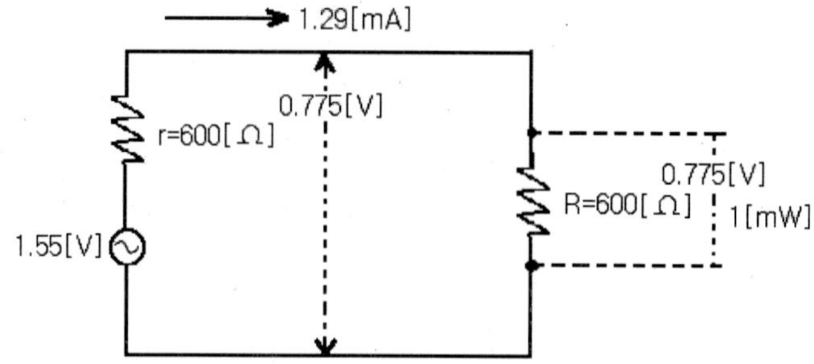

[표 5-1-2] 0[dBm]의 정의

$$P = VI = I^2R = \frac{V^2}{R} \text{에서 } I = \sqrt{\frac{P}{R}}, \ V = IR \text{이므로}$$

일반 전송로에서 특성 임피던스가 600[Ω]인 회로에 1[㎽]를 공급하면 전류 I는 1.29[mA], 전압 V는 0.775[V]가 된다. TV 방송의 동축 계에서는 75[Ω], 무선 계에서는 50[Ω]의 특성 임피던스를 기준으로 하고 있다. 75[Ω] 회로에 1[㎽]를 공급하면 전류는 3.65[mA], 전압은 0.274[V]가 되며, 50[Ω] 회로에 1[㎽]를 공급하면 전류는 4.47[mA], 전압은 4.47[mA]가 된다.

〈표 5-1-7〉 특성 임피던스별 절대레벨의 전압과 전류

임피던스	전압	전류	적용
600[Ω]계	0.775[V]	1.29[mA]	2선식, 4선식 전송로
75[Ω]계	3.65[mA]	3.65[mA]	TV방송, CATV
50[Ω]계	4.47[mA]	4.47[mA]	무선통신

나. 절대레벨의 단위

(1) dBm : 600(75, 50)[Ω]의 내부저항을 갖는 전원이 600(75, 50)[Ω]의 부하에 공급하는 전력이 1[㎽]일 때를 기준으로 환산한 레벨, 광통신에서 일반적으로 많이 사용한다.

(2) dBμ : 600(75, 50)[Ω]의 내부저항을 갖는 전원이 600(75, 50)[Ω]의 부하에 공급하는 전력이 1[㎼]일 때를 기준으로 환산한 레벨.

(3) dBW : 600(75, 50)[Ω]의 내부저항을 갖는 전원이 600(75, 50)[Ω]의 부하에 공급하는 전력이 1[W]일 때를 기준으로 환산한 레벨

각 단위에 대한 절대 레벨은 다음의 식으로 계산할 수 있으며 그 관계는 〈표 5-1-8〉과 같다.

$$X\,[dBm] = 10\log_{10}\frac{측정전력}{1\,[mW]}$$

$$X\,[dB\mu] = 10\log_{10}\frac{측정전력}{1\,[\mu W]}$$

$$X\,[dBW] = 10\log_{10}\frac{측정전력}{1\,[W]}$$

〈표 5-1-8〉 [mW]와 [dBW], [dBm], [dBμ] 관계

전력	[dBW]	X[dBm]	Y[dBμ]
1[pW]	-120[dBW]	-90[dBm]	-60[dBμ]
5[pW]	-113[dBW]	-83[dBm]	-53[dBμ]
10[pW]	-110[dBW]	-80[dBm]	-50[dBμ]
50[pW]	-103[dBW]	-73[dBm]	-43[dBμ]
100[pW]	-100[dBW]	-70[dBm]	-40[dBμ]
500[pW]	-93[dBW]	-63[dBm]	-33[dBμ]
1[nW]	-90[dBW]	-60[dBm]	-30[dBμ]
5[nW]	-83[dBW]	-53[dBm]	-23[dBμ]
10[nW]	-80[dBW]	-50[dBm]	-20[dBμ]
50[nW]	-73[dBW]	-43[dBm]	-13[dBμ]
100[nW]	-70[dBW]	-40[dBm]	-10[dBμ]
500[nW]	-63[dBW]	-33[dBm]	-3[dBμ]
1[μW]	-60[dBW]	-30[dBm]	0[dBμ]
5[μW]	-53[dBW]	-23[dBm]	7[dBμ]
10[μW]	-50[dBW]	-20[dBm]	10[dBμ]
50[μW]	-43[dBW]	-13[dBm]	17[dBμ]
100[μW]	-40[dBW]	-10[dBm]	20[dBμ]
500[μW]	-33[dBW]	-3[dBm]	27[dBμ]

전력	[dBW]	X[dBm]	Y[dBμ]
1[mW]	-30[dBW]	0[dBm]	30[dBμ]
5[mW]	-23[dBW]	7[dBm]	37[dBμ]
10[mW]	-20[dBW]	10[dBm]	40[dBμ]
50[mW]	-13[dBW]	17[dBm]	47[dBμ]
100[mW]	-10[dBW]	20[dBm]	50[dBμ]
500[mW]	-3[dBW]	27[dBm]	57[dBμ]
1[W]	0[dBW]	30[dBm]	60[dBμ]
5[W]	7[dBW]	37[dBm]	67[dBμ]
10[W]	10[dBW]	40[dBm]	70[dBμ]
50[W]	17[dBW]	47[dBm]	77[dBμ]
100[W]	20[dBW]	50[dBm]	80[dBμ]
500[W]	27[dBW]	57[dBm]	87[dBμ]
1[kW]	30[dBW]	60[dBm]	90[dBμ]

$$X\,[\mathrm{dBm}] = Y - 30,\; Y\,[\mathrm{dB\mu}] = X + 30$$

〈표 5-1-9〉 기본 로그 값

$\log_{10}1 = 0$	$\log_{10}10 = 1$	$\log_{10}0.1 = -1$
$\log_{10}2 = 0.3010$	$\log_{10}100 = 2$	$\log_{10}0.01 = -2$
$\log_{10}3 = 0.4771$	$\log_{10}1{,}000 = 3$	$\log_{10}0.001 = -3$
$\log_{10}4 = 0.6020$	$\log_{10}10{,}000 = 4$	$\log_{10}0.0001 = -4$
$\log_{10}5 = 0.6989$	$\log_{10}100{,}000 = 5$	$\log_{10}0.00001 = -5$
$\log_{10}6 = 0.7781$	$\log_{10}1{,}000{,}000 = 6$	$\log_{10}0.000001 = -6$
$\log_{10}7 = 0.8450$	$\log_{10}10{,}000{,}000 = 7$	$\log_{10}0.0000001 = -7$
$\log_{10}8 = 0.9030$	$\log_{10}100{,}000{,}000 = 8$	$\log_{10}0.00000001 = -8$
$\log_{10}9 = 0.9542$	$\log_{10}1{,}000{,}000{,}000 = 9$	$\log_{10}0.000000001 = -9$
$\log_{10}10 = 1$	$\log_{10}10{,}000{,}000{,}000 = 10$	$\log_{10}0.0000000001 = -10$

〈표 5-1-10〉 수신 음성의 전력 레벨과 통화 품질의 관계

수신 음성의 전력 레벨	통화 품질의 평가
+10[dBm]	수화기를 귀에 밀착하면 아픔을 느껴 청화가 불가능하다.
0[dBm]	수화기를 귀에 대면 조금 아픔을 느낀다.
-10～-20[dBm]	통화 상태가 양호하다.
-30[dBm]	통화는 가능하나 약간 먼 느낌이 있다.
-40[dBm]	수화음량이 작아서 통화상태가 불량하나 통화내용은 이해할 수 있다.
-65[dBm]이하	통화 내용을 알아들을 수 없다.
-85[dBm]이하	통화의 내용은 물론이고 소리가 발생하고 있는지를 인식하기 어렵다.

다. 잡음측정 단위와 기타 단위

(1) [dBr] : 상대 dB(relative deciBel)의 뜻으로 전송계의 기준점과 비교점의 전력비를 상대레벨로 표시한 것

(2) [dBrn] : dB above reference noise의 뜻으로 잡음의 절대 비교치를 -90[dBm](10-9[mW])으로 하여 이에 비해 잡음이 얼마만큼 되는지를 나타낸 단위, 잡음 90[dBrn] = 0[dBm], 잡음 0[dBrn] = -90[dBrn]이다.

$$[\mathrm{dBrn}] = 10\log_{10}\frac{측정전력[\mathrm{mW}]}{10^{-9}[\mathrm{mW}]}$$

(3) [dBrnc] : 잡음의 절대 비교치를 -90[dBm](10-9[mW])으로 하고 C-message 여파기를 사용하여 측정한 잡음의 단위로 벨 시스템에서 사용한다.

(4) [dBrnc0] : 잡음의 절대 비교치를 -90[dBm](10-9[mW])으로 하고 0 상대 레벨 점을 기준으로 C-message 여파기를 사용하여 측정한 절대 평가 잡음의 단위로 벨 시스템에서 사용된다.

(5) [dBm0] : dB를 단위로 하고 0 상대 레벨 점을 기준 점으로 측정한 절대 레벨 단위를 표시하며, ITU에서 사용한다.

(6) [dBm0p] : dB를 단위로 하고 0 상대 레벨 점을 기준 점으로 psophometric weighting 여파기를 사용하여 측정한 절대 평가 잡음 단위로 ITU에서 사용한다.

(7) [dBa] : 조정 dB(adjusted deciBel)의 뜻으로 -82dBm의 점을 기준으로 하며, 잡음 평가 회로를 통하여 측정된 잡음의 평가 레벨을 표시한다.

3. 소자의 각종 손실

가. 각종 광 손실

일반적으로 분배기나 분기기는 입력단자와 분배단자 또는 분기단자, 출력단자와의 전력의 차이가 발생한다. 각종 손실은 [그림 5-1-3]과 같이 각종 손실을 정의한다.

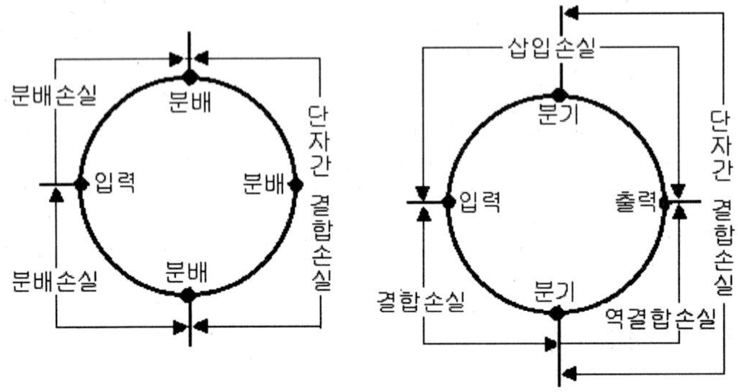

[그림 5-1-3] 분배기와 분기기의 손실 정의

① 분배손실 : 입력단자에 신호를 가했을 때 그 입력 레벨과 분배단자에 나오는 출력 레벨과의 차

② 결합손실 : 입력단자에 신호를 가했을 때 그 입력 레벨과 분기단자에 나오는 출력 레벨과의 차

③ 역 결합손실 : 분기단자에 신호를 가했을 때 그 입력 레벨과 간선의 출력단자에서 나오는 출력 레벨과의 차를 나타낸다.

④ 단자 간 결합 : 분배 혹은 분기단자가 2개 이상 있는 것으로 그 중 하나의 단자에 신호를 가했을 때 그 입력 레벨과 다른 하나의 단자에서 나오는 출력 레벨과의 차

⑤ 삽입손실 : 입력단자에 신호를 가했을 때 그 입력 레벨과 출력단자에 나오는 출력 레벨과의 차

⑥ 삽입손실(insertion loss) : 커넥터나 결합기, 접속기 등과 같은 광 부품의 첨가로 생기는 전체 광 전력 손실

광부품의 어떤 단자 사이에 있어서 광 전력의 입출력의 비를 나타내는 양으로 광 수동부품의 기능을 나타내거나, 특성 량을 정의하기 위해 사용된다.

광 부품에는 광을 입력, 출력 혹은 그 양쪽을 행하는 단자가 있다. [표 5-1-9]에서와 같이

단자 j만으로 광 전력 P_j를 입사했을 경우, 단자 i에서 출사되는 광 전력을 P_i라 한다. 전달계수(transfer coefficient)는 다음 식과 같이 정의된다.

$$T_{ij} = \frac{P_i}{P_j}$$

복합 원리가 성립된 것이라 하면, 즉 j = 1, 2, 3…의 단자에 동시에 광이 입사된 경우 단자 i에 출사되는 광 전력은

$$P_i = T_{i1}P_1 + T_{i2}P_2 + T_{i3}P_3 + ... + T_{ij}P_j + ... + T_{in}P_n$$

되는 크기로 출사된다. 이와 같은 경우, 입력 및 출력은 n×n의 정방의 행렬로 관계되고 물리학의 산란 행렬과 같은 개념인 것이다. 광의 증폭 혹은 광의 간섭 등이 생기지 않는다면 이와 같은 관계가 성립된다.

전달계수를 [dB]로 표시한 것을 광 수동부품에 있어서 광 손실이라 한다.

$$광손실 = -10\log\frac{P_i}{P_j}[dB]$$

이 광 손실에 의해 광 수동부품의 기능과 특성량의 정의가 이루어진다. 예를 들면, 광 분기 결합기는 T_{ij}에 파장의존성(파장선택성)이 없는 것 광 분파 · 합파기는 T_{ij}에 파장의존성(파장선택성)이 있는 것, 광 스위치는 T_{ij}가 다른 값으로 제어되어 유지되는 것, 광 감쇠기는 의도적으로 T_{ij}(1로 되는 것, 아이솔레이터는 T_{ij}가 광의 입사방향에 의해 다른 것, 즉 T_{ij}=1, T_{ij}=0으로 하는 것 등과 같이 설명된다.

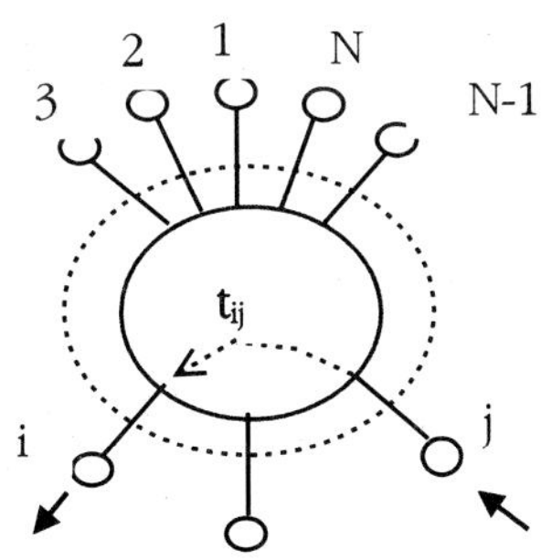

전달계수 $T_{ij} = P_i/P_j$

[그림 5-1-4] 광부품의 기본적인 특성량

단자 j에 광을 입사하고 단자 i에 광이 전달될 경우, 삽입손실은 다음과 같이 정의된다.

$$광손실 = -10\log\frac{P_i}{P_j}[dB]$$

반드시 단자 i와 j사이에서 100[%]의 광 전력의 전달을 의도하는 것은 아니다. 예를 들면 입력단자에서 i, 출력단자 y 및 k의 3개의 단자에서 1:1의 광 분기에서는 50[%]씩 2개의 출사단자로 광 전력이 전달되는 것이 이상적이므로 단자 j에 입사된 광 전력의 50[%]가 각각 단자 j 및 k에 전달되는 것이 가능한 한 손실이 없다는 의미이다.

⑦ 과잉손실(excess loss)

광 부품의 j 단자에 광을 입사하고, i 단자도 포함하여 각 단자에서 출사되는 광 전력을 P_1, P_2, P_3,……, P_N이라 하면, 광의 증폭이 없기 때문에 다음과 같이 된다.

$$P_i \geq P_1+P_2+P_3+\cdots\cdots+P_N$$

다음 식에서 정의되는 광 손실을 과잉손실이라고 한다.

$$과잉손실 = -10\log\frac{(P_1+P_2+P_3+......+P_N)}{P_i}[dB]$$

입사된 광이 어느 정도 유효하게 각 단자에서 출사되어, 전송로 등에 출사되어 전달되고 있는가 하는 것을 나타낸다. 삽입손실은 가능한 한 과잉손실이 적게 되었을 때의 성능이다. 감쇠량은 과잉 손을 의도적으로 준 경우의 특성이다.

⑧ 반사감쇠(return loss)

전송 계에 임피던스 부정합에서 전력의 반사가 일어나 입사전력의 일부가 반사전력이 된다. 입사전력과 반사전력의 비를 반사 감쇠량이라고 하며 다음의 식과 같이 나타낸다.

$$반사감쇠량 = 10\log_{10}\frac{입사전력}{반사전력}[dB]$$

입사전력에서 반사전력을 뺀 것을 투과전력이라고 하며 입사전력과 투과전력의 비를 투과감쇠량이라고 하며 다음의 식과 같이 나타낸다.

$$투과감쇠량 = 10\log_{10}\frac{입사전력}{투과전력}[dB]$$

⑨ 광 커플러의 특성 정의

[표 5-1-4] 광 커플러의 특성

㉠ through port/cross port

P_1포트에서 입사한 광이, P_3포트와 P_4포트에 분기되면

P_1포트에 대해서, P_3는 through port이고 P_4는 cross port이다.

P_2포트에 대해서, P_3는 cross port이고 P_4는 through port이다.

㉡ 방향성

입사광에 대하여 광섬유 커플러 내에서 산란한 광이 입력의 다른 포트에 되돌아 온 감쇠량의 비율

$$\text{방향성} = -10\log_{10}\frac{P_2}{P_1}$$

㉢ 결합도(%)

cross port에 광의 결합한 비율(분기 비)

$$\text{결합도} = \frac{P_4}{P_3+P_4}\times 100 \ (P_1 \text{ 포트에 대해서})$$

㉣ 삽입손실[dB]

입출력 포트간의 손실

$$P_1 \rightarrow P_3 : -10\log_{10}\frac{P_3}{P_1} \qquad P_1 \rightarrow P_4 : -10\log_{10}\frac{P_4}{P_1}$$

㉤ 두과 포트/차단 포트

P_1포트에서 입사한 1.31[㎛]와 1.55[㎛]의 광이 P_3포트에 1.55[㎛], P_4포트에 1.3[㎛]으로 분파되면

P_1포트에 1.31[㎛]의 광을 입사한 경우, P_3는 차단 포트, P_4는 투과 포트

P_1포트에 1.55[㎛]의 광을 입사한 경우, P_3는 투과 포트, P_4는 차단 포트

P_2포트에 1.31[㎛]의 광을 입사한 경우, P_3는 투과 포트, P_4는 차단 포트

P_2포트에 1.55[㎛]의 광을 입사한 경우, P_3는 차단 포트, P_4는 투과 포트

나. 각종 광 손실의 계산 예

(예제1)

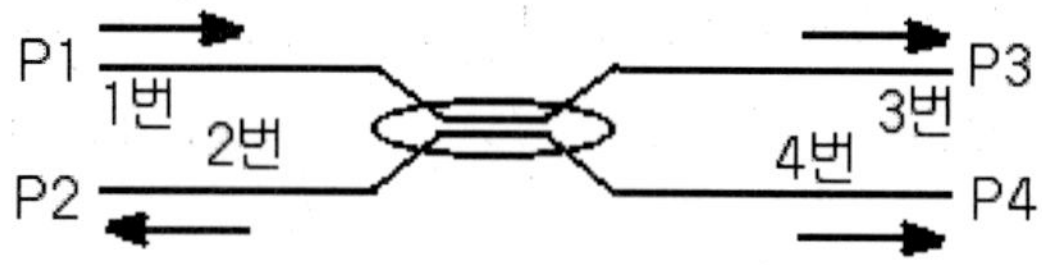

[그림 5-1-5] 광 커플러의 특성

① 과잉손실 $= -10\log_{10}\dfrac{P_3+P_4}{P_1}$[dB]

② 분기비 $= \dfrac{P_4}{P_3+P_4}\times 100$[%]

2번 단자에 광을 입력한 경우, 분기비 $= \dfrac{P_3}{P_3+P_4}\times 100$[%]

③ 분기손실 $= -10\log_{10}\dfrac{P_4}{P_3+P_4}$[dB]

㉠ 1번 포트에서 3번 포트에의 분기손실, 분기손실 $= -10\log_{10}\dfrac{P_3}{P_3+P_4}$[dB]

㉡ 1번 포트에서 4번 포트에의 분기손실은, 분기손실 $= -10\log_{10}\dfrac{P_4}{P_3+P_4}$[dB]

④ 삽입손실 = 과잉손실 + 분기손실[dB]

⑤ 온도 안정성과 편광 안정성은 온도 또는 직선 편광의 입사 각도를 변화시켰을 때의 분기비의 변화량이다.

⑥ 지향성(directivity) $= 10\log_{10}\dfrac{P_2}{P_1}$[dB]

(예제 2) WDM 소자

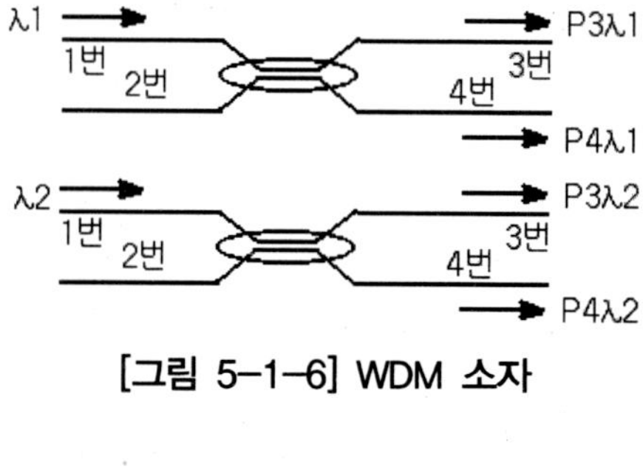

[그림 5-1-6] WDM 소자

① 1번 단자에 파장 λ_1의 광을 입사시켜, 3번 단자와 4번 단자에 출력된 경우와 파장 λ_2의 광을 같은 방법으로 입 · 출력한 경우

파장분리도 = $\left|10\log_{10}\frac{P_4\lambda_1}{P_3\lambda_1}\right|$과 $\left|10\log_{10}\frac{P_4\lambda_2}{P_3\lambda_2}\right|$ 의 작은 값

② 삽입손실 = 과잉손실 + 분기손실[dB]

③ 온도 안정성과 편광 안정성은 온도 또는 직선 편광의 입사 각도를 변화시켰을 때의 분기비의 변화량이다.

(예제 3) 광스타 커플러

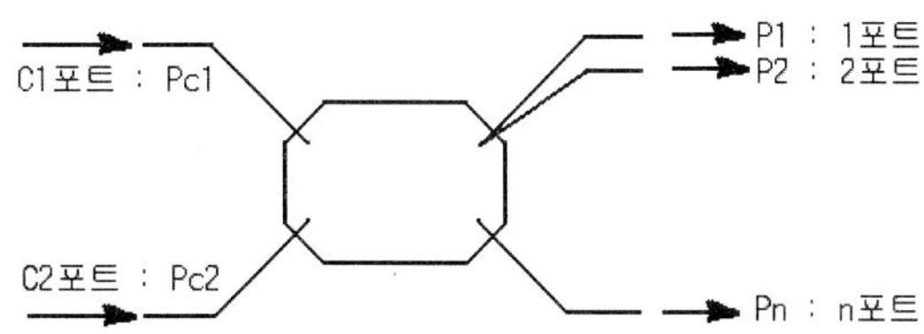

[그림 5-1-7] 광스타 커플러

① 삽입손실 $= -10\log_{10}(\frac{P_m}{P_{c1}})$: m = 1~n

② 균일성 = (삽입손실 최대치) - (삽입손실 최소치)

③ 지향성 = 1~n 포트에서 입사한 경우의 1~n 포트에의 누설 광의 손실

(예제 4) 광 커플러

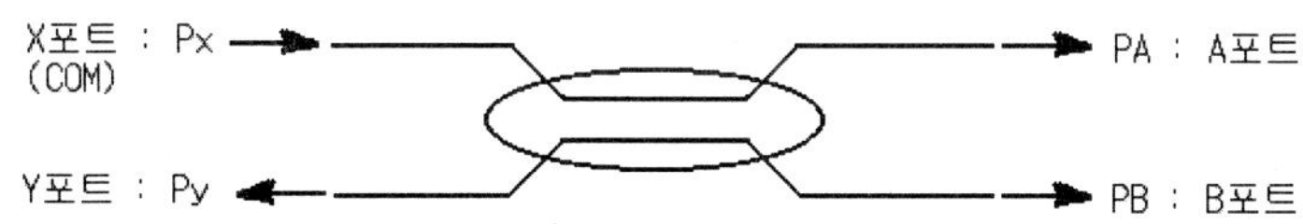

[그림 5-1-8] 광 커플러

① 삽입손실 = $-10\log_{10}(\frac{P_A}{P_x})$, $-10\log_{10}(\frac{P_B}{P_x})$[dB%]

② 과잉손실 = $-10\log_{10}(\frac{P_A+P_B}{P_x})$[dB]

③ 분기비 = $(\frac{P_A}{P_A+P_B})\times 100$[%]

④ 지향성 = $10\log_{10}(\frac{P_y}{P_x})$[dB]

(예제 5) 광합파기

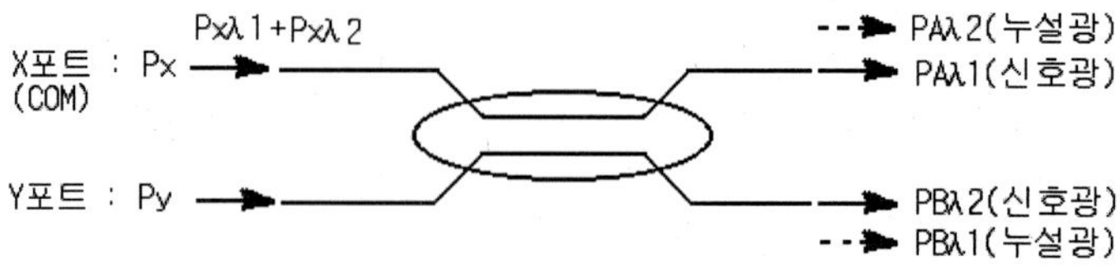

[그림 5-1-9] 광합파기

① 삽입손실 $= -10\log_{10}(\frac{P_A\lambda_1}{P_x\lambda_1}),\ -10\log_{10}(\frac{P_B\lambda_2}{P_x\lambda_2})[dB]$

② 파장아이솔레이션 $= 10\log_{10}(\frac{P_A\lambda_2}{P_x\lambda_2}),\ 10\log_{10}(\frac{P_A\lambda_1}{P_x\lambda_1})[dB]$

(예제 6) 파장선택 필터

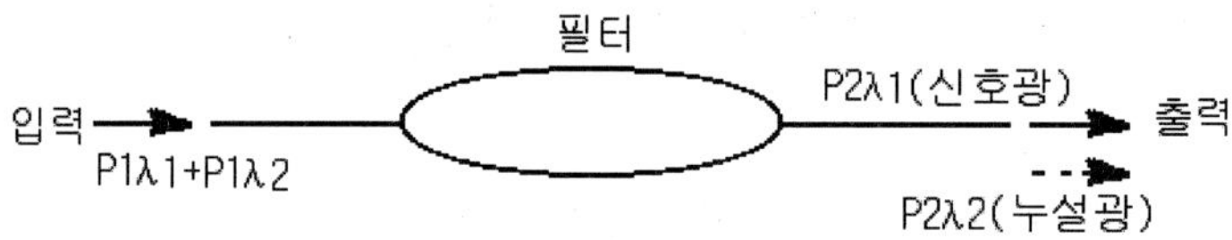

[그림 5-1-10] 광 파장선택 필터

① 삽입손실 $= -10\log_{10}(\frac{P_2\lambda_1}{P_1\lambda_1})[dB]$

② 파장아이솔레이션 $= 10\log_{10}(\frac{P_2\lambda_2}{P_1\lambda_2})[dB]$

4. 광통신의 측정

광통신이 이용되는 분야는 대단히 넓다. 전화회선의 경우 장거리의 대용량 전송으로부터 근거리의 중 용량 전송, 가입자계의 적용, 또는 해저전송에 있어서의 이용 등 매우 광범위하게 적용된다. 또한 산업용에 있어서도 전기적인 환경 조건이 나쁜 전력, 철도 관계에의 이용, 컴퓨터간의 데이터 전송에의 이용, 항공기, 자동차 등 이동체 내의 적용 등 여러 분야에 이용이 되고 있다. 이러한 광섬유 통신 시스템을 고효율, 고 신뢰성을 갖게 이용하기 위해서는 그 설치 및 유지 보수 시에 각종 특성의 측정이 불가피하다.

광통신에 있어서 가장 주된 측정은 다음과 같다.

광 전력과 광섬유의 손실 측정에는 광 전력계(optical power meter), 고장 지점 탐색과 접속 손실의 측정에는 OTDR(optical time domain reflectometer), 손실 파장의 측정에는 손실 파장 특성 장치, 전송대역의 베이스밴드 특성에는 계단 굴절형 광섬유용 파장 분석 장치와 언덕 굴절형 광섬유용 베이스밴드 특성 장치, 광 파장의 측정에는 광 파장계, 광 스펙트럼의 측정에는 광 스펙트럼 분석기가 사용된다.

〈표 5-1-5〉 각종 측정항목

	측정 항목	측정 장비
1	광 전력	광 전력계(optical power meter) 광파장계(optical wavelength meter)
2	손실/접속 손실	광 전력계+광원/OTDR.
3	장해점/거리	OTDR.(optical time domain reflectometer)
4	파장	광파장계/스펙트럼 분석기(spectrum analyzer)
5	광 손실-파장	광 손실-파장 특성 측정 시스템
6	베이스밴드 특성/색 분산	베이스밴드 특성 측정 시스템(E/O+O/E) 파장분산 측정 시스템

가. 투과법

광 전력 및 광 손실의 측정 시 센서의 파장 감도 특성은 파장에 따라 센서의 감도가 다르므로 파장 감도가 다른 센서로 광을 측정하면 실제의 광 레벨과 다른 측정치가 표시된다.

이 측정기의 오차를 보정하기 위해서 광 전력계에 파장 감도의 보정이 필요하다. 단파장용으로는 Si 포토다이오드, 장파장용으로는 Ge 포토다이오드 및 InGaAs 포토다이오드를 사용하는 센서가 있으며 용도에 맞게 센서를 선정하여야 한다.

광 손실의 측정방법에는 ① 투과법(transmission method)과 ② 후방 산란법(back scattering method)의 두 종류가 있으며 투과법에는 삽입법(insertion method)과 컷백법(cutback method)가 있다.

투과법은 광원과 광 전력계를 사용하여 측정하는 방법으로 광섬유 케이블의 한쪽 끝에 광원을 연결하고, 또 다른 쪽 끝에는 광력계를 접속하여 광이 광섬유를 통과하는 동안의 감쇠량을 측정하는 것으로 삽입법과 컷백법이 있다.

(1) **삽입법**(insertion method)

광원과 광력계 사이에 피 측정 광섬유를 삽입해 그 감쇠량을 측정하는 방법으로, 이 방법은 측정이 간단하고 단시간에 측정할 수 있는 장점이 있으나 광섬유 접속점의 접속점 측정 정확도가 떨어지는 단점이 있다.

(2) **절단법**(cutback method)

우선 광원과 광력계를 접속하여 측정한 다음 피 측정 광섬유의 일부를 절단해 그것을 접속해 다시 측정을 행하여 이 2개의 측정치의 비교법에 따라 감쇠량을 산출하는 것이다. 광섬유 접속점의 접속 손실을 제외시킬 수 있으므로 고정도의 측정이 가능한 장점이 있으나 정확한 광섬유의 절단이 필요하므로 측정 시간이 걸린다는 단점이 있다.

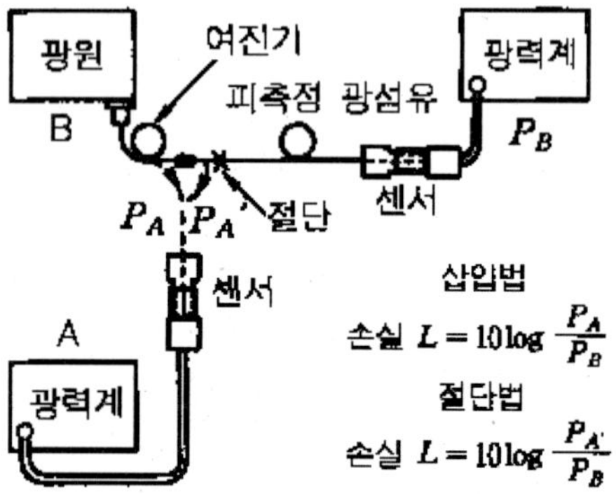

[그림 5-1-11] 삽입법과 절단법

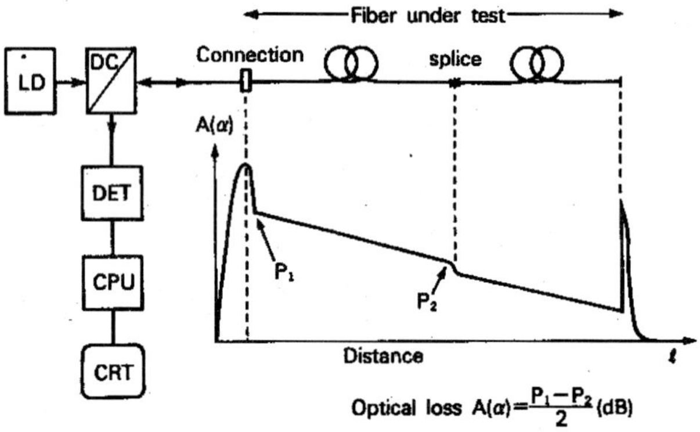

[그림 5-1-12] 후방 산란법

나. 후방 산란법

후방 산란법이란 피 측정 광섬유의 한쪽 끝단에서 광 펄스를 입사해 광섬유내의 레일리 산란에 의해 발생하는 반사광의 레벨을 검출하여 광 손실을 측정하는 방법으로 광섬유의 한쪽 끝에서만 측정을 행하므로 측정 능률이 높고 광섬유의 길이에 대한 광 손실의 분포를 바로 볼 수 있다. 대부분의 OTDR은 연산 처리부가 한쪽의 손실을 환산하므로 그 값들을 바로 읽을 수 있다.

투과법과 후방산란법의 특징은 〈표 5-1-6〉과 같다.

〈표 5-1-6〉 투과법과 절단법의 비교

		측정 정확도	측정의 용이성	가격, 성능
투과법	삽입법	○	○	◎
	컷백법	◎	△	○
후방산란법		○	◎	○

◎ : 우수, ○ : 양호, △ : 보통

다. 여진기

광섬유의 광 손실, 접속 손실 등을 측정하는 경우 피 측정 광섬유를 정상모드 분포로 하여야 한다. 정상모드 분포란 일반적으로 다중모드 광섬유에 입사된 광이 수백[m] 이상 전파했을 때, 전파모드가 정상이 되어 그 이상 전파하여도 전혀 변화하지 않는 상태를 말한다.

또한 광원으로 반도체 레이저 및 발광 다이오드 등을 이용한 경우 광의 출사 패턴에 따라 입사 단으로부터 수십~수백[m]에 걸쳐 정상모드 이외의 고차모드가 광섬유 내를 전파한다.

광 손실을 측정하는 경우 입사단의 광 전력으로서 고차모드를 포함하고 있으므로 정상모드를 얻기 위해 각종 여진 방법은 〈표 5-1-7〉과 같다.

가장 많이 사용되고 있는 방법으로는 의사 광섬유를 사용하며, 광원과 피 측정 광섬유 간에 삽입시키는 방법과 광섬유를 적당한 피치로 S자형으로 구부려 적당한 직경으로 수회 감아 전파모드를 조정하는 방법과 특수한 여진 전용의 광섬유 코드를 쓰는 방법으로 SI(step index)형과 GI(graded index) 광섬유를 섞어가며 접속시킨 GSG, SGS법 등이 있나.

〈표 5-1-7〉 입사 여진기

종류	구성 방법
마이크로밴딩 (micro-bending)	에폭시 레진 경화(epoxy resin hardening) 파형판 밀기(waveform plate pushing) 튜브(tube) 고무 밀기(rubber pushing)
구부림 (bending)	사인파 구부림(sine wave bending) 8자형태(8-figure shape)
광섬유 (optical fiber)	S여진기(S exciter) SGS여진기(SGS exciter) GSG여진기(GSG exciter) 의사 광섬유(dummy fiber) 피그테일 광섬유(pig tail fiber)

5-2 컷백법에 의한 손실 측정

컷백법(cut back method)은 광 손실의 측정법의 하나이다. [그림 5-2-1]과 같이 피 측정 광섬유에 광을 입사하고, 투과광의 전력 Pout(λ)를 측정한다. 다음으로 입사단에서 1~2[m] 지점에서 광섬유를 절단하여 광 전력 Pin(λ)를 측정한다. 이 부분이 컷백(cut back)이라고 하는 부분이다. 이 2개의 측정에서 손실은 다음 식으로 산출된다.

$$\alpha(\lambda) = -10\log\frac{P_{out}(\lambda)}{P_{in}(\lambda)}[\text{dB}]$$

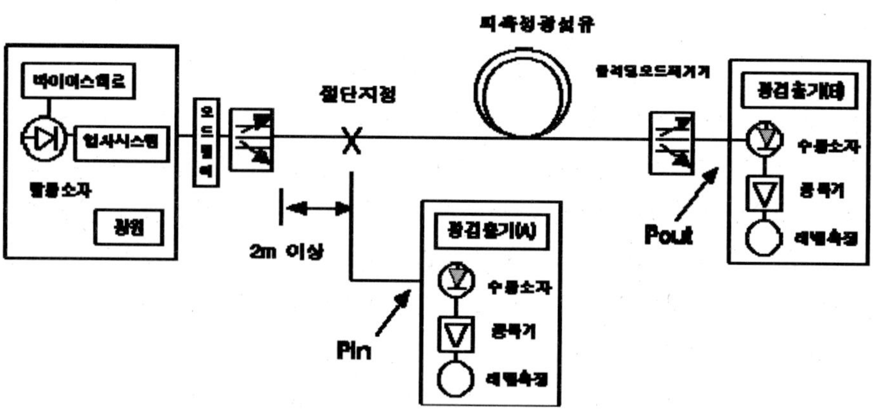

[그림 5-2-1] 컷백법에 의한 손실 측정

다중모드 광섬유의 손실은 실제로 전파하는 모드분포에 따라 다르므로 측정에 있어서는 여진 모드분포가 규정된다. 여진기는 규정되는 여진 모드분포의 광을 광섬유에 입사시키는 것이다. 석영계 광섬유의 손실측정에서는 정상모드분포로 여진하는 것이 규정되고 있다. 정상모드분포 여진에서 광섬유의 손실이 측정되면 광섬유를 몇 가닥 접속하여 전송로를 구성할 때, 전송로 전체의 손실이 거의 측정된 각 광섬유의 손실이 가산된 값과 거의 같아진다.

단일모드 광섬유의 손실측정에서는 기본 모드뿐만 아니라 다른 모드도 전파하기 때문에, 기준파워 Pin(λ)의 측정에 영향을 미치지 않도록 필요한 클래딩 모드를 제거한다. 정확히 측정되어 정의대로 손실이 측정되고, 실험실에 있어서 평가 또는 제조라인에 있어서 검사 등에 적용되지만, 컷백하기 때문에 포설된 광케이블 등의 측정에는 사용되지 않는다.

1. 발광소자

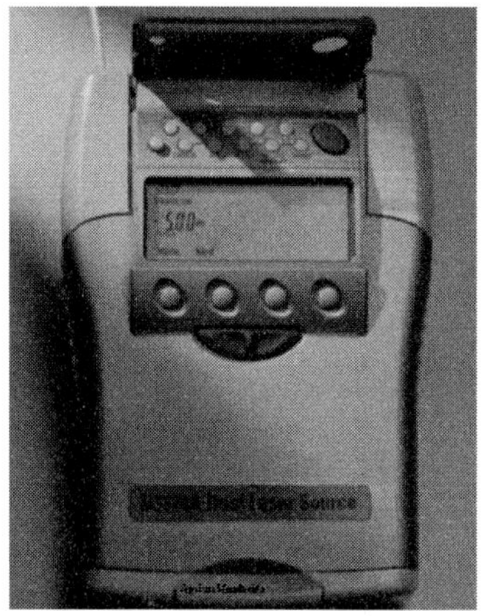

[그림 5-2-2] 광원의 외관도

가. 요구특성

① 고출력일 것

② 광섬유와의 결합성이 좋을 것

③ 응답속도가 빠를 것

④ 발광파장이 광섬유의 저 손실 영역에 있을 것

⑤ 스펙트럼 폭이 좁을 것

⑥ 광 출력-전류 특성의 직선성이 좋을 것

⑦ 온도의 변화에 의한 광 출력의 변동이 적은 것

⑧ 신뢰성이 높을 것 등이 요구되고 있다. 이와 같은 요구를 만족시키는 소자로는 반도체 레이저 및 발광 다이오드가 있다.

발광 다이오드(LED, light emitting diode)는 중 · 소용량의 통신에 사용되고 반도체 레이저(LD, Laser Diode)는 주로 장거리 통신에 사용되고 있다.

발광 원리로는 LD 발광은 유도방출(stimulated emission), LED가 자연방출(spontaneous emission)으로 인한 것이라는 점이 다르다.

나. LED의 특징

(1) 전류 - 광 출력 특성이 직선성을 가지므로 아날로그 변조에 적합하다.

(2) LD에 비교해서, 현시점에서는 저가격이고 신뢰성이 우수하다.

(3) 응답속도가 늦어 고속전송에는 부적합하다.

(4) 광 출력이 -10[dBm] 정도로 LD에 비해 소 출력이다.

다. LD의 특징

(1) 광 출력이 수[dBm] 이상으로 고출력 발광이 가능하다.

(2) 응답속도가 빠르므로, 고속전송에 적합하다.

(3) 발진 스펙트럼(spectrum) 폭이 작아(수[㎚] 정도), 재료분산, 구조분산의 영향이 적으므로 광대역 전송이 가능하다.

레이저라 함은 Light Amplification by Simulated Emission of Radiation(유도방출에 의한 광의 증폭이라는 뜻)의 머리글자를 취한 것이다.

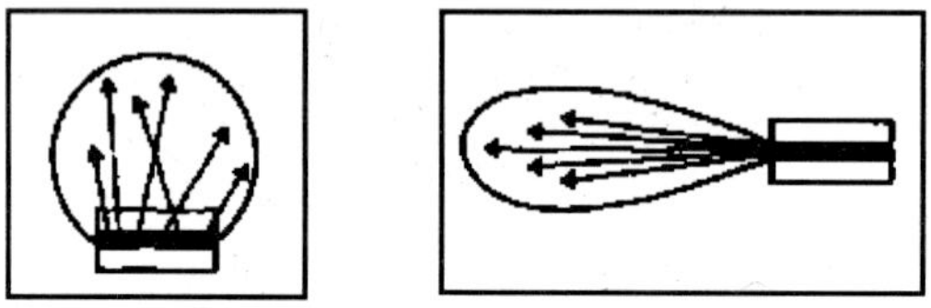

[그림 5-2-3] LED와 LD의 방출 특성

라. 스펙클 폭

광섬유 재료가 균일한 매질이더라도 광의 파장에 따라 굴절률이 달라 파장에 따라 전파속도 다르게 된다. 이 굴절률의 파장 의존성과 프리즘에 의한 광의 분광은 무지개에서 잘 알 수 있다. 광섬유 통신에서 사용되는 광은 단일파장이 아니고 작기는 하나 파장이 넓은 상태로 스펙클(speckle) 폭을 갖고 있어, 파장에 의한 전파속도는 다르며(파장이 길게 되면 굴절률이 작아지고, 전파속도는 커진다), 모드분산과 같이 대역을 제한하는 요인이 된다. 이것은 파장분산 중 재료분산이다.

이 스펙클 폭은 파장분산의 크기를 결정하는 요인의 하나이고, 응답속도가 늦고 스펙클 폭이 작은 반도체 레이저 측이 고속 동작에 적합하다.

〈표 5-2-1〉 각종 반도체의 스펙클 폭

항목 소자	0.85[㎛]대 GaAlAs LED	1.3[㎛]대 InGaAsP LD
출력	1[mW]	1[mW]
변조 속도	10[Mb/s]	수[Gb/s]
스펙클 폭	40[㎚]	5[㎚]

마. 광원과 광섬유의 결합

일반적으로 발광 소자에서 출사되는 광은 회절현상에 의해 확산되는 것이며, 10~50[㎛]의 코어 직경에 효율 좋게 입사시키는 것은 극히 어렵다. 이 때문에 발광소자와 광섬유의 결합에는 렌즈를 사용해 광을 조여 넣는다.

[그림 5-2-4]는 발광소자와 광섬유의 결합을 나타낸 것이다. 코어 내에 광을 입사시키기 위해서는, 광섬유의 수광각보다 작은 범위내의 각도로 입사시킬 필요가 있다. 예를 들어, 점선과 같이 수광각보다 큰 각도로 광을 입사해도 클래딩 층으로 빠져나가 버린다. 그렇기 때문에 렌즈를 수광소자에 접근시키면 되지만 역으로 너무 접근시키면 발광 원의 상이 확대되어, 광섬유의 코어 직경 이상으로 확대되어 버리므로 결합효율의 저하를 초래하게 된다. 이 때문에 사용 렌즈의 고안이나 렌즈와 발광소자 및 광섬유의 거리에 대한 세밀한 조정이 필요하게 된다. 실제로는 결합부분을 진동, 온도 · 습도 등의 변화에 대응하도록 발광소자, 결합렌즈, 광섬유를 일체화하고 있으며, 이것을 모듈(module)이라고 한다. 발 · 수광 소자의 사용 영역은 〈표 5-2-2〉와 같다.

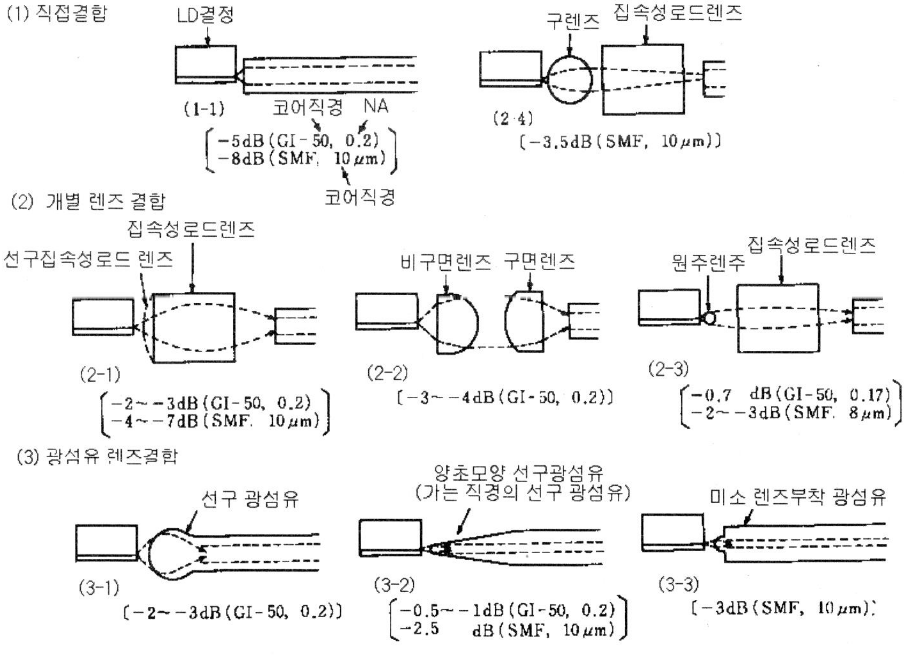

[그림 5-2-4] 발광소자와 광섬유의 결합

〈표 5-2-2〉 발 · 수광소자의 종류와 적용영역

종류	소자명	특징	적용 영역
발광소자	LD	소형, 저 전력, 고 신뢰성, 저출력	공중통신 일반 측정기
	LED	소형, 저 소비전력, 고 신뢰성, 저출력	단거리 통신, 아날로그 전송
	기체 레이저	고출력, 대형	공간 전파 방식
	고체 레이저	고출력, 대형	측정기
수광소자	PD	소형, 저감도, 저 소비전력	단거리통신
	APD	소형, 고감도, 저 소비전력	공중통신 일반
	광전관	대형, 고감도	측정기

2. 광원의 기능과 특징

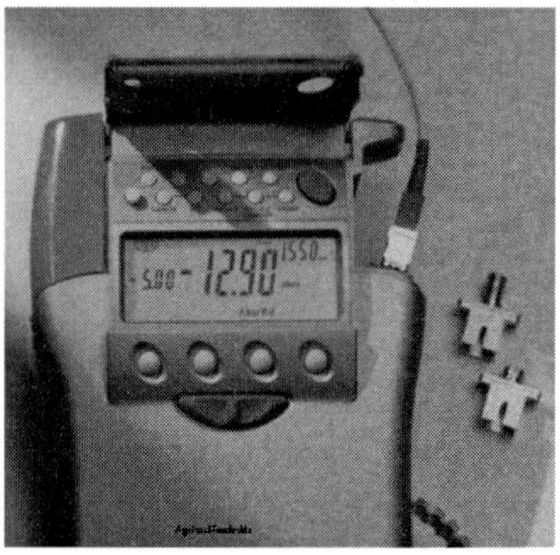

[그림 5-2-5] 광원의 전면도

(가) 광원의 특징

① 단일모드(Single Mode) 1310, 1550[㎚] 광원으로 광섬유에 광 출력

② 광 출력 파형을 변환시킬 수 있다.

③ 전원은 AC100~220[V] 또는 건전지를 사용한다.

(나) 광원의 기능

① 광원의 전 · 후면도

② 기능

- LD의 레이저 빔 방사램프 : LED 발광 시 LD 광이 방사됨을 나타낸다.
- 경보 라벨 : 레이저 광이 발광되고 있음을 나타내는 라벨.
- 레이저 광 전력 표시기 : 레이저가 발광할 때 LCD에 출력을 나타낸다.

- 광 출력 연결 커넥터 : 광 출력을 연결하기 위한 FC(또는 SC)형 커넥터.
- 레이저 광 출력 스위치 : 누르면 레이저 빔이 방출된다.
- 키 스위치 : 키를 삽입하여 ON으로 할 때 전원이 공급된다.
- 원격 제어 커넥터 : 레이저광의 출력을 외부제어에 의해 사용할 때 연결한다.

3. 수광소자

광섬유 통신에서는 광 신호를 전기신호로 변환하는 수광소자가 필요하다.

가. 요구특성

① 사용 파장에서의 고 감도일 것.
② 고속으로 응답할 것.
③ 잡음이 적을 것.
④ 저 전압으로 동작할 것.
⑤ 악천후에서도 측정에 문제가 없을 것.
⑥ 고 신뢰성을 가질 것.
⑦ 광섬유와의 결합효율이 높은 것 등이 요구된다.

수광은 광을 전기로 변환하는 것으로 광 신호를 직접 전기신호로 변환하는 것과, 광 에너지를 일단 열에너지로 변환하여 이를 전기 출력으로 검출하는 방법이 있다. 전자를 광전효과(photoconductive effect), 후자를 감열효과라 한다.

반도체 수광소자는 외부에 인가하는 전압량에 따라 포토다이오드(PD, photo diode)와 애벌랜시 포토다이오드(APD, avalanche photo diode)로 대별되고, 전자는 인가 전압량이 작은 것, 후자는 큰 것이다.

나. PIN-PD

P형 반도체와 N형 반도체 사이에 진성 반도체(intrinsic semiconductor) i층(i는 intrinsic)을 삽입한 것이다. 드리프트 전류는 공핍층에서 만들어지므로 전계의 영향에 따라 신속히 응답하나, 역으로 공핍층 밖에서 만들어진 확산전류는 응답속도가 늦다는 특징이 있고, 공핍층의 폭은 넓으면 넓을수록 양자효율(quantum efficiency)과 주파수 응답 속도 면에서 유리하다.

이 공핍층의 폭은 P형, N형 반도체 층의 전자와 정공의 농도가 낮은 것일수록 넓어지므로, P형과 N형 반도체간에 접합되는 i형 반도체는 이 공핍층의 폭을 넓히는 역할을 한다.

다. APD

APD(APD ; alanche photo diode)의 구조는 PIN-PD와 거의 같다. 여기서 p-층은 억셉터(acceptor)를 조금 첨가한 P형 반도체, P층은 고 저항 층을 의미한다. 또, APD에서는 높은 역 바이어스를 걸어 강전계를 발생시켜 전계를 균일하게 하여 소자의 손상을 방지하기 위하여 가이드 링(guide ring)을 설정한다.

PIN-PD보다 더 높은 100~150[V]정도의 역 바이어스를 가한다. 이 전압은 거의가 P-층과 P층에 걸리나, 특히 고 저항 P층 부근에서는 전계는 105[V/cm]까지 되며 만일 n층에서 광이 입사하면 PIN-PD와 같이 두꺼운 P-층에서 대부분 흡수되어, 전자와 정공의 쌍이 생성되고 전자는 에너지의 슬로프(slope)를 넘어 고 전계영역에 진입한다.

전자는 이 강전계에 의해 가속되어 P층이나 P-층의 전자에 격렬하게 충돌하게 되고, 이 충돌된 전자는 에너지를 얻어 튀어 나와 새로이 전자와 정공의 한 쌍이 된다. 또한, 이 전자가 가속화되어 강전계 영역에서 전자와 정공이 증가해 눈사태 효과(avalanche effect)를 일으켜 광전류가 증배된다. 따라서 PIN-PD에서는 1개전자가 발생하는 것을 APD에서는 몇 배로 증폭할 수 있으므로 입사전력이 작은 광도 검출할 수 있어 수광감도가 향상된다.

4. 광력계

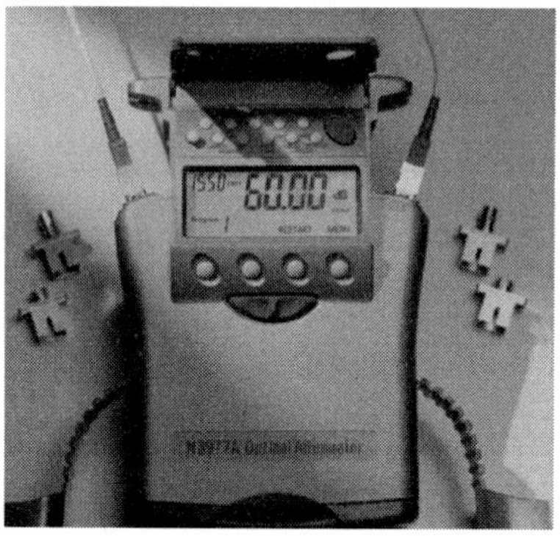

[그림 5-2-6] 광력계의 구성도

가. 단일모드(single mode) 및 다중모드(multi mode) 광섬유의 광을 수광한다.

나. 10[nW]~10[mW] (-70~+10[dBm])의 광을 자동 절체하여 수신한다.

다. 전원 : AC 100[V] 또는 외부 건전지 연결사용 가능.

라. 정확도 : 0.5[%]이내.

마. 표시 : 4자리의 디지털로 표시한다. [W], [dBm], [dB(REF)]

바. 처리기능 : 상대레벨, [dB] 표시 기능, 평균화 처리 기능 및 자동 0점 기능.

5. 측정 작업 시 유의사항

① 절단한 광섬유의 조각은 플라스틱 용기에 모아 둔다.

② 광섬유 코팅 제거기, 광섬유 절단기 등을 떨어뜨리거나 충격을 가하지 않도록 한다.

③ 이소프로필알코올은 인화성이 강하므로 화기를 가까이 하지 말 것.

④ 광섬유 절단기는 나섬유(bare fiber)의 절단을 할 때에만 사용하고 동선이나 광섬유를 절단하지 않도록 한다.

⑤ 광 펄스 시험기의 사용 전원을 반드시 확인할 것.

⑥ 광 출력은 근적외선 영역으로 눈에 보이지 않으며 직접 볼 경우에 눈의 손상이 있으므로 출력 광을 직접 보지 않도록 하고 작업할 때에는 보호 안경을 착용하는 것이 좋다.

⑦ 먼지가 많은 곳에서는 사용을 금할 것.

⑧ 광섬유를 직접 광원에 연결하여 사용하면 광 출력부가 손상되므로 반드시 광 커넥터를 연결하여 사용할 것.

⑨ 광섬유를 광 출력 커넥터에 연결하기 전, 광섬유 단면을 알코올로 청소하여 사용할 것.

⑩ 광 펄스 시험기를 사용 전에 30분 정도 예비 동작(warming-up)하여 사용할 것.

⑪ 피 측정 광섬유의 모드와 굴절률을 반드시 확인하여 광섬유의 모드와 굴절률을 조정하여 사용할 것.

⑫ 광케이블 측정 시 규정된 허용곡률 반경을 준수하여야 한다.

⑬ 먼지가 많은 곳에서는 사용을 금한다.

6. 측정 작업순서

1. 준비한다.

실습 개념만 파악하므로 입사단에서 2[m] 지점의 절단은 생략한다.

가. 광원, 광력계, 광센서, 광섬유, 공구 및 재료를 준비하고 확인한다.

나. 연결하고자 하는 광섬유를 선택한다.

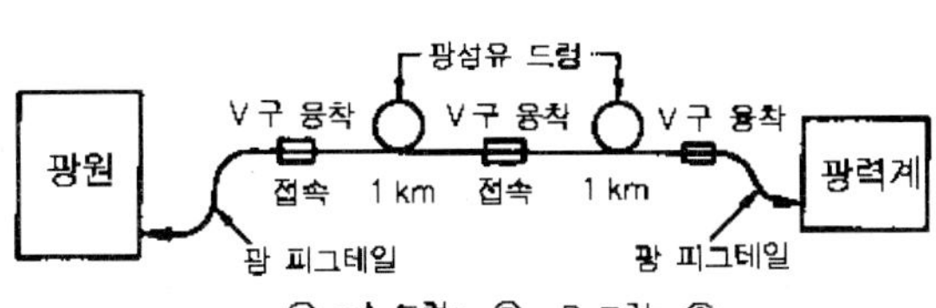

[그림 10-14] 측정 시 연결도

2. 사용전원을 준비한다.

가. 퓨즈 홀더에 퓨즈가 내장되어 있는지 확인한다.

나. 전원단자에 플러그를 연결하고 AC를 공급한다.

다. 전원 스위치를 ON한다.

3. 광섬유를 연결한다.

가. 광원의 광 출력 커넥터를 이소프로필알코올로 청소한다.

나. 광섬유 커넥터를 청소하고 광 출력 커넥터에 커넥터를 연결한다.

다. 광 커넥터가 연결되지 않은 광섬유에 피 측정 광섬유를 융착 접속한다. 또는 광섬유 단면을 피 측정 광섬유를 V구로 연결하고, 굴절률을 맞추기 위해 굴절률 정합액을 한 방울 떨어뜨린다.

4. LASER ON 스위치를 누른다.

가. LASER ON 스위치를 눌러 레이저 광 전력 표시기의 지침이 움직이는지 확인한다.

나. LASER ON 램프가 발광되면서 광이 피 측정 광섬유를 통하여 전송된다.

다. 연속 광의 경우에는 CW, 270[Hz] 구형파의 경우에는 CHOP를 누른다.

5. 수광 전력을 측정한다.

가. MODE 스위치의 [W]는 약 0.01[㎽] 이하일 때 사용하고, AUTO OFF SET은 약 0.01[㎻] 이상일 때 사용한다.

나. [W] 표시에 의한 측정 시

(1) MODE를 [W]에 AVERAGE는 1로 한다.

(2) RANGE는 AUTO에 설정한다.

(3) MODE의 [W]를 누르고 숫자표시기에 [pW]~[W] 중 1개가 점등되면 AVERAGE를 선택한다.

(4) AVERAGE 선택은 1[㎻] 이상일 때 1 또는 10, 1[㎻]~0.1[㎻]의 경우 10 또는 100을 선택한다. RANGE는 통상 AUTO로 선택하고 HOLD는 레벨 변동이 적은 신호를 장시간 사용할 때 사용한다.

[dBm]에 의해 측정할 때

(1) MODE를 [dBm]에, AVERAGE는 1로 한다.

(2) RANGE는 AUTO에 설정하여 둔다.

(3) MODE의 [W]를 누르면 숫자표시기는 [pW]~[W]중 1개가 점등된다.

(4) AVERAGE를 선택은 -60[dBm] 이상일 때에는 1 또는 10, -60~-70[dBm]의 경우 10 또는 100을 선택한다. RANGE는 통상 AUTO로 선택하고, HOLD는 레벨 변동이 적은 신호를 장시간

사용할 때 사용한다.

라. 측정된 지시계의 값을 읽는다([dBm]에 의한 표시는 전력의 절대치를 나타낸다).

마. REF에 의한 측정할 때

(1) [dBm] 표시에 의해 측정하여 피 측정 전력의 지시치를 읽는다.

(2) MODE의 REF를 누르면 상대 레벨 차가 표시된다.

6. 손실 값을 계산한다.

7. 전원을 차단한다.

가. 광원과 광력계의 스위치를 다시 눌러 LASER OFF로 한다.

나. 키 스위치를 반 시계방향으로 돌려 전원 스위치를 OFF한다.

다. 전원 코드를 제거한다.

8. 광섬유를 빼낸다.

가. 광원으로부터 광 커넥터와 광섬유를 분리한다.

나. 피 측정 광섬유를 분리한다.

5-3 후방산란법에 의한 손실 측정

동선 케이블의 고장 위치나 고장의 종류를 측정하는 펄스 시험기(pulse tester)는 동선의 임피던스 부정합에 의해 되돌아오는 반사파의 형태와 되돌아오는 시간으로 알 수 있다.

광 펄스 시험기는 동선용 펄스 시험기와 같은 원리로 전기 펄스 대신에 광 펄스를 입사시켜 광섬유의 굴절률의 차이에 의한 반사광의 되돌아오는 시간과 레일리 산란광, 프레넬 반사광의 형태를 보고 파단점, 광케이블의 거리 등을 측정할 수 있다. 즉, 옛날에 사용되었던 전기 펄스 대신에 광 펄스를 사용하고 디지털로 측정이 가능하도록 마이크로프로세스가 측정기에 내장되어 있다.

광통신에서는 이 측정 장비를 시간영역 광 반사 측정기(OTDR, optical time domain reflectometer) 또는 광 반사 시험기(OET, optical echo tester), 광 펄스 시험기(OPT, optical pulse tester), 광섬유 분석기(OFA, optical fiber analyzer) 등의 여러 명칭이 사용되고 있다.

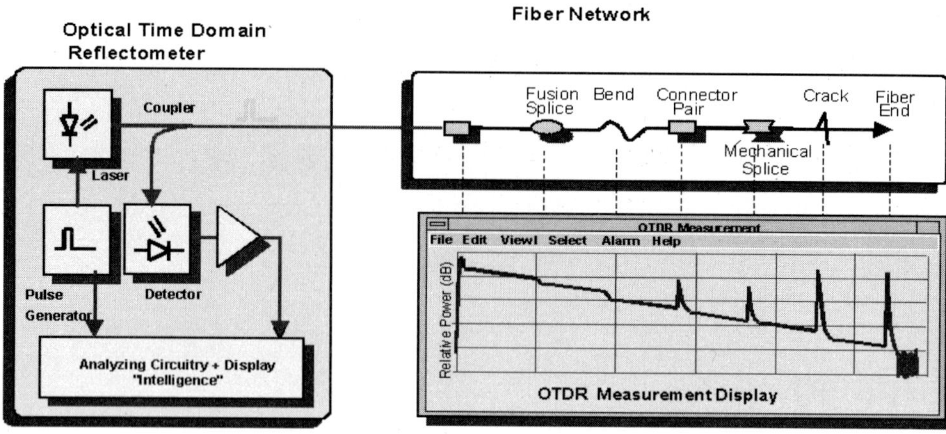

[그림 5-3-1] 광 펄스 시험기에 의한 측정도

1. 광 펄스 시험기

가. 구성

광 펄스 시험기의 기본 구성은 [그림 5-3-2]와 같다. 펄스 변조된 LD의 광 출력이 광 방향성 결합기를 통하여 피 측정 광섬유에 입사되어 광 펄스가 진행되지만 광섬유의 각 점에서는 레일리 산란에 의해 광 펄스 일부가 진행방향과 반대로 되돌아온다.

이것을 후방 산란 광(back scattering light)이라 하며, 이 후방 산란 광에는 레일리 산란(Rayleigh scattering light)과 프레넬 반사광이 있다. 후방산란광이란 어떤 물질 내를 광이 진행할 때 그 물질의 미소한 굴절률의 차이로 발생하는 광의 산란을 말하고, 또 광원과 피 측정 광섬유의 커넥터에 공기층의 존재로 프레넬 반사광(Fresnel reflection light)이 발생한다.

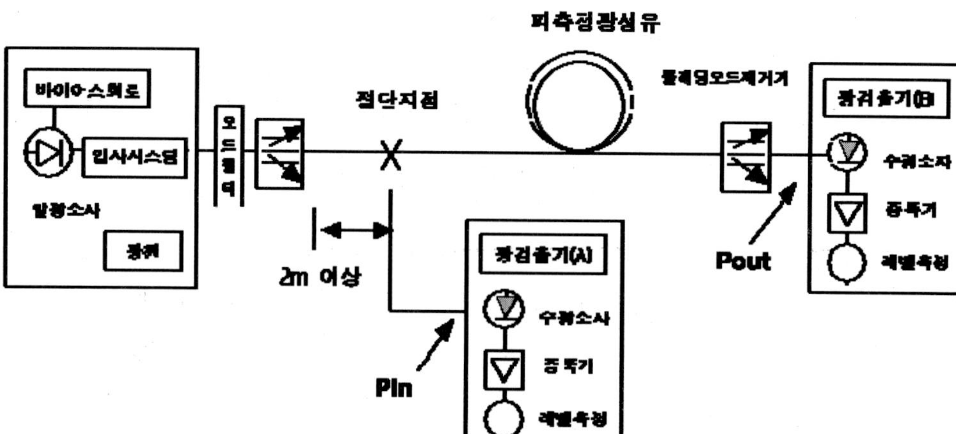

[그림 5-3-2] 광 펄스 시험기에 의한 측정도

이 후방산란광을 방향성결합기를 통해 분리 추출하여 APD 등과 증배작용이 있는 광 검출기로 전기 신호로 변환하여 증폭시킨 다음 평균화 처리를 행해 고 정확도로 데이터를 처리하여 디스플레이(CRT나 LCD 등)에 나타낸다.

이 후방 산란광은 광섬유손실과 비례하고 있으므로 디스플레이 상에 파형의 관측을 행함으로서 손실 특성을 측정할 수 있으며 파단 점(break point)에서의 반사광에 있는 프레넬 반사광을 APD로 수광하여 전기변환 시킴으로서 파단 점을 측정할 수 있다.

나. 반사광

① 프레넬 반사광

광섬유의 파단점(break point)의 단면에서 반사하는 광으로 파단점의 단면 [그림 5-3-4]와 같이 되어 있는 경우에는 단면에서 반사된 광이 광섬유를 다시 지나서 광원 측에 되돌아간다. 그러나 파단면의 상태가 나쁜 경우에는 프레넬 반사광이 방사모드가 되어 광섬유를 따라 반사되지 않는 경우도 있다. 또한 파단점이 광섬유의 코어와 같은 굴절률의 매질로 덮여 있으면 프레넬 반사가 발생하지 않는다.

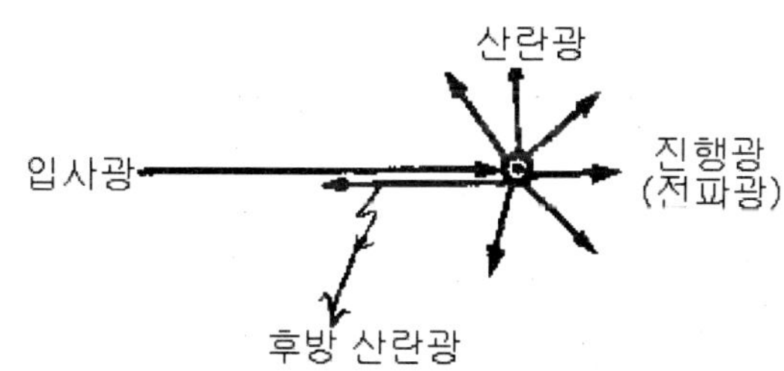

[그림 5-3-3] 진행 광과 산란 광

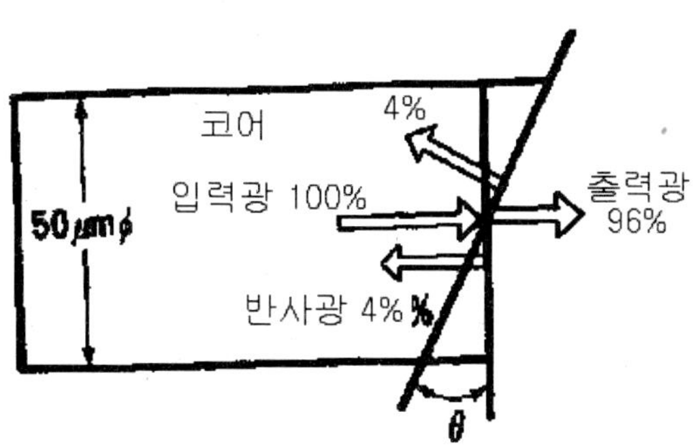

[그림 5-3-4] 프레넬 반사광

② 레일리 반사광

후방산란광은 광섬유의 내부에서 발생한 산란광의 일부가 광원 측에 되돌아가는 것을 말한다. 후방산란광법을 사용하여 광섬유의 단면을 탐색하는 경우 후방산란광이 가능하면 큰 것이 바람직하다. 후방산란광의 양은 광섬유 내를 무 지향적으로 레일리 산란된 광의 일부가 입사측에 산란되는 한편 광섬유 내를 전파모드로 도파된 광량을 의미한다.

광섬유의 손실은 레일리 산란 양에 의한 요인이 크며 광섬유의 저손실화를 이루기 위해서는 레일리 산란의 양을 작게 하는 것이 필요하다. 이 레일리 산란양은 광섬유 내에 굴절률 분포를 갖게 하기 위해 사용하는 첨가재(dope)에 따라 달라진다. 굴절률의 차를 크게 하면 레일리 산란의 양이 증가해 OTDR에는 적절한 광섬유로 되지만 광섬유의 손실도 증가한다.

다. OTDR에 의한 측정 파형

[그림 5-3-5]는 OTDR에 의한 측정 파형의 예이다. 후방산란광법은 광이 왕복 전파하여 감쇄를 받게 되며, 그 감쇠량의 절반을 한방향의 광 손실로 정의한다. 디스플레이상의 가로축은 시간 또는 거리를 나타내고, 세로축은 손실을 나타내며 그림에서 경사로부터 광섬유의 손실, 접속손실 등을 구할 수 있다.

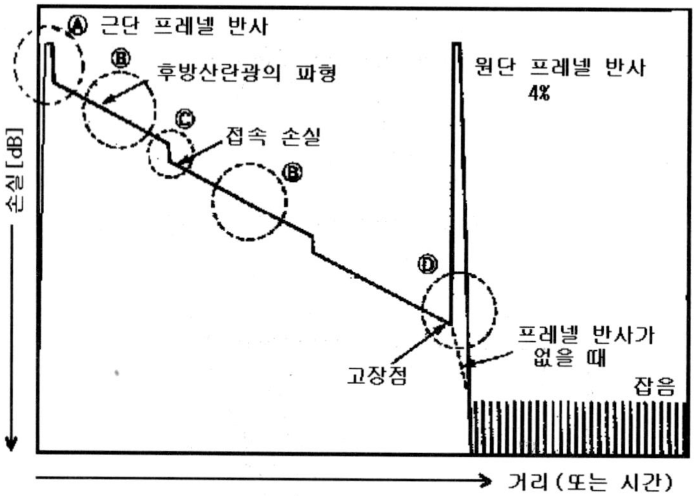

[그림 5-3-5] OTDR에 의한 측정파형

파형의 왼쪽이 OTDR에서 광 펄스가 나온 순간을 나타내며 Ⓐ부분이 OTDR과 피 측정 광섬유의 결합부분에서의 광의 굴절률이 다른 물질간의 경계면을 통과할 때 발생하는 프레넬 반사를 나타내고 Ⓑ부분이 후방산란파형으로 그 사이의 차, Ⓒ는 2개의 광섬유를 융착 접속했을 때의 접속손실을 나타낸다. 또한 Ⓓ점은 광섬유의 파단점을 나타내는 프레넬 반사의 파형이 관측된다. 그러나 파단점이 물에 잠겨 있거나 파단면이 복잡한 파단 상태로 된 경우에는 프레넬 반사량이 증가 또는 감소하여 최악의 경우 프레넬 반사 파형이 관측되지 않고 파선으로 나타나는 경우도 있다.

라. OTDR에 의한 측정

광 펄스 시험기에 의한 측정할 수 있는 것은 거리(고장점, 파단점), 광섬유의 손실, 접속손실, 커넥터의 반사 손실 등을 측정할 수 있다.

(1) 거리 측정

광 펄스 시험기에 의한 거리 측정에는 송출하는 광 펄스의 발광개시 시간을 $t=0$로 하여 전파하고 있는 광 펄스로부터의 후방 산란광 및 프레넬 반사광이 수광기에 도달하는 시간을 측정하여 광 펄스가 광섬유에 전파하는 속도로부터 접속점 및 장애 점까지의 거리를 나타낸다. 다음의 식은 거리를 구하는 식을 나타내며 시간차 (t)의 측정 정도는 광 펄스 시험기 내부의 수정 발진기의 주파수 정도의 차에 의해 결정되며, 약 10^{-5}정도의 고 정밀도가 얻어진다.

전파속도가 옳은 경우에도 광섬유의 군 굴절률 (n)의 설정이 정확하지 않으면 절대 거리의 측정값에 오차가 발생한다. 거리를 구하는 수식은

$$L = \frac{v \times t}{2}$$

v : 광섬유를 통과하는 광의 속도[㎧], t : 전파시간[s], L : 광섬유 길이[m]

여기서, v=c/n이고 c : 진공중의 광의 속도 약 3×108[㎧], n : 광섬유 코어의 굴절률(석영유리 : 1.460~1.480)이다.

(2) 광섬유의 손실 측정

광 펄스 시험기로 손실을 측정할 경우 여기에 가산 평균을 행하고 대수 변환하여 처리해 손실을 산출한다.

(가) 다중모드 광섬유의 후방 산란광 전력(Pb)

$$P_b = S \cdot \alpha_R \cdot T_0 \cdot P_0/2$$

여기서, S : 후방산란광 대 레일리 반사광의 비율, α_R : 레일리 반사에 의한 광 손실[neper/m], v : 광섬유에서의 광의 군속도[㎧], T_0 : 후방 산란광이 일어날 때 시간 주기[s], P_0 : 시간

T_0에서 전송 광의 전력이다.

n_1=1.475, n_2 = 1.46인 언덕 굴절(GI)형 다중모드 광섬유인 경우

α_R=4.61×10^{-4}[np/m](2[dB/km])

v=3×10^8[m/s], P_0=10^{-7}[s]=100[ns]이면 P_b=-46.6[dB]이 된다.

○ n_1=1.453, n_2=1.450인 단일모드 광섬유인 경우

α_R=0.15×10^{-4}[np/m](1.3[μm], 0.5[dB/km]), v=3×10^8[m/s]

P_0=10^{-7}[s]=100[ns]이면 P_b=-60.3[dB]이 된다.

(나) 다중모드 광섬유에서 후방산란광의 비

$$S_M = \frac{n_1^2 - n_2^2}{4n_1^2}$$

여기서, n_1 : 광섬유 코어의 굴절률, n_2 : 광섬유 클래드의 굴절률

(다) 단일모드 광섬유

단일모드 광섬유에서 후방산란 광의 비율

$$S_S = \frac{3/2}{W\ /a^2 \cdot V^2} \frac{(n_1^2 - n_2^2)}{n_1^2}$$

여기서, W : 빔의 스폿 크기, a : 코어경, V : 규격화 주파수이다.

t=0에서의 후방산란 광 전력(Pb(t))

후방산란광의 수광 레벨은 시간영역에 있어 지수 함수적으로 감소함을 나타낸다. 또한 이 레벨은 광섬유의 손실에 따라 다르므로 후방산란광의 레벨 차를 구함으로서 광섬유의 임의의 점 사이의 손실을 구할 수 있다.

이 식은 일반적으로 OTDR에서는 이 식을 대수 변환하여 일차함수로 나타낸다. 기울기가 큰 광섬유가 손실이 큰 광섬유이다.

$$P_b(t) = S(t) \cdot \alpha_R(t) \cdot V(t) \cdot \frac{T_0}{2} P_0(t) S\alpha_R \cdot V \frac{T_0}{2} P_i \cdot \exp(-\alpha V_t)$$

여기서, Pi : 출력 광 펄스의 레벨, α : 단위 길이 당 광섬유 손실

다. 접속 손실(splice loss)의 측정

(1) 접속점에서의 후방 산란광

손실측정에 있어서 접속점 등의 손실의 불연속점이 있는 경우에는 [그림 5-3-6]과 같이 후방 산란광 레벨도 불연속점이 된다.

접속점 X_3에 대한 접속손실 L_2는 다음과 같다.

$$L_2 = y_3 - y_4$$

그러나 실제로는 잡음, 광 펄스폭이 어떤 한정된 길이로 되어 있는데 다른 오차를 감소시키기 위해서는 다음과 같은 5점법이 사용되고 있다.

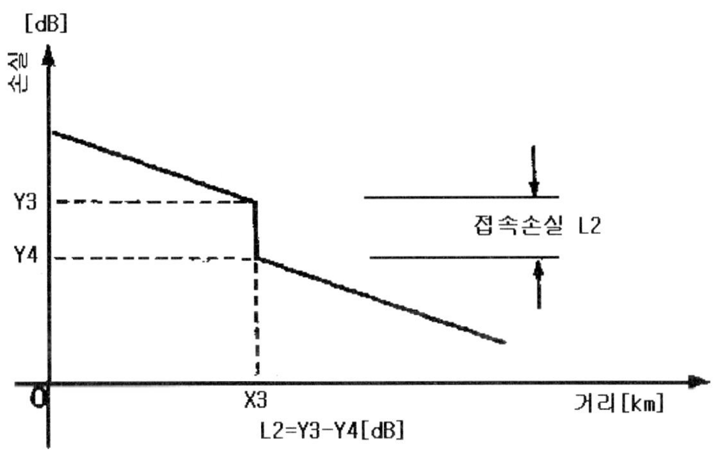

[그림 5-3-6] 접속 손실의 측정

(2) 5점법(5point method)

실제 측정에서 후방산란광은 [그림 5-3-7]에 표시된 파형으로 되어 있지만 접속점에서 이상적인 것은 수직으로 떨어진 광 펄스폭의 길이, 수신부의 아날로그 증폭기 및 A/D 변환기(converter)의 응답속도 등의 관련으로 그림과 같은 경사를 갖고 표시된다.

실선은 한정된 길이의 펄스폭을 갖는 광 펄스에 의한 후방산란광을 나타내고, 점선은 이상적인 임펄스에 의한 경우를 나타낸다.

측정은 실선으로 표시되어 있는 실제 측정 데이터로부터 점선부분을 추정하여 접속손실을 구한다.

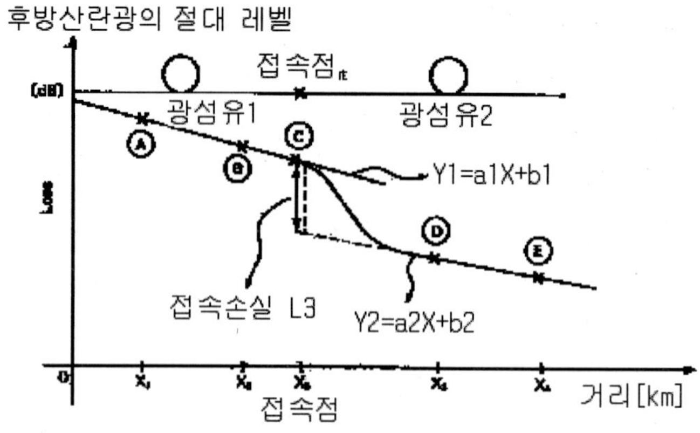

[그림 5-3-7] 5점법

(3) **접속손실 측정**

실제 손실 측정에서 2점간을 직선 근사화하는 방법으로 2점간의 상대 레벨 차에 의해 계산하는 2점 근사(TPA : two point approximation)법과 구간의 전 데이터를 최소 자승 근사(LSA : least square approximation)법으로 구하는 방법이 널리 사용되고 있다.

[그림 5-3-8]은 TPA법, LSA법의 예를 나타낸 것으로 점선이 이것들의 값을 직선 근사화한 것이다.

특히 잡음의 영향에 의한 측정오차를 감소시키기 위해서는 LSA법이 좋다.

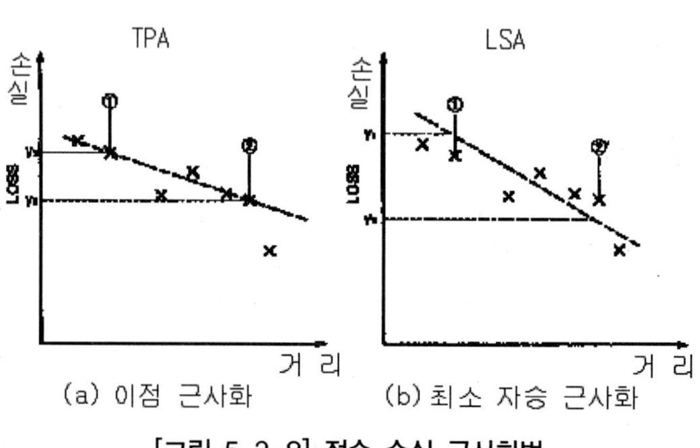

[그림 5-3-8] 접속 손실 근사화법

2. 광 펄스시험기 요구조건

광 펄스시험기의 요구조건은 다음과 같다.

가. 고 분해능

광 펄스 시험기에서 분해능(resolution)은 다음의 제반 요소가 결정한다.

거리 분해능은 후방 산란광 파형의 표본화 간격이 결정한다. 거리 분해능이 높은 경우 정확히 광섬유의 파단점의 위치를 검출해 신속히 복구할 수 있다.

· 후방 산란광의 표본화 간격

· A/D 변환기의 고속 응답

· 광 펄스폭의 감소

· 고 전력의 광 펄스

나. 넓은 동작 범위

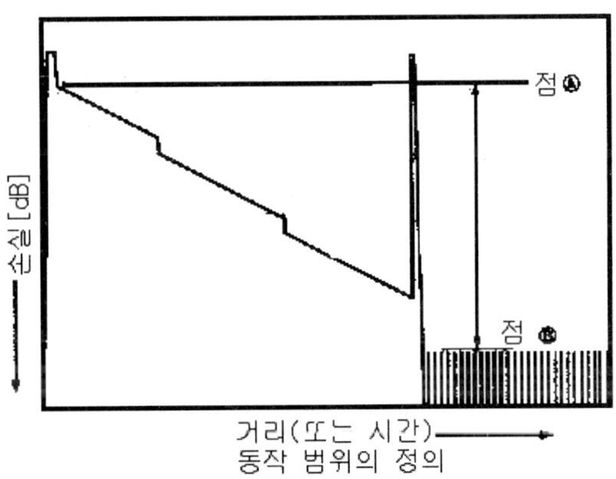

[그림 5-3-9] 넓은 동작 범위

광 펄스 시험기에서 동작 범위(dynamic range)는 송출 광 전력에 비례하므로 펄스의 파고치 및 폭의 증폭치에 비례한다. 이것은 후방 산란광 전력이 광 전력과 펄스폭에 따라 결정된다.

[그림 5-3-9]에서와 같이 Ⓐ점은 송출된 광 전력에 의해 결정되며, 동작 범위를 결정짓는 또 하나의 요인은 수광측의 S/N비이다. 수광소자가 갖는 잡음 및 입력 증폭기의 대역 잡음 등으로 Ⓑ점의 수광 능력이 결정된다. 평균화 처리에 따른 동작 범위의 개선은 잡음의 평균화 처리에 의해 Ⓑ점을 낮추게 해준다.

다. 측정 불가능 지역의 최소화

OTDR에서 피 측정 광섬유를 접속하였을 때 OTDR과 피 측정 광섬유의 결합부에서 일어나는 프레넬 반사에 의해 수광기가 포화되어 입력증폭기의 비 직선성화 등으로 인해 측정이 불가능한 사각 지대(dead zone)가 발생한다. 이것은 후방산란의 수광레벨과 접속부에서 발생하는 프레넬 반사의 레벨 차가 매우 크기 때문에, 이 두 종류의 신호를 동시에 수광하였을 때 프레넬 반사광의 수광에 의한 응답이 후방산란에 영향을 주어 비 직선성의 발생으로 후방산란에 의한 장애점의 검출을 불가능하게 한다. [그림 5-3-10]에 표시한 것과 같이 펄스폭에 의해 접근한 접속점의 검출 가능한 거리가 결정된다.

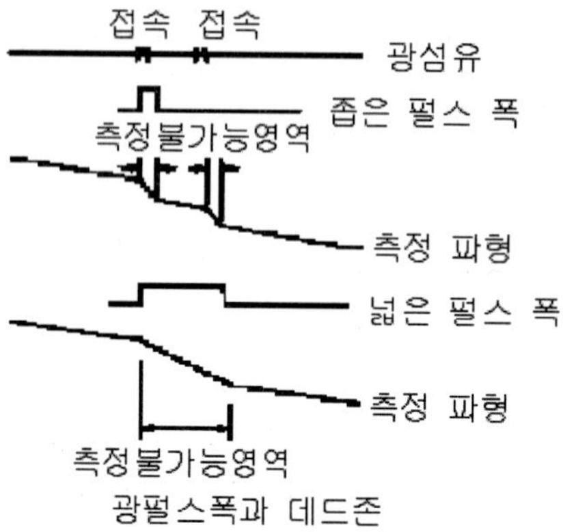

[그림 5-3-10] 광의 폭과 사각 지대

라. 은폐기능

사각 지대의 발생은 OTDR과 피 측정 광섬유의 결합부와 광섬유 시스템의 가운데 기계적인 접합부가 있으면 당연히 그 부분에서도 발생한다.

근래에는 고속 A/O 광 스위치를 고 레벨의 프레넬 반사를 APD에 입사되지 않도록 또한 APD의 포화에 의한 응답 속도의 저하를 피하기 위하여 은폐(masking)시키는 방법이 사용되고 있다.

라. 측정시간의 단축

[그림 5-3-11]은 측정시간의 단축(reduction of measurement time)에 관한 그래프이다.

가로축은 광 펄스시험기의 데이터 샘플링 간격을 나타낸다. 한 개의 광 펄스를 송신하고 다음의 광 펄스를 송신하기까지 광 펄스의 반사광 등을 검출하기 위해서 어떤 것을 표본화하는 것이다. 그 수가 많아질수록 샘플링 간격은 시간적으로 협소하다.

세로축은 시간을 나타내고 오른쪽의 수직 축은 거리 정도를 표시한다. 여기서 거리의 정확도는 표본화 회수가 많아질수록, 즉 샘플링 간격을 좁게 할수록 좋아지지만 측정 시간이 길어진다. 또한 굴절률, 꼬임률(twist rate), 휨(bending) 등의 샘플링 이외의 요소가 거리 정확도를 결정하며, 이것 이외의 정확도를 더 좋게 하는 것은 불가능하다.

이러한 요소로부터 거리의 정확도를 유지하는 최소 측정시간 T는 샘플링 간격이 최소치인 S의 시점에서 얻어진다.

OTDR은 기종에 따라 단거리용, 장거리용, 단파장용, 장파장용 등에 따라 여러 가지의 종류가 있으며 최근에는 소형화되고 측정시간 등이 단축되고 있다.

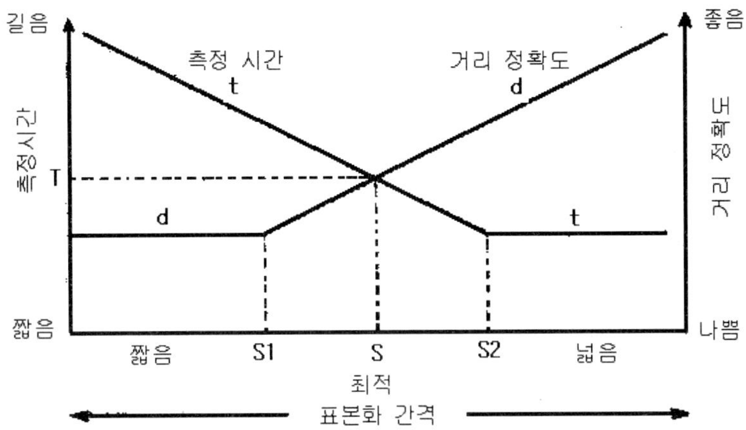

[그림 5-3-11] 측정시간의 단축

마. 측정 항목

(1) 광섬유의 거리

$$L[\text{km}] = \frac{ct}{2n}$$

여기서, C : 광속 3×10^8[m/s], T : 광 펄스 전파시간[s], n : 광섬유의 굴절률이며, 상부국과 하부국의 측정 장치를 바꾸어 측정하여 평균치를 계산한다.

(2) 광섬유의 손실

$$L[\text{dB}] = 5\log_{10}(\frac{P_2}{P_1})$$

여기서, P_2 : 입력 측의 광 전력 [W], P_1 : 출력 측의 광 전력[W]

(3) 광섬유의 접속손실

광섬유에 광을 입사시키면 굴절률이 서로 다른 부분에서 후방 산란광이 발생하며, 접속점(커넥터 연결점, 광섬유의 파단점, 광섬유의 접속점)등의 불완전한 점에서 반사광이 발생한다. 이 광을 광 방향성 결합기로 구분하여 APD에 의하여 광의 세기를 알아낸다.

바. 측정 시 유의사항

① 절단한 광섬유의 조각은 플라스틱 용기에 모아 둔다.

② 광섬유 코팅 제거기, 광섬유 절단기 등을 떨어뜨리거나 충격을 가하지 않도록 한다.

③ 이소프로필알코올은 인화성이 강하므로 화기를 가까이 하지 말 것.

④ 광섬유 절단기는 나섬유(bare fiber)의 절단을 할 때에만 사용하고 동선이나 광섬유를 절단하지 않도록 한다.

⑤ 광 펄스 시험기의 사용 전원을 반드시 확인할 것.

⑥ 광 출력은 근적외선 영역으로 눈에 보이지 않으며 직접 볼 경우에 눈의 손상이 있으므로 출력 광을 직접 보지 않도록 하고 작업할 때에는 보호 안경을 착용하는 것이 좋다.

⑦ 먼지가 많은 곳에서는 사용을 금할 것.

⑧ 광섬유를 직접 광원에 연결하여 사용하면 광 출력부가 손상되므로 반드시 광 커넥터를 연결하여 사용할 것.

⑨ 광섬유를 광 출력 커넥터에 연결하기 전 광섬유 단면을 알코올로 청소하여 사용할 것.

⑩ 광 펄스 시험기를 사용 전에 30분 정도 예비 동작(warming-up)하여 사용할 것.

⑪ 피 측정 광섬유의 모드와 굴절률을 반드시 확인하여 광섬유의 모드와 굴절률을 조정하여 사용할 것.

⑫ 광케이블 측정 시 규정된 허용곡률 반경을 준수하여야 한다.

3. 광 펄스시험기 운용

가. E6000B Agilent Mini-OTDR

(1) Mini-OTDR 모듈

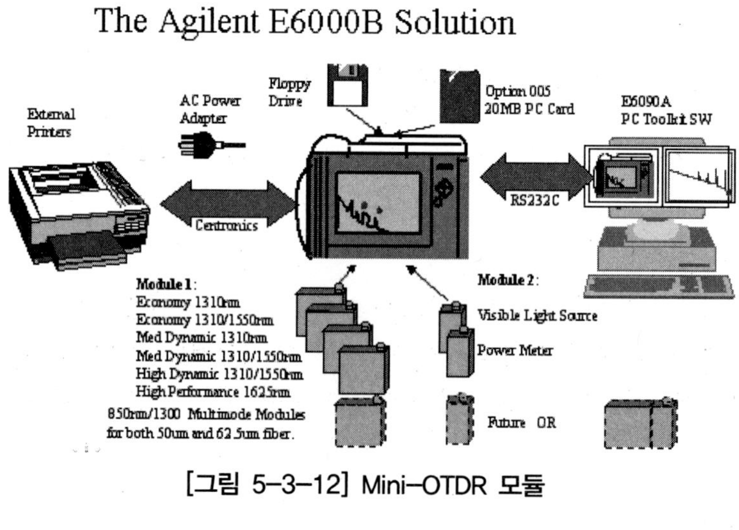

[그림 5-3-12] Mini-OTDR 모듈

① 모듈 캐치로 모듈을 고정시킨다. 모듈이 고정된 상태에서, 캐치는 화면과 수직을 이루도록 한다.

② 광섬유를 광 출력 커넥터에 연결한다.

③ 보조 모듈은 보조 모듈 슬롯에 삽입한다. 사용 가능한 보조 모듈로는 광 전력계(optical power meter, E6006A) 및 가시광 고장 검출기(visual fault finder, E6007A)가 있다.

④ 모듈 삽입 및 분리

모듈을 삽입 또는 분리하기 전에 Mini-OTDR의 전원을 꺼야 한다.

㉠ 커넥터 덮개 열기

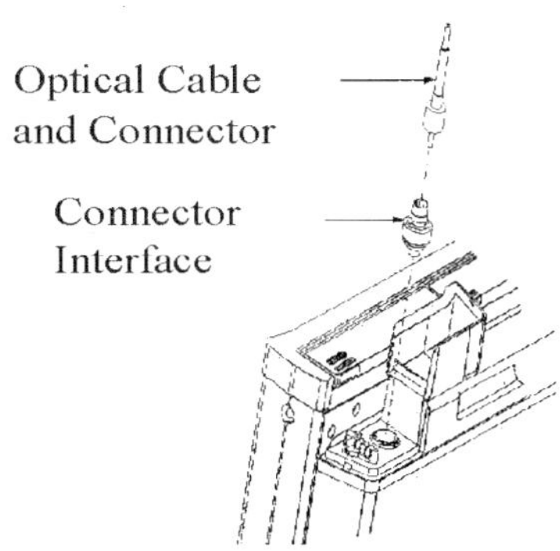

[그림 5-3-13] 커넥터 열기

Mini-OTDR 후면에 있는 슬롯은 여러 종류의 OTDR 계측용 모듈을 삽입하는데 사용된다. 모듈 삽입 또는 모듈 분리를 할 때에는 모듈 상단에 위치한 커넥터 덮개를 연다.

㉡ 광섬유가 부착되어 있는 광 출력 커넥터와 모듈 양 측면에 있는 모듈 캐치의 위치를 확인한다.

㉢ 모듈 캐치 회전

모듈 캐치가 화면과 평행을 이루는지 확인한다.

㉣ 모듈 추가 / 분리 후 다시 캐치 회전

모듈이 고정되어 있는 상태에서, 화면과 수직이 되도록 캐치를 90도 돌려 모듈을 잠근 후 커넥터 덮개를 닫는다.

(2) 팝업(pop up) 메뉴

OTDR mode 메뉴에서 선택(select) 키를 누르면 팝업 메뉴가 나타난다. 팝업 메뉴를 통해 9개의 메뉴와 주요 기능에 빠르게 접근할 수 있으며, 주요 기능은 [그림 5-3-14]와 같다.

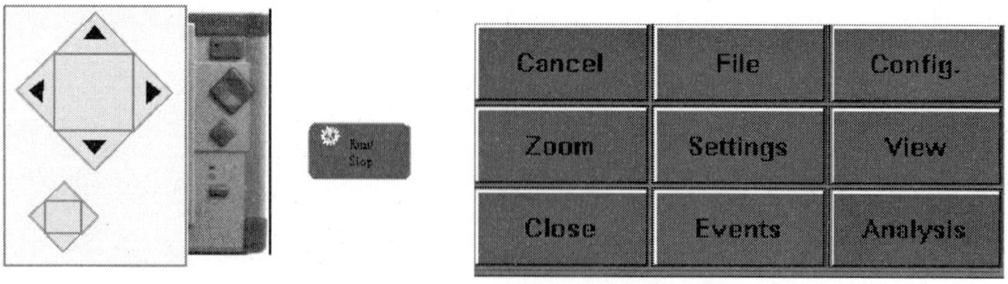

[그림 5-3-14] 팝업 메뉴 주요 기능

① [취소] - 팝업 메뉴를 종료하고 정상 OTDR mode로 복귀한다.
② [파일] - 로딩, 데이터 저장 및 추적 인쇄 등 파일 유틸리티.
③ [구성] - Mini-OTDR을 구성한다.
④ [줌] - 커서 키를 사용하여 현재의 추적을 확대 및 축소한다.
⑤ [설정] - 계측 변수를 변경한다.
⑥ [보기] - 추적 형태를 변경한다.
⑦ [이벤트] - 이벤트 및 지표를 추가 또는 삭제한다.
⑧ [분석] - 추적을 분석한다.

(3) OTDR 작동 방법

OTDR은 연결된 광섬유에 광 펄스를 계속해서 보내어 펄스의 반사를 측정한다. 화면에 표시된 추적은 광섬유 거리와 함수 관계에 있는 후방 산란을 나타낸다.

① 이벤트

이벤트는 추적을 직선상에서 벗어나게 하는 광섬유 변형 상태를 말한다. 이벤트는 반사 또는 비 반사가 있다. 반사 이벤트는 펄스 에너지 일부가 반사될 때(예, 커넥터)에서 발생하는 것으로, 추적 선상에서 스파이크를 발생시킨다.

비 반사 이벤트는 약간의 손실은 있지만 빛은 반사되지 않은 광섬유 부분에서 발생한다. 비 반사 이벤트는 추적 선상에 움푹 파인 곳과 같은 딥(dip)을 일으킨다.

OTDR은 반사 신호 복귀에 소요되는 시간으로 광섬유에서 발생한 "이벤트" 거리를 계산한다. 이벤트 거리가 길수록 반사 신호가 OTDR로 복귀하는데 걸리는 시간이 길어진다. 반사 신호의 추적을 검사하여 광섬유, 커넥터, 접속 등의 변수를 확인할 수 있다.

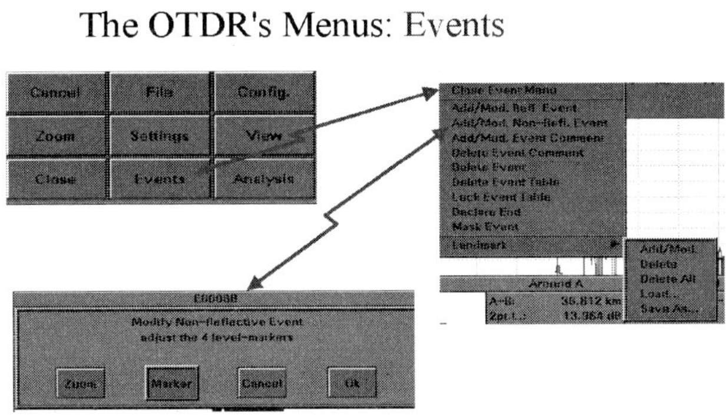

[그림 5-3-15] 이벤트 설정

② 외장 장치

- 스위치 : Mini-OTDR은 좌측 상단 뚜껑(flap) 아래에는 여러 개의 스위치와 기타 기능이 있다.
- 스위치 및 기타 기능(Mini-OTDR 뒤쪽에 위치함)
- 백라이트 단추를 사용하여 그림의 밝기(brightness)를 조절
- contrast(명암의 대조) 스위치를 사용하여 그림의 명암의 대조를 조절
- AC/DC 커넥터를 장착할 경우, DC 입력 커넥터를 사용
- 전원 스위치를 사용하여 Mini-OTDR을 켜거나 끈다. 전원 스위치는 뚜껑(flap)이 위 또는 아래에 있을 때 활성화된다.

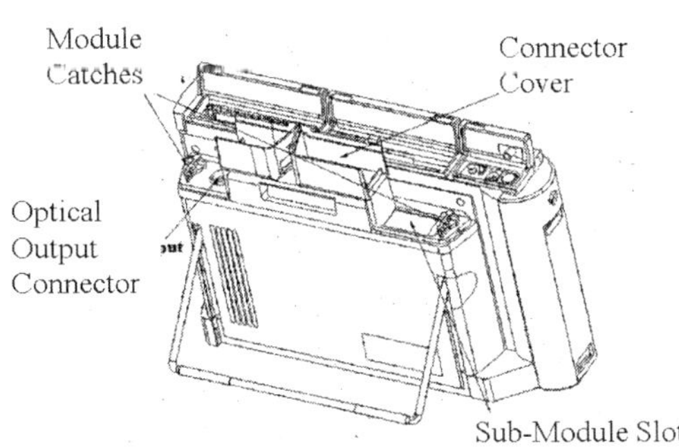

[그림 5-3-16] 외장 장치

(4) 추적 계측

① 광섬유 연결 방법

Mini-OTDR에 광섬유 연결은 다음과 같이 한다.

- 먼저 커넥터를 청소한다.

- 광 커넥터를 청소한다.
- 광 커넥터 인터페이스를 광 출력 부분에 장착한다.
- 기기의 전원을 켠다.

② 굴절률 설정 변경 방법

거리를 가장 정확하게 계측하려면 광섬유 굴절률을 올바르게 입력해야 한다.

- OTDR의 전원을 켠다. 초기 화면이 나타나면 OTDR 모드를 선택한다. 마커 두 개가 있는 공백 상태의 추적 화면이 나타난다.
- 팝업 메뉴에서 [설정]을 선택, 측정 설정 메뉴가 나타난다.
- 측정 파라미터 페이지가 나타나지 않은 경우, 화면 좌측 하단에 있는 화살표 중 하나로 커서를 이동한다. 다음 화면으로 이동하려면 Select를 누른다.
- 커서를 [굴절률 변경]으로 이동한 다음 Select를 누른다.
- 커서 키를 사용하여 굴절률을 변경한다. 좌, 우 키를 사용하여 굴절률을 조절한다. 상, 하 키를 사용하여 현재 강조 표시된 숫자를 변경한다.
- 원하는 굴절률이 나타나면 확인으로 이동한 다음, 선택(select) 키를 누른다.
- 측정 설정 메뉴의 확인으로 이동한 다음 키를 누른다.

③ 자동 계측 방법

Mini-OTDR 의 계측 설정을 자동으로 하려면, 다음 절차를 수행한다.

- OTDR 모드 팝업 메뉴에서 [설정]을 선택
- 측정 파라미터 페이지가 나타나지 않으면 화면 좌측 하단에 있는 화살표 중 하나로 커서를 이동한 다음 화면으로 이동하려면 Select를 누른다.
- 커서를 [자동]으로 이동한 다음 Select를 누르면 자동 설정이 활성화된다.

영역 및 펄스 폭 박스 안에 자동 테스트가 나타나면, Mini-OTDR 은 광섬유에 적합한 값을 설정한다.

- 확인을 선택하여 설정 메뉴를 종료한다.
- 팝업 메뉴에서 [보기]를 선택하십시오. 메뉴 옵션 목록이 나타난다.
- [자동 스캔하다] 옆에 틱이 표시되면 자동 스캔이 이미 활성화 되어 있다. 자동 스캔이 활성화되지 않은 경우 [자동 스캔]으로 이동한 다음 Select를 누른다.
- [닫기]를 선택하여 메뉴를 종료한다.
- Run/Stop 하드 키를 누른다. 표시등이 켜지면, 초기화 위상이 지나간 다음 OTDR은 첫 번째 결과를 표시한다.

- Run/Stop 하드 키를 누르거나 우측 하단 모서리에 표시되는 계측시간이 끝날 때까지 기다린다. 표시등이 켜진다.

④ 실시간 계측 방법

- OTDR 모드 팝업 메뉴에서 [설정]을 선택한다.
- 측정 파라미터 페이지가 여전히 나타나지 않으면 화면 좌측 하단에 있는 화살표 중 하나로 커서를 이동, 다음페이지로 이동하려면 select를 누른다.
- [측정 모드]로 이동한 다음, Select를 누른다. 메뉴에서 Realtime(실시간)을 선택한 다음 확인을 누른다.
- 계측을 시작하려면 Run/Stop 키를 누른다. 실시간 측정 시작이라는 대화 상자가 나타난다.
- 팝업 메뉴에서 [설정]을 선택한다. 추적 위쪽에 설정 화면이 작게 나타난다. 설정 화면에는 계측 중에 변경 할 수 있는 변수가 나타난다.
- 변경하려는 변수로 이동한 다음 Select를 누른다.
- UP, DOWN 커서를 사용하여 변수 값을 변경한다. 원하는 값을 얻으면 Select를 누른다.
- 원하는 설정이 이루어질 때까지 6번째와 7번째 단계를 반복
- 커서를 평균화로 이동한 다음 Select를 누른다. 계측 모드가 평균화로 다시 변경된다.

주 : 확인을 선택하면 계측이 실시간 상태로 유지된다.

⑤ 이벤트 테이블 사용법

OTDR 은 추적을 자동으로 스캔하여 비 반사 이벤트(예, 접속) 및 반사 이벤트(예, 커넥터)를 찾아내도록 기본 설정이 되어 있다. 이벤트는 이벤트 표시줄 및 이벤트 테이블에 나타난다.

주 : 추적을 자동으로 스캔하지 않게 하려면 [보기]메뉴에서 〈자동 스캔〉을 선택하면 〈자동 스캔〉옆의 틱 표시가 사라진다.

◉ 이벤트 테이블 표시 방법

화면에서 이벤트 테이블을 불러오는 방법은 다음과 같다.

- 팝업 메뉴에서 [보기]를 선택
- 추적 위쪽에 이벤트 테이블이 나타나지 않은 경우, 〈이벤트 테이블〉옆에 틱 표시가 나타나지 않는다. Down 커서를 움직여서 〈이벤트 테이블〉로 이동한 다음 Select를 누른다.

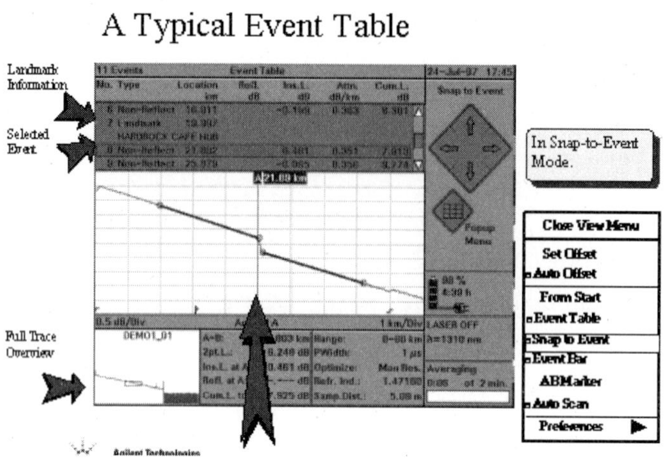

[그림 5-3-17] 이벤트 테이블 표시

◉ 이벤트 테이블

이벤트 테이블에는 각 이벤트의 유형과 위치가 나타난다. 또한 다음 계측 결과가 나타난다.

- 이벤트 반사율
- 이벤트 삽입 손실
- 해당 이벤트와 다음 이벤트간의 감쇠
- 누적 손실, 즉 현재 이벤트 포인트까지의 접속, 반사율, 및 감쇠 손실의 합계.

◉ 이벤트 테이블 잠그는 방법

- 팝업 메뉴에서 [이벤트]를 선택한다. 〈이벤트 테이블 잠금〉을 선택한다.
- 이벤트 테이블의 1열, 2열, 3열이 잠긴다.
- 다음 스캔 추적에는 새 이벤트를 찾지 않는다. 그러나 기존 이벤트의 계측 값은 각각의 새로운 스캔 추적으로 다시 계산된다.
- 이벤트 테이블의 잠금을 해제하려면 〈이벤트 테이블 잠금〉을 다시 선택한다.
- 다음 계측 시 변수를 변경하려면 테이블 잠금이 자동 해제된다.

⑥ 광섬유 끝 지점 설정 방법

한 가지 방법을 선택하여 설정을 수행한다.

(a) OTDR 팝업 메뉴에서 [설정]을 선택한다.

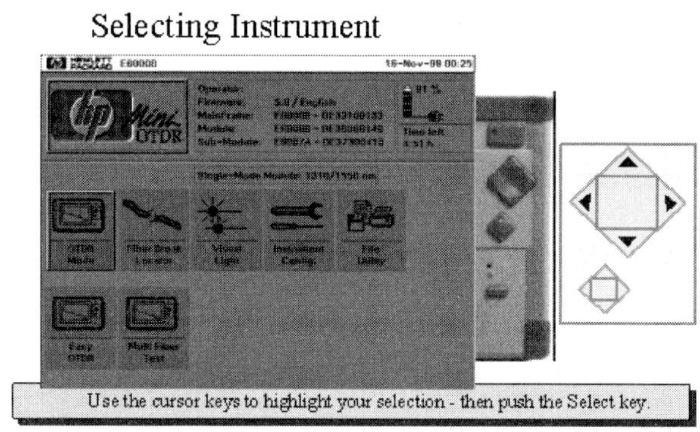

[그림 5-3-18]

(b) 측정 파라미터 페이지가 여전히 나타나지 않은 경우 화면 좌측 하단에 있는 화살표 중 하나로 커서를 이동한다. 다음 페이지로 이동하려면 Select를 누른다.

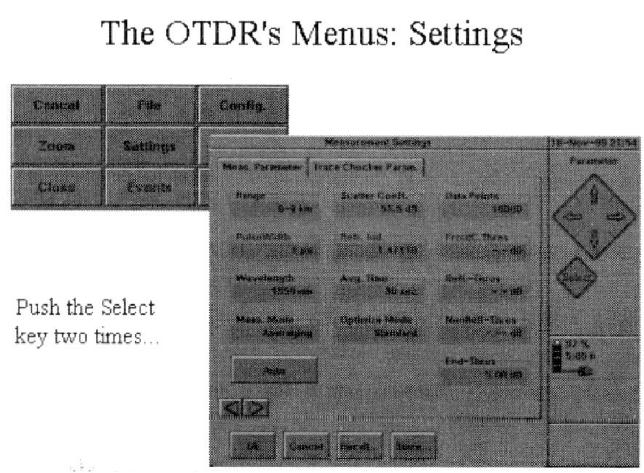

[그림 5-3-19]

(c) 커서를 끝 지점 임계값(threshold)로 이동한 다음 Select를 누른다.

(d) [분석] 〈스캔 트레이스〉를 선택한 다음, 스캔 추적을 실행한다. 이때 지정된 끝 지점 임계값을 초과하는 첫 번째 이벤트는 End 유형으로 설정되고, 다음 이벤트는 무시된다.

The OTDR's Menus: Analysis

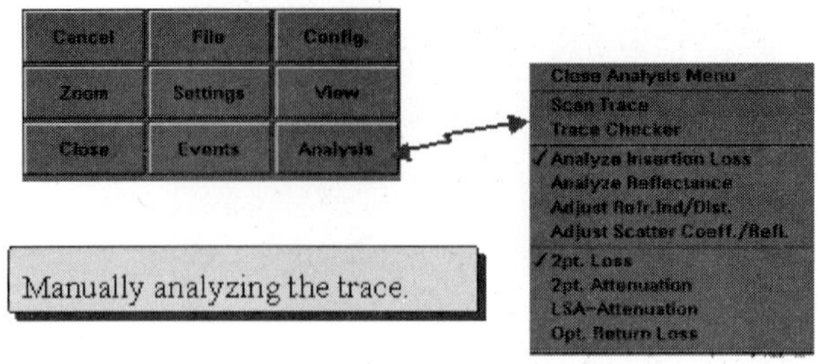

[그림 5-3-20]

(e) 커서를 사용하여 현재의 마커를 이벤트로 이동한다.

끝 지점 이벤트는 이벤트 테이블에 End 유형으로 나타나며, 이벤트 표시 줄에 특수한 기호로 표시된다. 끝 지점 이벤트의 우측에 있는 이벤트는 모두 삭제된다.

The OTDR's Menus: Events

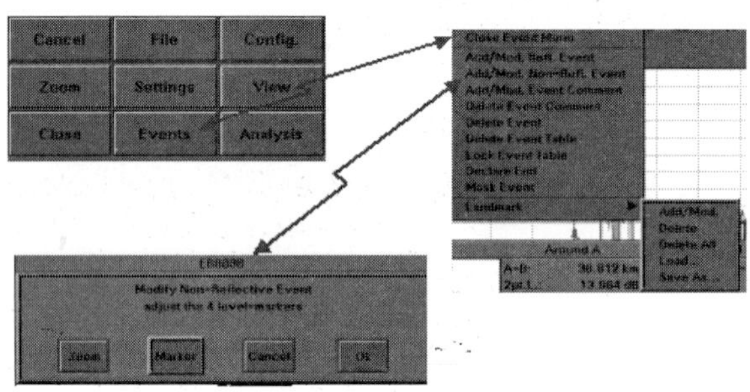

[그림 5-3-21]

Measuring with the Mini-OTDR

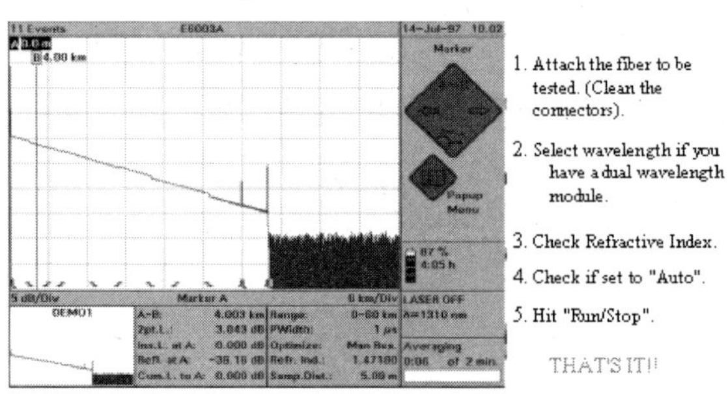

[그림 5-3-22]

나. 측정 작업

1. 장비와 재료를 준비한다.

가. OTDR, 광섬유, 공구 및 재료를 준비하고 확인한다.

나. 연결하고자 하는 광섬유를 2[㎞] 이상 준비한다.

다. OTDR 본체에 광 유닛을 삽입한다.

2. 사용전원을 준비한다.

가. 퓨즈 홀더에 퓨즈가 내장되어 있는지 확인한다.

나. 전원 단자에 플럭을 연결하고 AC를 공급한다.

다. POWER 스위치를 ON한다.

라. RUN 램프가 ON상태가 된다.

3. 광섬유를 연결한다.

가. 광섬유 커넥터를 [그림 5-3-23]과 같이 이소프로필알코올로 청소한다.

[그림 5-3-23] 광 커넥터 플럭의 청소 및 삽입

나. OTDR의 광 출력 커넥터에 광섬유가 연결된 커넥터를 연결한다.

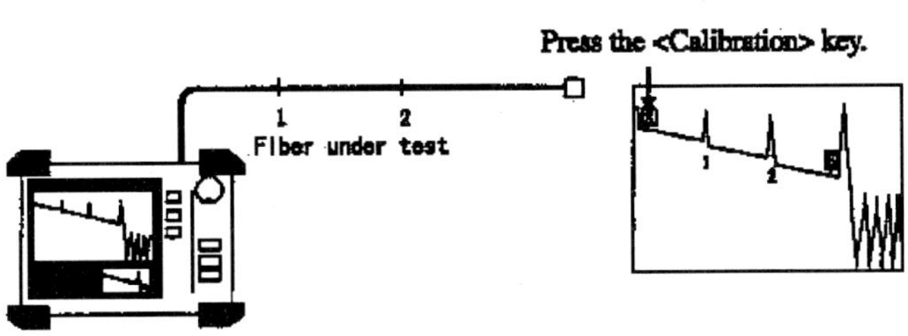

[그림 5-3-24] 피측정 광섬유 케이블의 연결

다. 광 커넥터가 연결되지 않은 광섬유에 피 측정 광섬유를 융착 접속한다. 또는 광섬유 단면과 피 측정 광섬유를 V구로 연결하고 굴절률 맞춤 용액(index matching liquid)을 한 방울 떨어뜨린다.

라. 첫 번째 광섬유 드럼의 끝 지점과 두 번째 광섬유 드럼을 광섬유 융착 접속기로 접속한다.

4. 각종 측정 조건을 변화시킨다.

측정 거리, 광 펄스의 폭, 측정 파장, 수직 및 수평축 스케일, 굴절률, 이득 등을 변화시킨다.

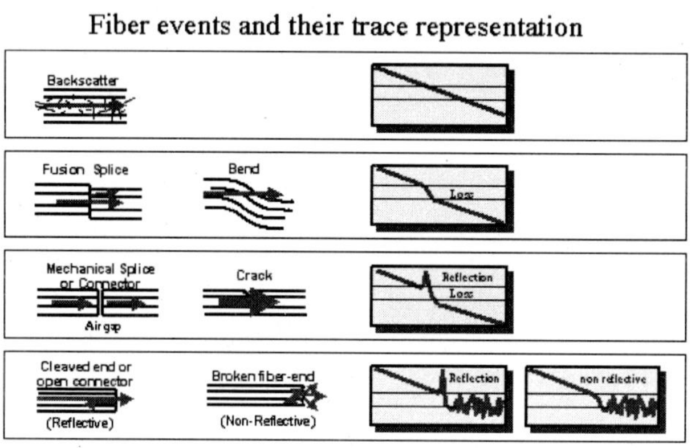

[그림 5-3-25] 각종 현상시의 파형 모양

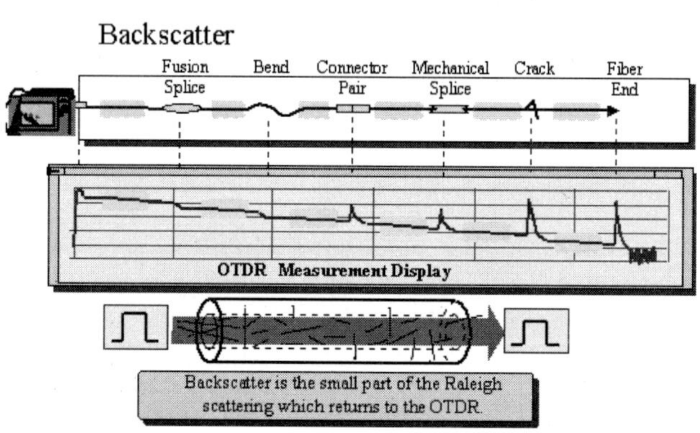

[그림 5-3-26] 후방산란광 발생 시의 파형

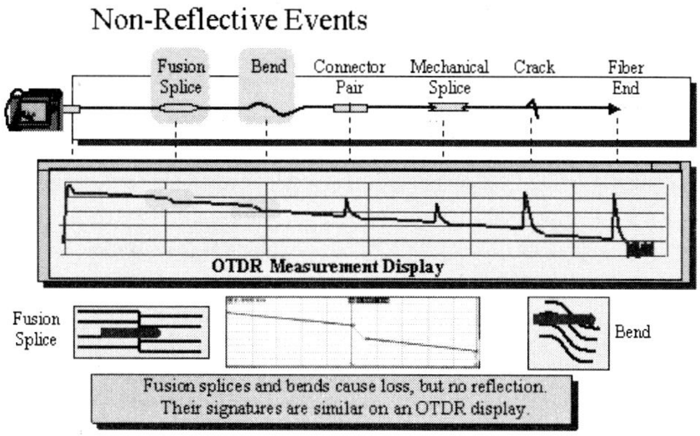

[그림 5-3-27] 무반사시 파형

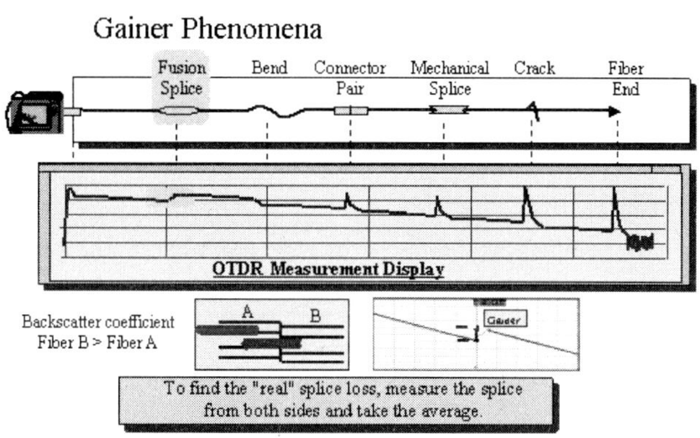

[그림 5-3-28] 이득 현상

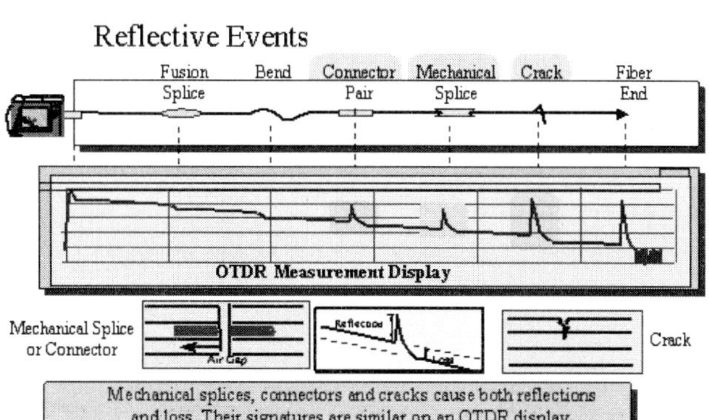

[그림 5-3-29] 반사 발생시

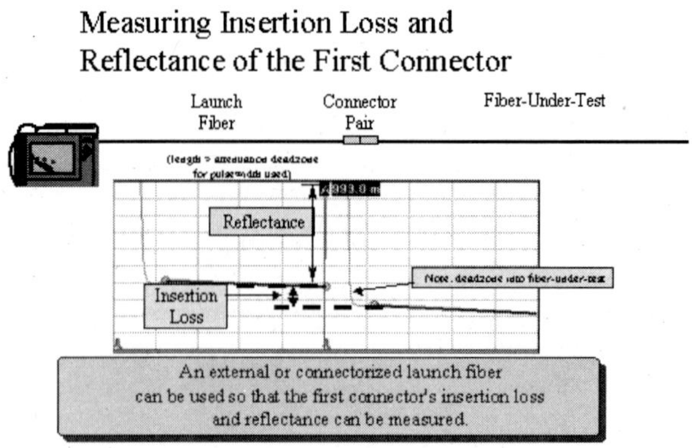

[그림 5-3-30] 첫 번째 커넥터의 손실 및 반사 측정

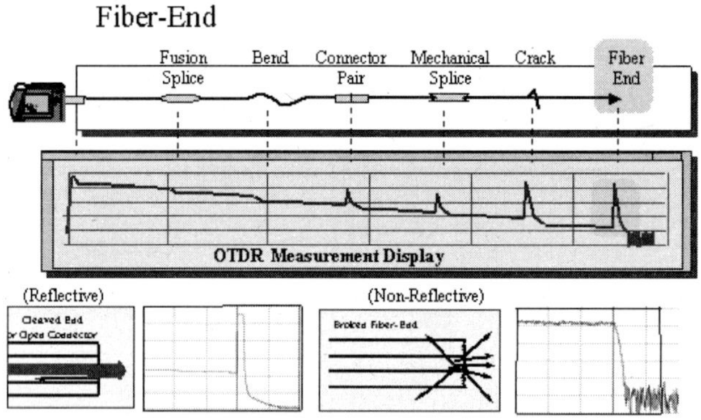

[그림 5-3-31] 광섬유 파단 시

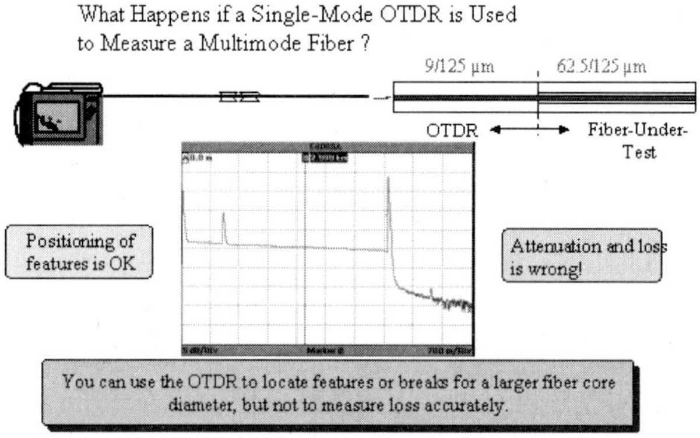

[그림 5-3-32] 단일모드와 다중모드 접속 시

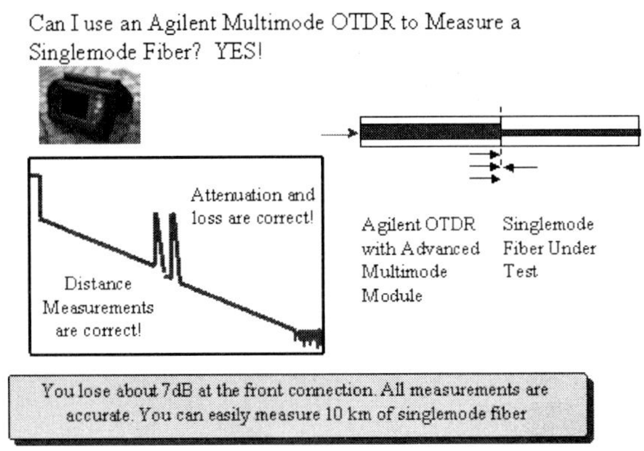

[그림 5-3-33] 다중모드 OTDR로 단일모드 측정 시

5. 측정 결과를 확인한다.
6. 전원을 차단한다. OTDR의 전원 스위치를 OFF한다.
7. 광섬유를 빼낸다.
가. OTDR로부터 광 커넥터와 광섬유를 분리한다.
나. 피 측정 광섬유를 분리한다.

다. MTS-4000 운용

1. OTDR 외관

가. 전면판

[그림 5-3-34] 전면도

나. OTDR 모듈

[그림 5-3-35] 측면도

모듈 캐치로 모듈을 고정시킨다. 모듈이 고정된 상태에서, 캐치는 화면과 수직을 이루어야 한다. 화이버를 광 출력 커넥터에 연결한다.

보조 모듈은 보조 모듈 슬롯에 삽입한다. 사용가능한 보조 모듈로는 PON PowerMeter 및 Fiber Scope가 있다.

2. **커넥터 종류 및 교환**

① 커넥터 종류

JDSU는 이 커넥터와 호환성이 있는 5개의 다른 어댑터를 제공함으로써 작업하려고 하는 파이버 종류에 따라 하나의 어댑터에서 다른 어댑터까지 바꾸어 사용할 수 있다.

제공된 어댑터 종류: FC, SC, DIN, ST and LC.

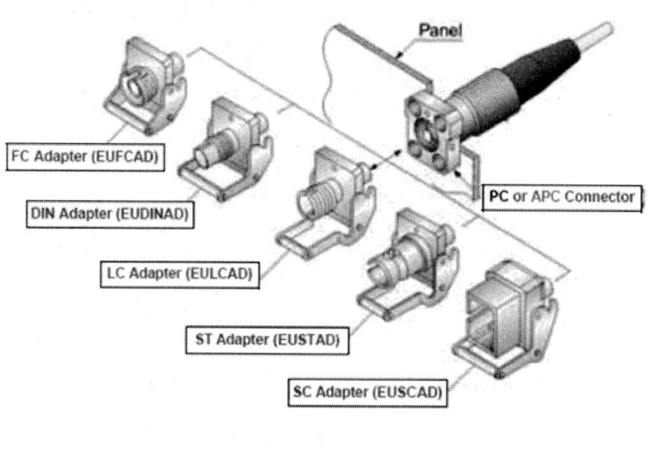

[그림 6-3-36] 5개의 다른 어댑터 종류는 유니버설 커넥터에 고정됨

② 커넥터 종류 바꾸기

하나의 어댑터에서 다른 어댑터로 바꾸기 위해 보이는 것처럼 진행한다.

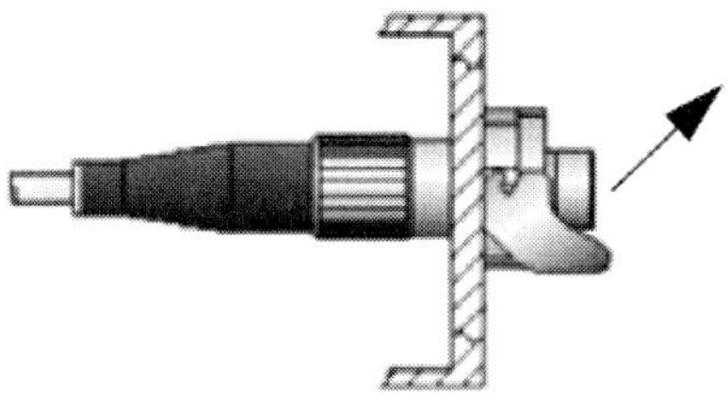

lug holes로부터 어댑터를 해제하기 위해 화살표의 방향으로 당긴다.

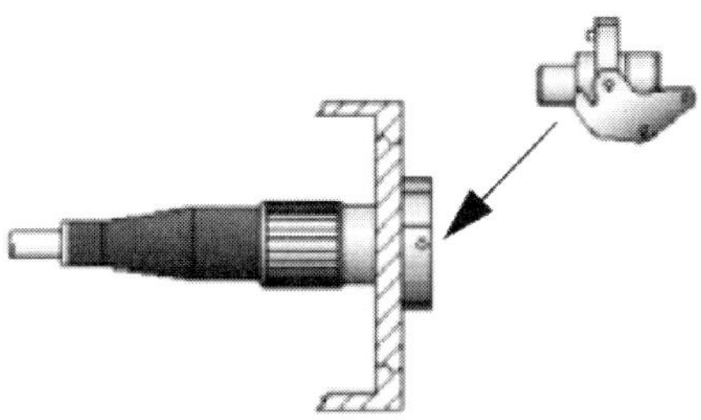

어댑터를 연결하기 위해서는 lugs와 맞물리게 하기 위해 보이는 것처럼 핸들을 놓고 강하게 밀고 핸들을 밑으로 내린다.

[그림 6-3-37] 어댑터 교체하기

유니버설 커넥터 닦기

페럴에 닿기 위해 어댑터를 제거하고 면봉을 사용하여 닦는다.

3. 기본 측정

1) 〈HOME〉 **버튼**을 눌러서 OTDR기능이 **활성화(노란색)** 되어있는지 확인한다.

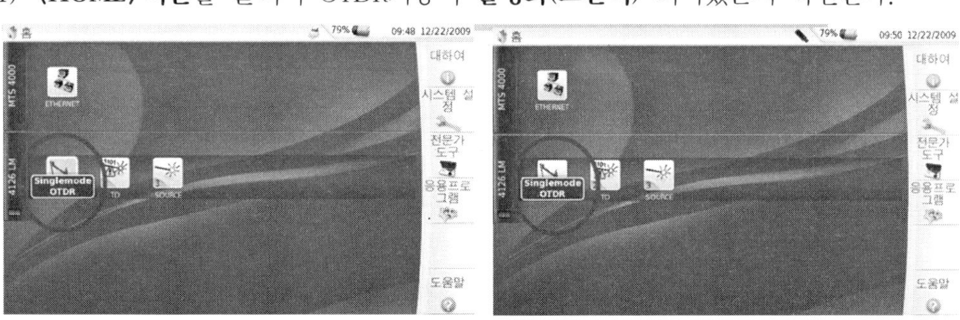

OTDR 기능 사용할 수 있음　　　　OTDR 기능 사용할 수 없음

[그림 6-3-37] 〈HOME〉버튼

※ OTDR 기능이 활성화 되어있을 경우(노란색) 변경하지 않는다.

2) 〈SETUP〉버튼을 눌러서 파장, 거리, 펄스 등을 설정한다.

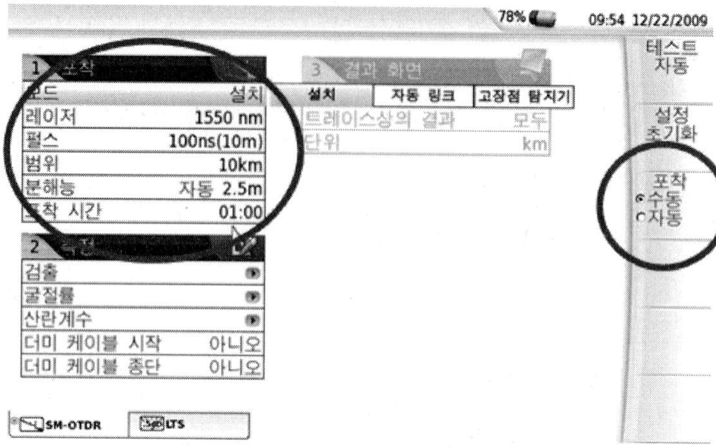

[그림 6-3-38] OTDR 설정

※ 〈자동〉 선택을 하면 설정 값이 자동으로 세팅된다.

(펄스는 3ns, 10ns, 30ns, 100ns, 300ns, 1㎲, 3㎲, 10㎲ 있으며, 아주 짧은 거리(200m이내)를 측정할 경우 펄스를 3ns~30ns를 설정하며, 먼 거리(30Km이상)를 측정할 경우 1㎲~10㎲를 설정한다. 보통 펄스 100ns 설정하며, 펄스가 작은 경우 분해능이 뛰어나 짧은 거리도 측정하지만 먼 거리는 측정할 수 없다. 반대로 펄스가 클 경우 짧은 거리는 측정이 힘들지만, 먼 거리를 측정할 수 있다.)

3) (START/STOP) 버튼을 한번 누르게 되면 평균화 측정이 시작되며, (START/STOP) 버튼을 2~3초 길게 누르게 되면 실시간 측정 모드가 된다.

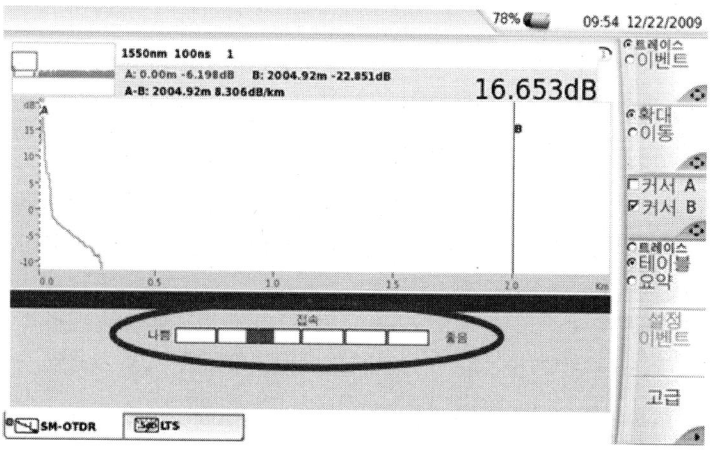

[그림 6-3-39] 커넥터 단면 상태

※ 연결 커넥터의 단면이 좋을 경우 〈좋음〉으로 표시가 되며, 단면이 더러울 경우 〈나쁨〉으로 표시된다. (단, 거리 및 펄스 설정이 잘못되었을 경우에도 〈나쁨〉으로 표시된다.)

4) OTDR 측정이 완료되었을 경우, **측정 파형**과 **이벤트 표**를 참조하여 분석한다.

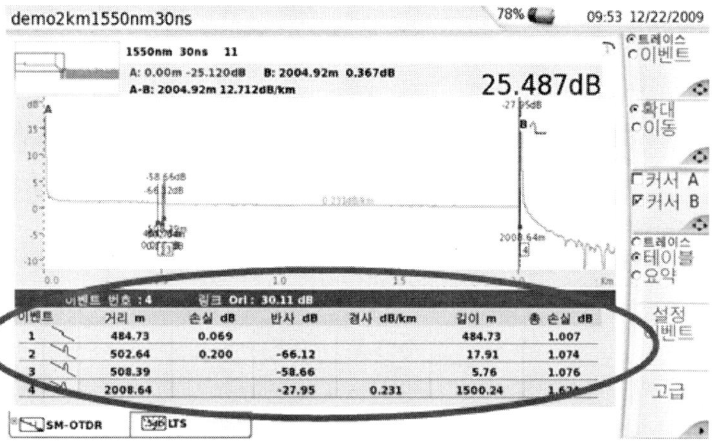

[그림 6-3-40] 이벤트 표

5) OTDR 측정을 완료 후에 접속 지점이 이벤트 표에 나타나지 않을 경우, 해당 지점에 커서를 이동한 후에 **〈설정 이벤트〉기능**을 눌러 해당 지점에 손실을 확인할 수 있다.

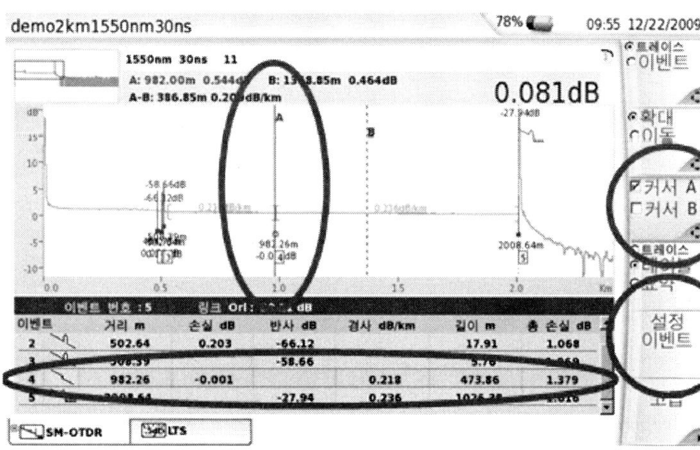

[그림 6-3-41] 설정 이벤트

6) OTDR 측정 파형을 확대하는 방법은 두 가지가 있다. 〈확대/이동〉선택에서 〈확대〉를 선택한 후 확대하고자 하는 지점을 터치를 하거나 〈방향키〉버튼을 누른다. (〈ENTER〉버튼을 누르게 되면 확대된 파형이 원래 화면으로 되돌아오게 된다.)

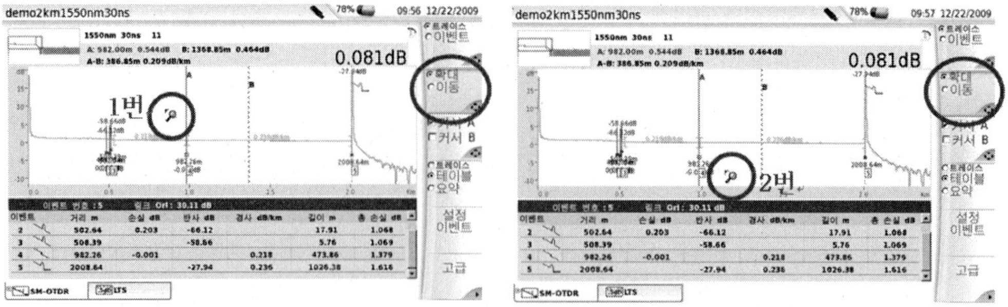

[그림 6-3-42] 이벤트 확대

※ 그림처럼 화면을 대각선방향으로 2번 터치하게 되면 해당 지점이 확대된다.

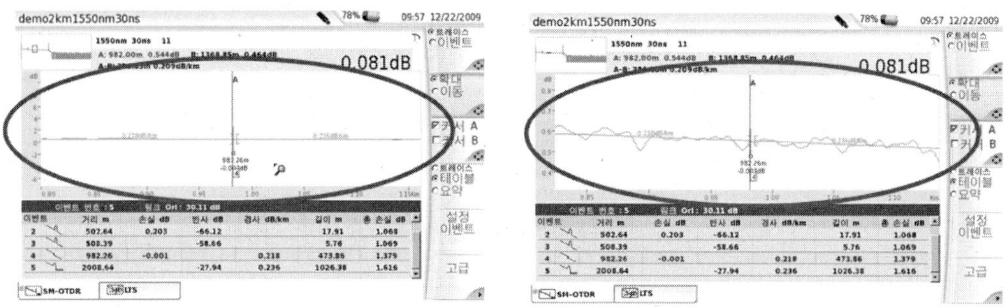

(해당 지점 확대된 파형) (〈방향키〉버튼을 사용하여 파형 확대)

[그림 6-3-43] 이벤트 확대

4. 저장 및 프린터

1) 그림 파일(JPG) 저장

그림 파일을 OTDR 내부에 저장하기 위해서는 처음 OTDR을 켰을 때 설정 작업이 필요하다.

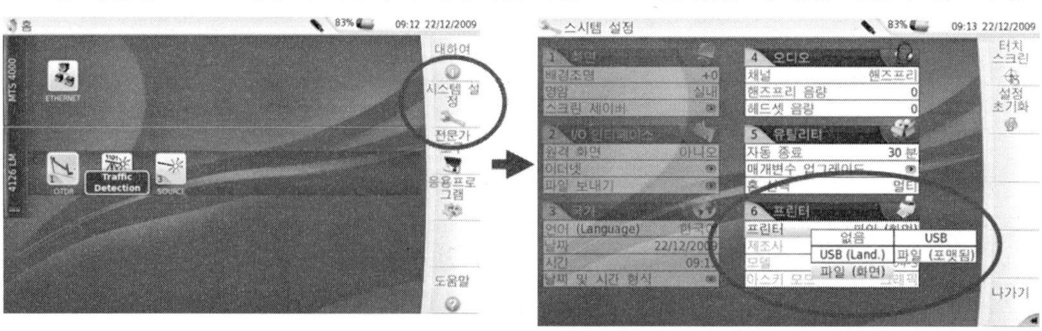

[그림 6-3-44] 프린터 설정

1〉 OTDR의 메인 메뉴에서 〈시스템 설정〉을 선택한다.

2〉 〈프린터〉 설정 메뉴에서 〈파일(화면)〉으로 설정한다.

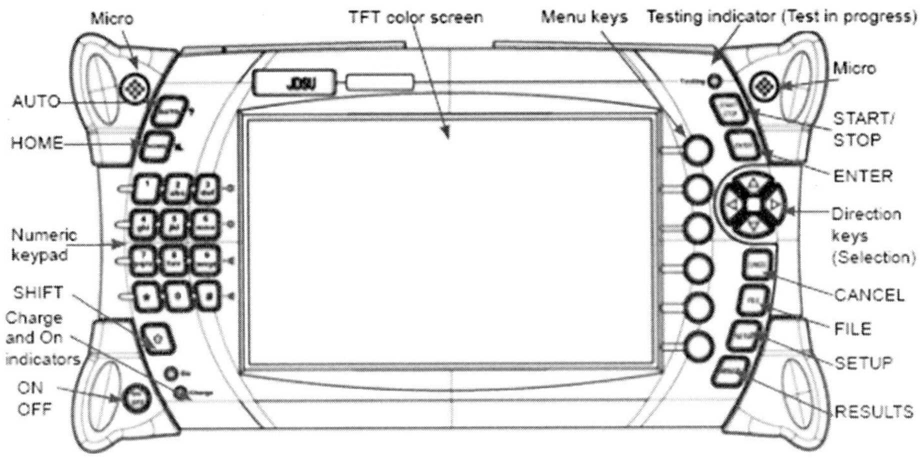

[그림 6-3-45] OTDR 전면도

3〉 그림 파일 저장을 원하면 측정 화면에서 버튼의 좌우버튼을 동시에 누른다.

4〉 저장된 파일 목록을 보려면 OTDR 본체 상의 〈FILE〉버튼을 누른 후 파일 탐색기를 선택한다.

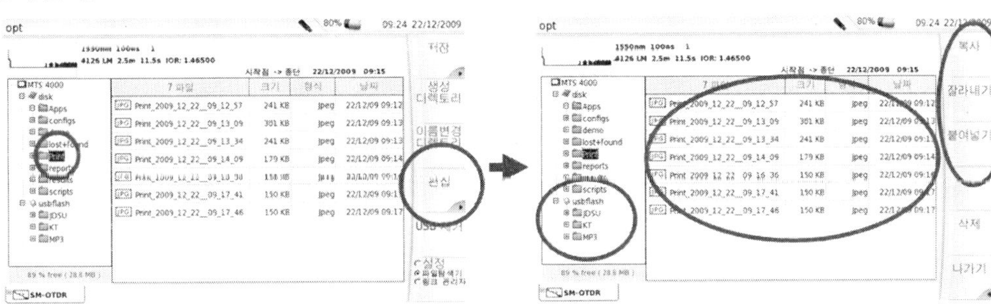

[그림 6-3-46] OTDR 저장

5〉 그림 파일은 내부 메모리의 〈Print〉폴더 안에 저장한 날짜로 파일이름이 자동으로 생성된다. (단, 내부메모리에만 저장, USB 메모리 저장 안 됨)

6〉 USB에 이동 저장을 원하면 **〈편집〉을 선택**한 후 이동하려는 파일을 선택한 후 **〈복사〉 또는 〈잘라내기〉를 선택**한다.

7〉 〈복사〉 또는 〈잘라내기〉한 파일을 USB 내부의 폴더 안에 〈붙여넣기〉한다.

8〉 위의 과정이 완료되면 OTDR상에서 USB를 제거한 후 PC상에서 확인하면 된다.

2) SOR 파일로 저장

SOR 파일은 자동 및 수동 저장이 가능하다.

자동 저장을 원하면 〈FILE〉버튼을 누른 후 〈설정〉의 〈1. 파일 정보〉내의 〈자동 저장〉에서 〈예〉를 선택하고, 수동 저장을 원하면 〈아니오〉를 선택하면 된다.

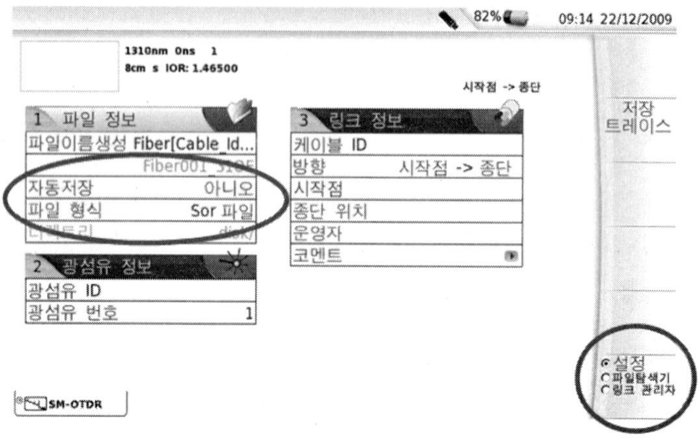

[그림 6-3-47] 자동 저장

1〉 자동 저장

가. 자동 저장을 원하면 〈1. 파일 정보〉 상의 〈파일 이름 생성〉에서 설정을 먼저 한다.

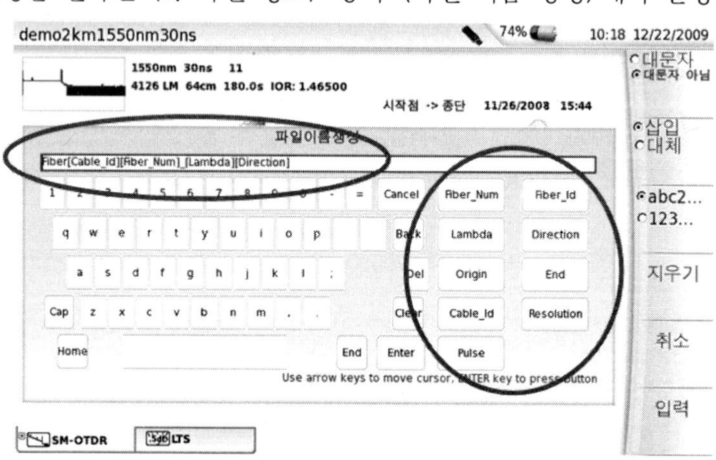

[그림 6-3-48] 자동 저장 2

나. [Fiber Num], [Fiber Iid], [Lambda], [Direction], [Origin], [End], [Cable Id], [Resolution], [Pulse]버튼은 OTDR에 미리 입력되어 있는 데이터 값을 나타내주는 키로 선택 유무에 따라 파일이름 상에 표시 유무가 결정된다.

- [Fiber Num] : 선택하였을 경우 광섬유 번호가 순차적으로 증가하는 것을 보여준다.

- [Fiber Id] : 선택하였을 경우 입력되어 있는 광섬유 Id명을 보여준다.
- [Lambda] : 선택하였을 경우 측정한 파장을 보여준다.
- [Cable Id] : 선택하였을 경우 입력되어 있는 케이블 Id명을 보여준다.
- [Pulse] : 선택하였을 경우 측정 펄스를 보여준다.
- [Resolution] : 선택하였을 경우 분해능을 보여준다.
- [Origin] : 선택하였을 경우 운영자 정보를 보여준다.
- [Direction] : 선택하였을 경우 설정되어 있는 〈방향〉을 보여준다.
- [End] : 선택하였을 경우 종단 위치를 보여준다.

다. 모든 설정을 완료한 후 OTDR을 측정하면 자동으로 설정 값에 따라 저장된다.
라. 저장 경로는 〈FILE〉버튼을 누른 후 〈파일 탐색기〉에서 경로를 지정해 주면 된다. 설정된 경로는 〈FILE〉버튼을 누른 후 〈설정〉의 〈1. 파일 정보〉내의 〈디렉토리〉에 표시된다.

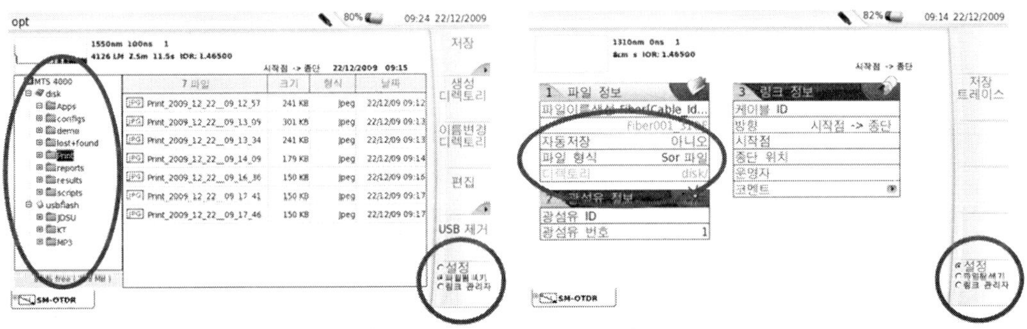

[그림 6-3-49] 저장 설정

2〉 수동 저장
가. OTDR을 측정한 후 〈FILE〉버튼을 누르고 〈파일 탐색기〉에서 저장할 경로를 선택한다.
나. 〈저장〉버튼을 누른 후 파일 명을 입력하면 해당 디렉토리에 측정 파일이 저장된다.

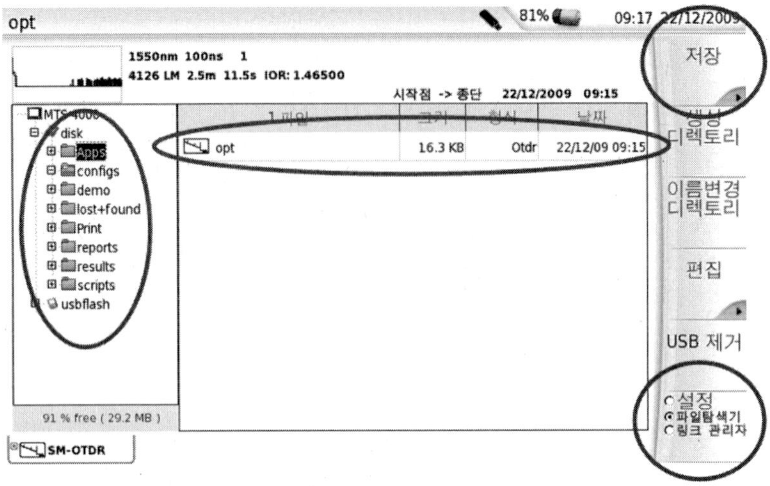

[그림 6-3-50] 수동 저장

※ SOR 파일은 자동 및 수동 저장 방법에 상관없이 내부 및 USB저장이 가능하다.

5. 인쇄하기

1〉 인쇄 설정하기

프린터를 하기 위해서는 처음 OTDR을 켰을 때 설정 작업이 필요하다.

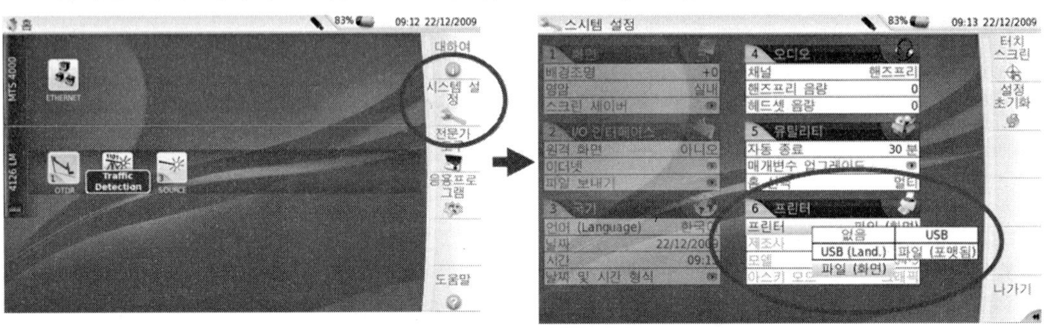

[그림 6-3-51] 프린터 설정

1〉 OTDR의 메인 메뉴에서 〈시스템 설정〉을 선택한다.

2〉 〈프린터〉 설정 메뉴에서 〈USB〉으로 설정한다.

3〉 제조사 설정 메뉴에서 SEIKO를 설정한다.

4〉 모델 설정 메뉴에서 DPU-S445를 설정한다. 모델 설정은  버튼에서 좌우키를 누르면 순차적으로 모델 번호가 바뀐다. 그 중, DPU-S445를 선택한다.

5〉 OTDR의 USB 출력 단자와 프린터의 USB 입력 단자를 USB 케이블을 이용하여 연결한다.

6〉 인쇄를 원하면 측정 화면에서 버튼의 좌우버튼을 동시에 누른다.

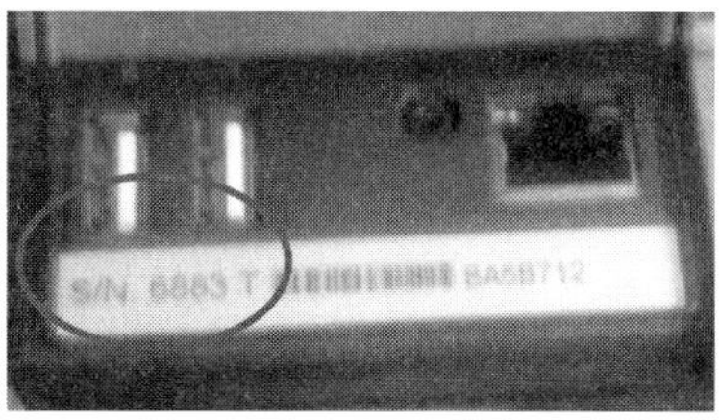

(OTDR USB 포트)

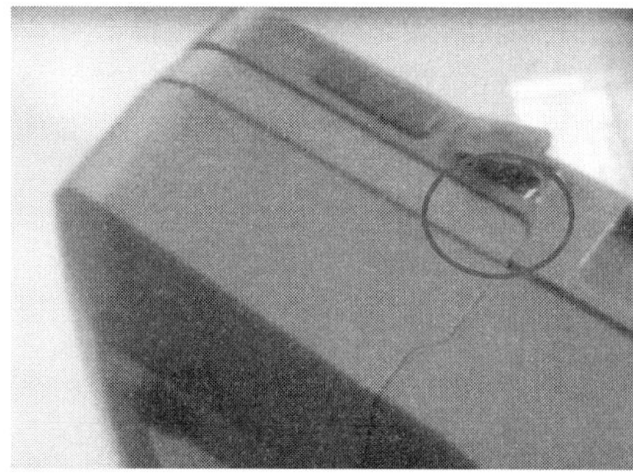

(프린터 USB 포트)

[그림 6-3-52] USB 포트

부록 1. 통신망 분배 기술 구성도

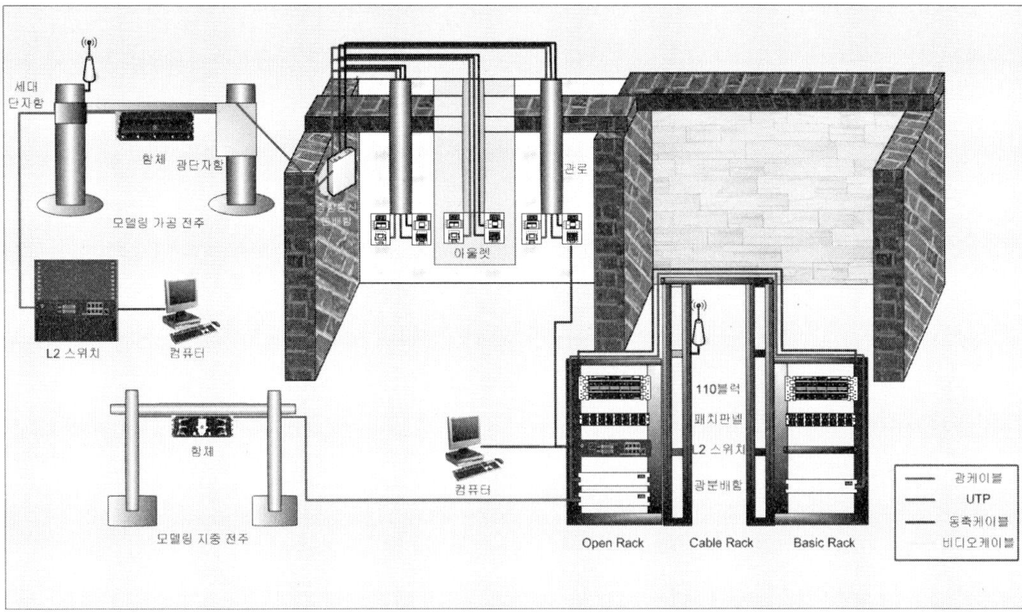

[그림 A1-1] 통신망 분배 기술 워크스테이션 구성도

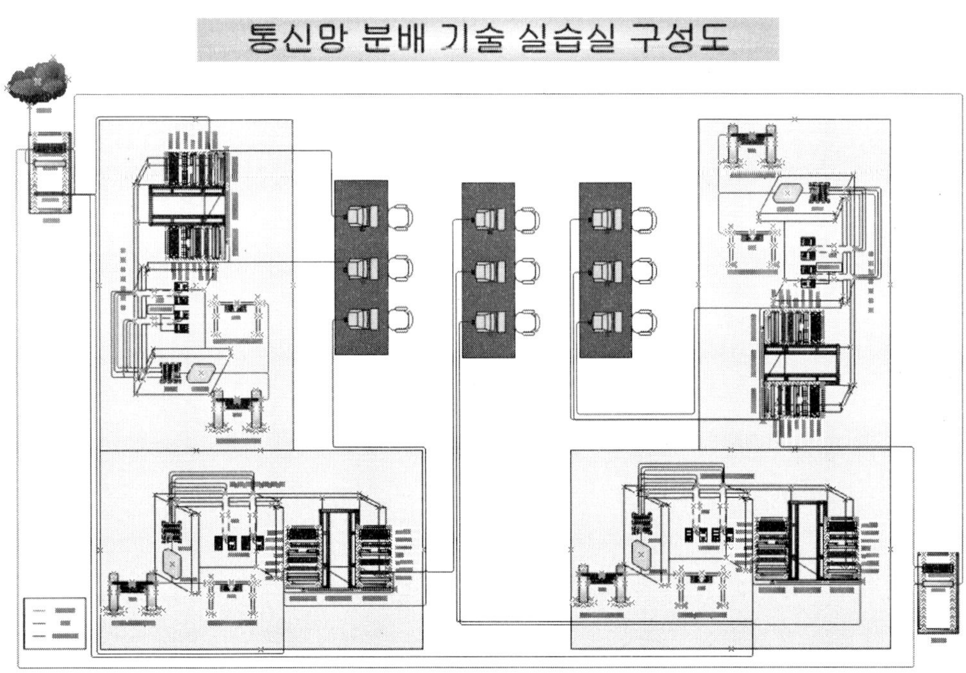

[그림 A1-2] 통신망 분배 기술 실습실 구성도

부록 2. KT FTTH 시스템

[그림 A2-1] KT FTTH 시스템

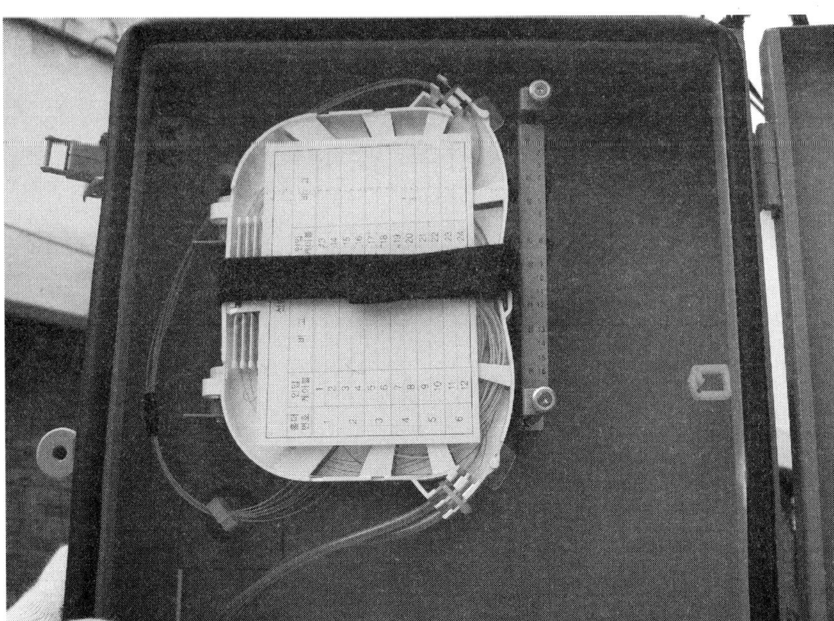

[그림 A2-2] KT FTTH 시스템

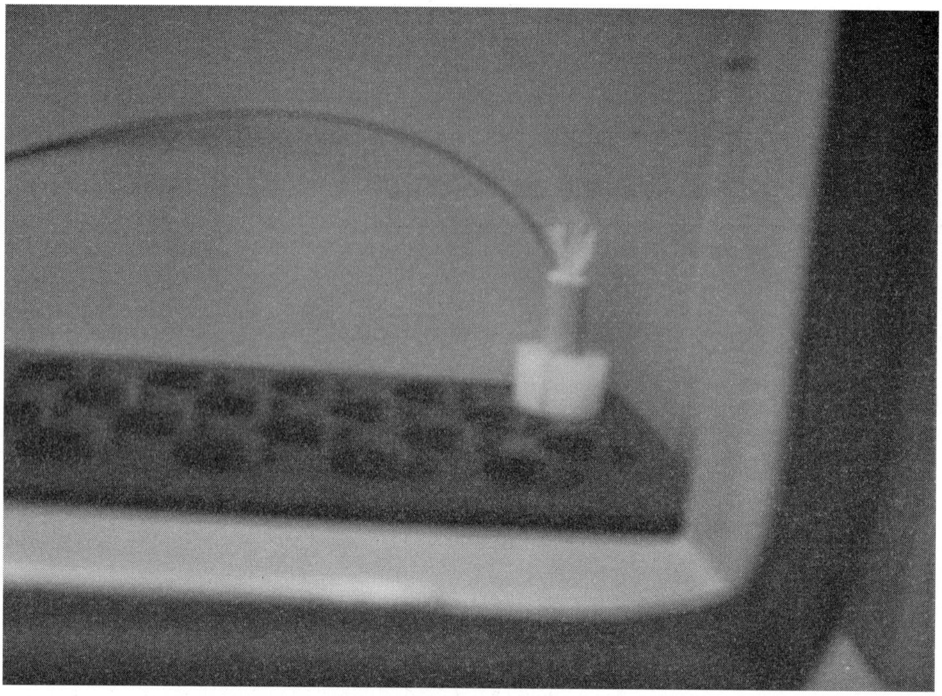

[그림 A2-3] KT FTTH 시스템

[그림 A2-4] KT FTTH 시스템

[그림 A2-5] KT FTTH 시스템

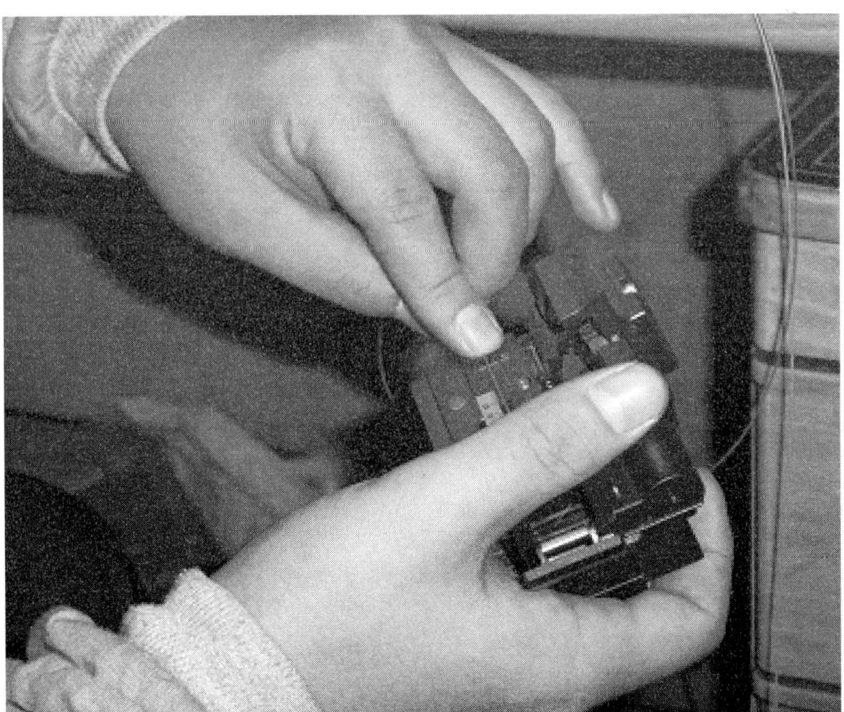

[그림 A2-6] KT FTTH 시스템

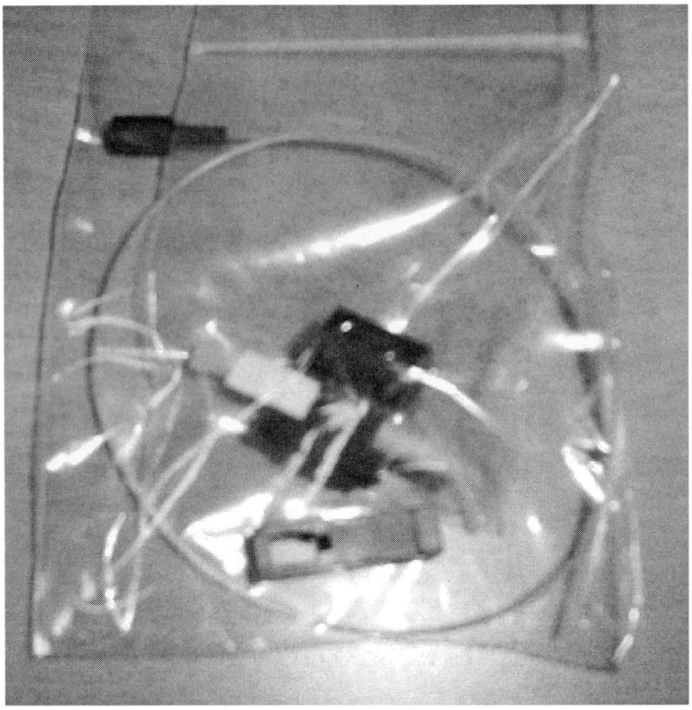

[그림 A2-7] KT FTTH 시스템

[그림 A2-8] KT FTTH 시스템

부록 3. 통신선로 산업기사 실기시험 문제

한국방송통신전파진흥원 자격검정본부 공개문제

<통신선로산업기사 공개도면>

* 공개도면은 수험생의 참고를 위해 대표적인 형태를 제시한 것이며 실제 시험에서는 제시된 형태에서 일부 변형출제 될 수 있음을 알려드립니다.

도면1.

[도면 1] 광기계식 접속 및 측정

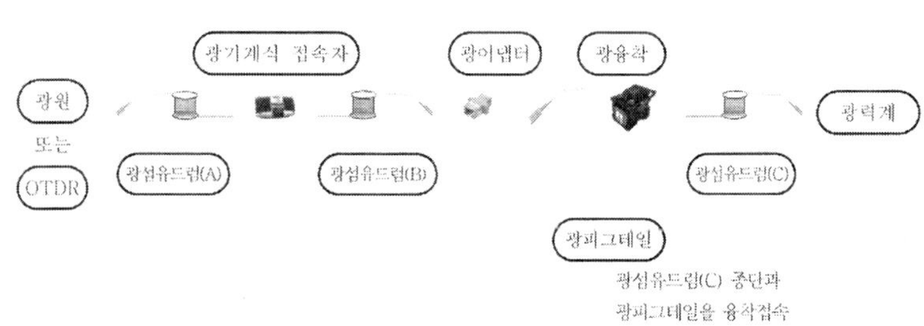

[도면 2] 광섬유 심선의 컷백법에 의한 손실 측정

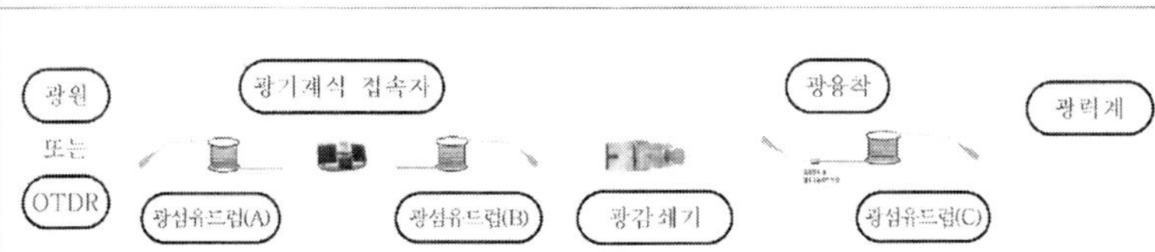

[도면 3] 미지의 광감쇄기 측정

도면2.

[도면 1] 광 기계식 접속 및 측정

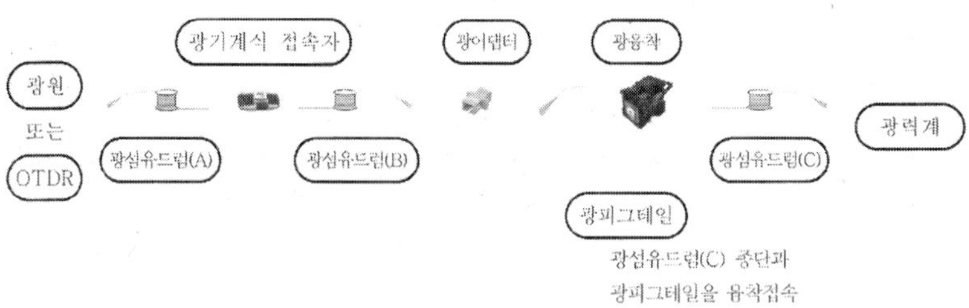

[도면 2] 광융착 및 측정

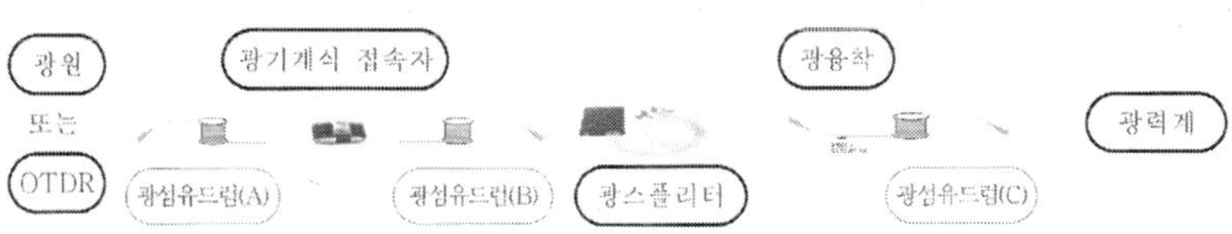

[도면 3] 광스플리터를 연결하여 손실과 거리 측정

자세한 설명이나 동영상은 www.optelcom.net 〉 고객지원 〉 자료실을 방문

[제 1 과제]

1) [도면 1]과 같이 광원과 광력계를 단일모드광섬유(SMF: Single Mode Fiber) 점퍼코드를 이용하여 연결한다.

[도면 1]

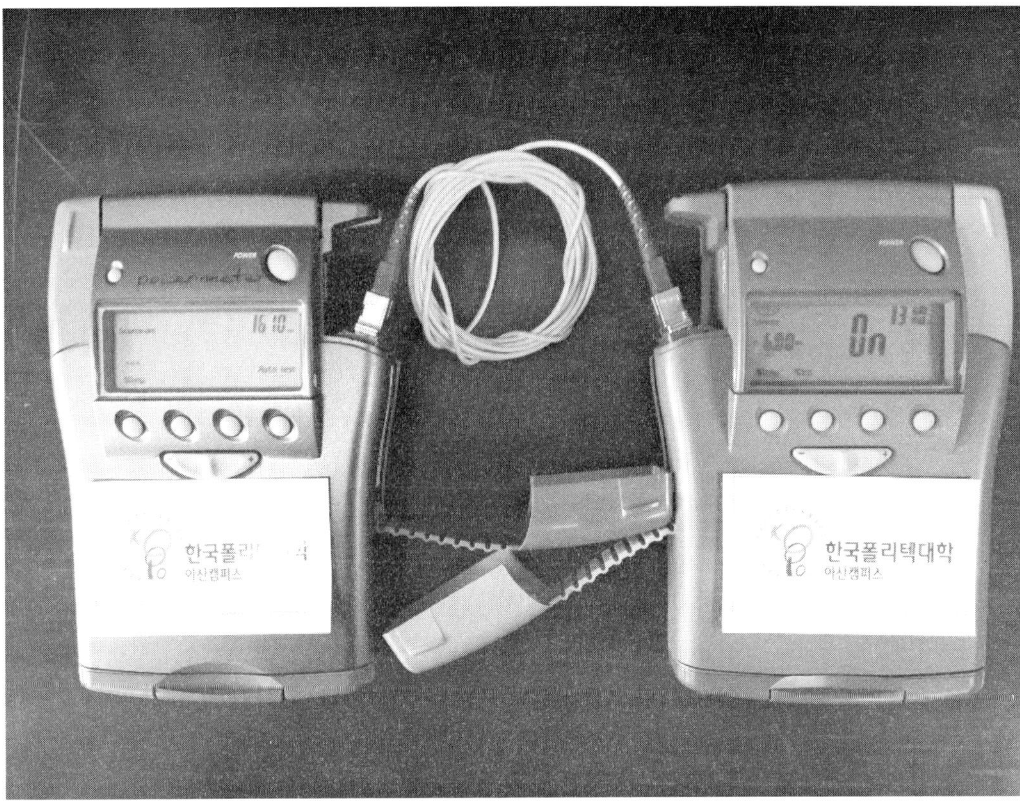

2) 광력계의 전원을 ON하고 화면 좌측 상단의 파장 표시가 1310nm로 표시되어 있지 않을 경우, 버튼을 누를 때마다 파장표시 값이 변한다. 1310nm가 나타날 때까지 누른다.

광원의 전원을 ON하면, 자동적으로 광신호가 출력된다.

해당 버튼을 눌러서 LCD 표시가 0Hz가 되도록 한다.

그리고 1310nm 파장이 되도록 [λ]버튼을 눌러서 좌측 상단 표시가 1310nm가 되도록 한다.

3) 광력계에 현재 표시되고 있는 dBm값을 읽어 [표1]에 기록한다. 광력계의 [dBm/W]버튼을 눌러서 dBm값을 전력값 W로 전환시키고, 그 값을 읽어 [표 1]에 기록한다.

[표 1] 기준 광전력의 측정

측정파장	광전력[dBm]값	광전력[W]값	확인
nm	dBm	mW	(인)

4) [도면 2]와 같이 광섬유드럼(A, B, C) 3개를 준비하고, 광섬유 드럼A와 C는 광 커넥터가 처리된 피그테일이 연결되어 있는 것으로 준비한다. 광섬유드럼 A에 연결된 광 패치코드의 페눌 단면을 알코올로 깨끗하게 닦은 다음 안정화 광원에 정확하게 연결한다.

[제 2 과제]

[도면 2]

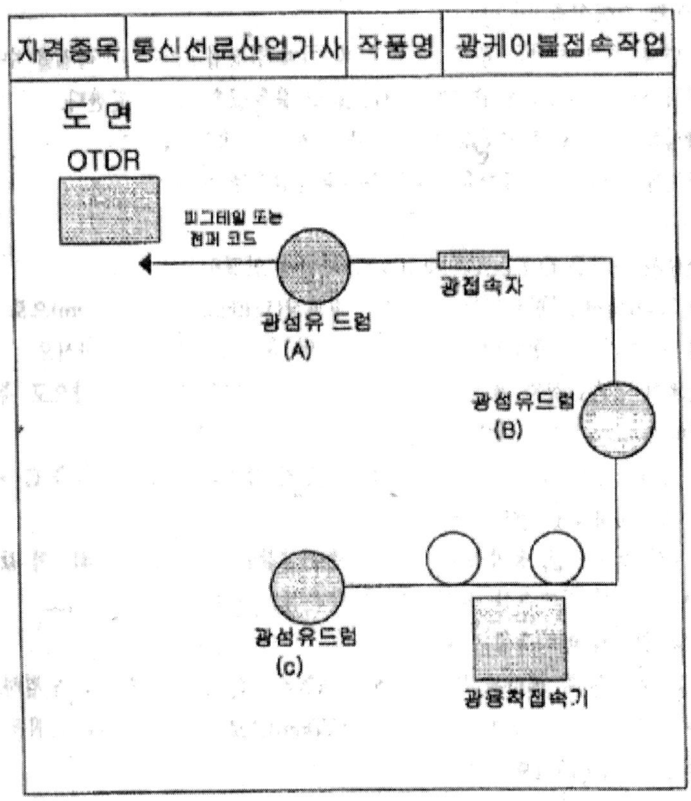

5) 광섬유 드럼 A와 광섬유 드럼 B는 광섬유 융착접속기를 이용하여 아래와 같은 방법으로 융착접속한다.

6) 광섬유 융착접속기의 전원을 켜고, 접속모드를 선택한다.

7) 광섬유 드럼 A, B의 광섬유의 아크릴 코팅 약 50mm 정도를 스트리퍼를 사용하여 제거하고, 와이퍼 종이에 알코올을 적셔 광섬유를 깨끗이 세척한다.

8) 코팅을 제거한 광섬유를 반자동 절단기를 사용하여 20mm길이로 절단한다.

9) 광섬유드럼 A, B의 절단된 광섬유를 접속기 좌우 V-그루브에 정확하게 장착시킨다. 광섬유 홀더의 커버를 덮고 방풍 덮개를 닫은 다음, [SET]버튼을 누르면 광섬유 융착접속기는 자동으로 좌우 광섬유를 코어 정렬하게 된다.

10) 코어 정렬이 완료되면 전기방전이 일어나고 통상적으로 전기방전이 가해지는 시간은 약 2초 정도이다. 방전이 완료되면 광섬유의 접속 상태를 판단하여 자동으로 추정 손실 값이 화면 하단에 표시된다.

11) 광섬유드럼B와 광섬유드럼C 사이는 기계식접속자를 이용하여 접속작업을 실시한다.

12) 기계식 접속자를 조립 툴에 장착한다.

13) 광섬유드럼 B의 피복을 약 50mm정도 스트리퍼를 이용하여 제거하고, 코팅이 제거된 부분을 와이퍼에 알코올을 적셔 깨끗이 닦는다.

14) 피복이 제거된 광섬유가 약 12.5mm가 되도록 광섬유 절단기를 이용하여 정확하게 절단한다.

15) 절단된 광섬유는 기계식접속자의 좌우측 홀(hole)에 가이드를 따라서 밀어 넣는다.

16) 광섬유드럼 B와 C의 광섬유 삽입이 완료되면, 조립 툴의 누름 덮개를 내려서 기계식접속자의 CAP를 눌러 좌우 광섬유를 고정시킨다. 이 작업이 완료되면 기계식접속자를 조립 툴에서 분리한다.

17) 광섬유드럼 A, B, C의 접속작업이 완료되면, 광섬유 드럼 종단에 연결되어 있는 커넥터가 부착된 패치코드를 광력계에 연결한다.

18) 광원의 파장이 1310nm에 설정되어 있는지 확인하고, 버튼을 눌러서 광원을 출력시킨다. 그러면 광력계에 광 전력값이 표시된다.

19) 광력계에 광 파워 값이 표시되면, 아래의 [표 2]에 그 값을 기록한다.

[표 2] 측정파장에 따른 광전력값

측정파장	광전력[dBm]값	광전력[W]값	확인
nm	dBm	mW	(인)

20) [도면1]에서 측정한 값과 [도면2]에 측정한 값을 기록하고, [표3]을 통해서 계산한다.

[표 3] 측정값 계산

측정파장	[표1]기준 광전력	[표2]광섬유 A~B~C 연결 시	[표1]-[표2] 광섬유의 손실	확인
1310 nm	dBm	dBm	dB	(인)
1310 nm	mW	mW	10log[표1]/ [표2]mW	(인)

21) 광 펄스시험기[OTDR]

[표 4] 광 펄스시험기(OTDR)에 의한 거리와 손실 측정

	길이	손실
측정파장	1310 nm	
광섬유드럼 A	km	dB
A~B 접속손실		dB
광섬유드럼 B	km	dB
B~C 접속손실		dB
광섬유드럼 C	km	dB
총길이 및 총손실	km	dB
확인	(인)	(인)

① 광 펄스시험기 (OTDR)의 전원 버튼을 눌러서 전원을 켠다. **〈HOME〉버튼**을 눌러서 OTDR기능이 **활성화(노란색)** 되어있는지 확인한다.

② 〈SETUP〉버튼을 눌러서 파장, 거리, 펄스 등을 설정한다.

③ (START/STOP) 버튼을 한번 누르면 평균화 측정이 시작되며, (START/STOP) 버튼을 2~3초 정도 길게 누르면 실시간 측정모드가 된다.

④ OTDR 측정이 완료되었을 경우, **측정파형**과 **이벤트 표**를 참조하여 분석한다.

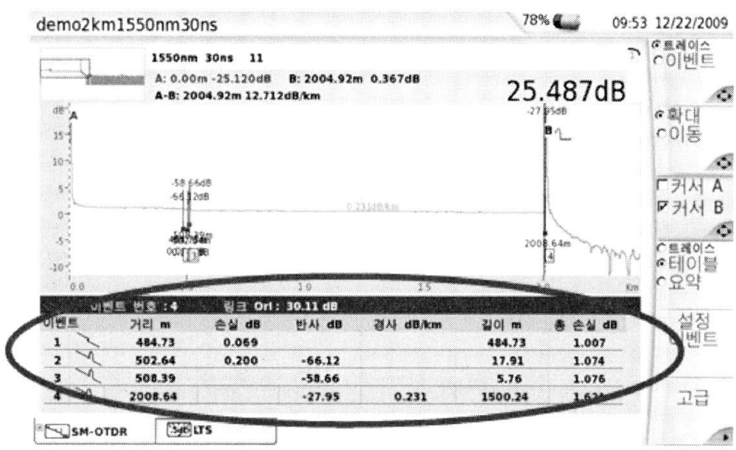

[그림 3A-1] 이벤트 표

⑤ OTDR 측정을 완료 후에 접속 지점이 이벤트 표에 나타나지 않을 경우, 해당 지점에 커서를 이동한 후에 **〈설정 이벤트〉기능**을 눌러 해당 지점의 손실을 확인할 수 있다.

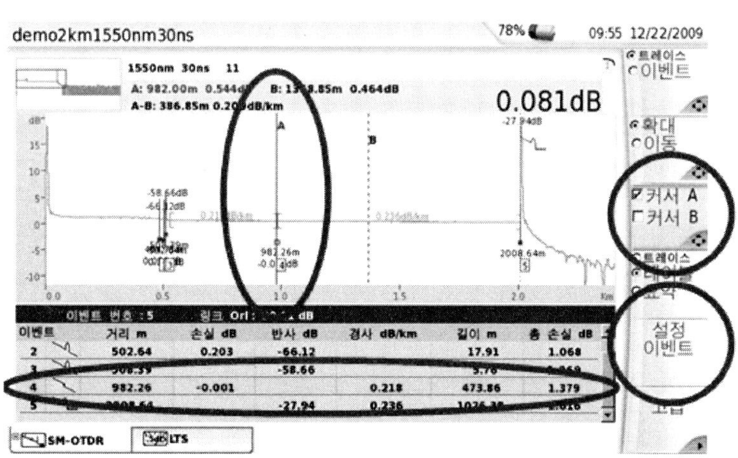

[그림 3A-2] 설정 이벤트

⑥ OTDR 측정 파형을 확대하는 방법에는 두 가지가 있다. 〈확대/이동〉선택에서 〈확대〉를 선택한 후 확대하고자 하는 지점을 터치를 하거나 〈방향키〉버튼을 누른다. (〈ENTER〉버튼을 누르게 되면 확대된 파형이 원래 화면으로 되돌아오게 된다.)

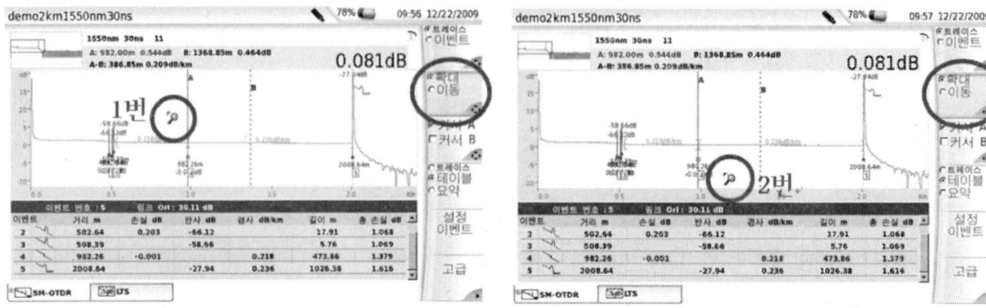

[그림 3A-3] 이벤트 확대

⑦ 저장 및 프린터

1) 그림 파일(JPG) 저장

그림 파일을 OTDR 내부에 저장하기 위해선 처음 OTDR을 켰을 때 설정 작업이 필요하다.

1〉 OTDR의 메인 메뉴에서 〈시스템 설정〉을 선택한다.

2〉 〈프린터〉 설정 메뉴에서 〈파일(화면)〉으로 설정한다.

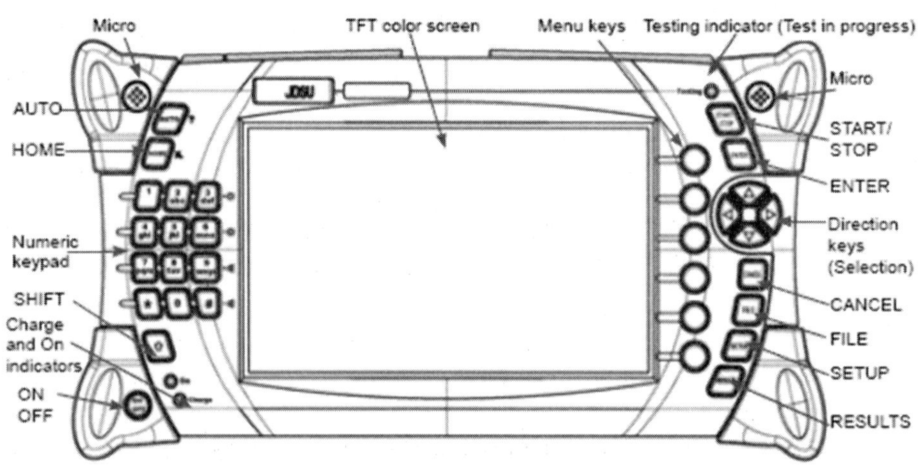

[그림 3A-4] OTDR 전면도

3〉 그림 파일을 저장하려면 측정 화면에서 버튼의 좌우버튼을 동시에 누른다.

4〉 저장된 파일 목록을 보려면 OTDR 본체 상의 〈FILE〉버튼을 누른 후 파일 탐색기를 선택한다.

5〉 그림 파일은 내부 메모리의 〈Print〉폴더 안에 저장한 날짜로 파일이름이 자동으로 생성된다.(단, 내부메모리에만 저장, USB 메모리 저장 안 됨)

6〉 USB에 이동 저장하려면 **〈편집〉을 선택**한 후 이동하려는 파일을 선택한 후 **〈복사〉 또는 〈잘라내기〉를 선택**한다.

7〉 〈복사〉 또는 〈잘라내기〉한 파일을 USB내부의 폴더 안에 〈붙여넣기〉 한다.

8〉 위의 과정이 완료되면 OTDR상에서 USB를 제거한 후 PC상에서 확인하면 된다.

2) SOR 파일로 저장

SOR 파일은 자동 및 수동 저장이 가능하다.

자동 저장하려면 〈FILE〉버튼을 누른 후 〈설정〉의 〈1. 파일 정보〉내의 〈자동 저장〉에서 〈예〉를 선택하고, 수동 저장하려면 〈아니오〉를 선택하면 된다.

1〉 자동 저장

가. 자동 저장하려면 〈1. 파일 정보〉 상의 〈파일 이름 생성〉에서 설정을 먼저 해야 한다.

나. [Fiber Num], [Fiber Iid], [Lambda], [Direction], [Origin], [End], [Cable Id], [Resolution], [Pulse]버튼은 OTDR에 미리 입력되어 있는 데이터 값을 나타내주는 키로써 선택 유무에 따라 파일이름 상에 표시 유무가 결정된다.

다. 모든 설정을 완료한 후 OTDR을 측정하면 자동으로 설정 값에 따라 저장된다.

라. 저장 경로는 〈FILE〉버튼을 누른 후 〈파일 탐색기〉에서 경로를 지정해 주면 된다.

설정된 경로는 〈FILE〉버튼을 누른 후 〈설정〉의 〈1. 파일 정보〉내의 〈디렉토리〉에 표시된다.

2〉 수동 저장

가. OTDR을 측정한 후 〈FILE〉버튼을 누르고 〈파일 탐색기〉에서 저장할 경로를 선택한다.

나. 〈저장〉버튼을 누른 후 파일 명을 입력 하시면 해당 디렉토리에 측정 파일이 저장된다.

3) 인쇄하기

■ 인쇄 설정하기

프린터를 하기 위해선 처음 OTDR을 켰을 때 설정 작업이 필요하다.

① OTDR의 메인 메뉴에서 〈시스템 설정〉을 선택한다.

② 〈프린터〉 설정 메뉴에서 〈USB〉로 설정한다.

③ 제조사 설정 메뉴에서 SEIKO를 설정한다.

④ 모델 설정 메뉴에서 DPU-S445를 설정한다. 모델 설정은 버튼에서 좌우키를 누르면 순차적으로 모델 번호가 바뀐다. 그 중 DPU-S445를 선택한다.

⑤ OTDR의 USB 출력 단자와 프린터의 USB 입력 단자를 USB 케이블을 이용하여 연결한다.

⑥ 인쇄하려면 측정 화면에서 버튼의 좌우버튼을 동시에 누른다.

22) 측정이 완료되면 화면상 라벨 입력란에 수검자의 등 번호를 입력한다.

23) 라벨 입력이 완료되면 측정상태가 표시되고 있는 현재 화면을 프린트한다.

24) 프린트 출력이 완료되면 인쇄용지 상단에 열 수축 슬리브와 기계식접속자의 광섬유를 5cm정도 남도록 잘라서 실습보고서에 부착하여 제출한다.

* 자세한 설명이나 동영상은 www.optelcom.net 〉 고객지원 〉 자료실 방문 *

부록 4. 광통신 용어

가. 광케이블 포설분야

(1) 허용 인장력 : 케이블의 기계적 특성을 저하시키지 않는 최소의 인장력

(2) 허용 곡률반경 : 케이블의 기계적 특성을 저하시키지 않는 최소의 곡률 반경

(3) 허용 측압 : 케이블의 기계적 특성을 저하시키지 않는 최소의 측압

(4) 포설장력 : 포설시 케이블이 받는 장력

(5) 견인포설 : 케이블을 끌어당겨 포설하는 공법

(6) 공압포설 : 관로 내 케이블을 공기압력으로 불어넣어 포설하는 공법

(7) 양방향포설 : 케이블의 양단을 각각의 시단으로 하여 정방향 및 역방향으로 포설하는 공법

(8) 포설장력제어 : 케이블을 견인 포설할 때, 케이블이 허용 인장력 이내에서 포설될 수 있도록 포설 장력을 측정, 감시하는 기능

(9) 내관 : 1본의 PVC 관로에 여러 조의 케이블을 설치하기 위해 1본의 PVC 관로를 수개의 작은 관로로 나누어 놓은 PE 전선관 관로

(10) 관로 : 동선케이블을 포설하기 위해 설치해 놓은 PVC관로

(11) 접속점 인공 : 포설 단위구간에 케이블 접속부를 수용하는 인공

(12) 통과인공 : 포설 단위구간에 케이블 접속부가 수용되지 않고 케이블이 관구에서 관구로 바로 통과되는 인공

나. 광케이블 접속분야

(1) 광섬유(또는 광섬유 나선) : 강도열화를 방지하기 위한 코팅(coating)이 입혀지지 않은(또는 코팅이 완전히 제거된) 순수한 석영의 광섬유. 즉, 광섬유를 제조할 때 모재를 고온으로 가열하여 인출한 가느다란 광섬유선

(2) 광섬유 심선 : 광섬유의 강도열화를 방지하고, 광섬유의 식별과 접속작업에 필요한 강도를 확보하기 위하여 나일론, 폴리에틸렌, 폴리카보네이트 등으로 컬러 코팅된 광섬유

(3) 단일코팅 광섬유 심선 : 광섬유에 코팅이 1회에 걸쳐 시행된 광섬유 심선

(4) 이중코팅 광섬유 심선 : 단일 코팅된 광섬유에 나일론 등의 수지계열로 2차 코팅된 광섬유 심선

(5) 광섬유 심선의 허용 곡률반경 : 광섬유의 광학적 특성을 저하시키지 않는 최소의 구부림 반경

(6) 외피접속 : 광섬유 심선 접속부를 충격이나 습기로부터 보호하기 위해 절단된 양측의 케이블 외피를 접속자재로 사용하여 접속하는 것

(7) 광섬유 심선접속 : 광섬유 심선을 융착이나 기계적인 방법으로 접속하는 것으로 광섬유의 단말처리(코팅제거, 절단), 접속, 접속부 보강, 접속여장 처리를 포함함.

(8) 융착접속 : 광섬유의 축을 맞춘 후 단면은 열로 정형한 후 가열 융착하는 방법(예 : 가열융착법)

(9) 커넥터(connector) 접속 : 커넥터를 이용하여 광섬유를 기계적으로 접속하는 방법

(10) 접속여장 : 광섬유에 직접적인 장력이 가해지지 않게 하고, 재접속, 접속기까지의 거리 확보 등을 위해 접속 함체 내에 남겨두는 광섬유 심선의 여장

(11) 고장복구 여장 : 광케이블 접속 단위 구간내 고장 발생 시 재접속할 수 있도록 접속점에서 확보하는 케이블 여장

(12) 립 코드(rip cord) : LAP케이블 외피를 탈피하기 위해 제조 시 케이블 외피부분에 넣는 털선(또는 FRP선)

(13) 분기접속(dranch jointing) : 직선 접속부에서 또 다른 방향으로 케이블을 접속하는 방법

(14) 광섬유 파단 : 광섬유 표면에 존재하는 균열(crack)이 응력이나 습기 등에 의해 성장하여 광섬유의 기계적 강도가 저하되는 현상

다. 광케이블 국내성단 분야

국내성단 : 옥외에 설치된 광케이블을 광 분배함에 수용하는 작업.

라. 광섬유 측정분야

(1) 후방 산란법 : 광섬유의 코어 내를 전파하는 광 펄스의 일부가 프레넬 반사와 레일리산란으로 인해 입사단으로 되돌아오는 현상을 이용하여 광섬유의 손실을 측정하는 방법

(2) 컷백법(Cut-back method) : 투과한 광 전혁과 입사단의 광 전력의 비를 자연대수의 함수로서 비교하기 위해 입사단의 피측정 광섬유를 컷백하여 입사광전력을 측정하는 방법

(3) 삽입법 : 투과한 광 전력과 입사단의 비를 자연대수의 함수로서 비교하기 위해 입사단에 여진계를 삽입하고 피 측정 광섬유에 광 커넥터를 부착하여 입사 광 전력을 측정하는 방법

(4) 주파수 영역법 : 다중모드 광섬유의 대역폭 특성을 평가하기 위해 RF신호로 변조된 광 신호를 광섬유 속에 전파시키고, 그 진폭변화에 대역을 측정하는 방법

(5) 양방향측정 : 광섬유의 정확한 손실을 평가하기 위해 광섬유의 양단에서 각각 광 펄스를 입사시켜 광 손실을 측정하는 방법으로 측정구간(또는 측정지점)을 기준으로 양단에서 측정된 값을 평균 산출 값으로 계산하여 손실을 평가하는 방법

(6) 접속손실 : 광섬유에 입사된 광 펄스의 후방 산란 광을 측정하여 접속점에서 후방 산란

파형의 단 차를 양방향에서 측정하여 평균 산출 값으로 평가하는 손실

(7) 광섬유손실 : 광섬유를 투과한 광 전력의 세기로 광섬유의 전송특성을 평가하는 손실

(8) 총 손실 : 광케이블구간의 전송특성을 평가하기 위한 손실로서 광섬유 손실과 접속손실을 포함하는 손실

(9) 대역폭 특성 : 출사 단에서 광섬유를 통해 나온 광 펄스가 입사 단에서의 광 펄스와 비교해서 시간적인 퍼짐 정도의 특성

(10) 마이크로 벤딩 손실(micro bending loss) : 광섬유의 측면에 불균일한 압력이 가해져 코어와 클래딩 경계면의 요철에 의해 방사모드가 생겨 발생하는 손실

(11) 매크로 벤딩 손실(macro bending loss) : 광섬유의 굴곡으로 인해 코어와 클래드에 입사한 광의 각도가 임계각 보각보다 크게 되어 광이 클래딩으로 누설되어 발생하는 손실(또는 휨 손실)

(12) 프레넬 반사(Fresnel reflecter) : 서로 다른 굴절률을 갖은 매질에 광이 통과할 때, 발생하는 반사

(13) 레일리 산란(Rayleigh scaterring) : 광이 와 전파할 때, 광이 미소한 입자에 부딪혀 광이 여러 방향으로 방사되는 현상

(14) 반치전폭(FWHM, full width half maximum) : 광통신에 사용되는 레이저광은 단일 파장이 아니고, 파장의 퍼짐 상태를 갖고 있어 전송대역을 제한하기 때문에, 광의 파장 퍼짐 폭을 규정하는 값(또는 스펙트럼 폭)

(15) 경년변화 : 광케이블 시설 후, 케이블이 놓여 있는 환경조건 등에 의해 광섬유가 받는 자연적인 강도의 피로

(16) 전 구간 : 광 통신망을 구성하기 위해, 광 단국장치 상호간, 광 중계장치 상호간, 광 단국장치와 광 중계장치간 등을 연결해 놓은 광케이블 구간

(17) 광섬유 심선 평균접속손실 : 광케이블 구간에 임의 광섬유 심선에 대한 전체 접속선의 접속손실들의 평균값

마. 설계용어

(1) 장파장 : 광원의 파장범위가 1,300, 1,500[nm]인 광섬유

(2) 단파장 : 광원의 파장범위가 850[nm]인 광섬유

(3) 다중모드(multi mode) : 광섬유의 코어 직경이 50[μm]인 광섬유로 빛의 전송로가 다발로 진행되는 광섬유

(4) 단일모드(single mode) : 광섬유의 코어 직경이 10[μm]이하인 것으로서 빛의 전송로가 단일로 진행되는 광섬유

(5) 환경 마진 : 광케이블 선로의 환경변화에 대한 손실여유

(6) 시스템 마진 : 광 시스템(단국 또는 중계기)의 운용에 대한 손실 여유

(7) 대역폭 : 전송속도 또는 전송용량으로 신호에 대한 폭을 의미하며 다중모드에만 제한

(8) 펄스분산 : 광원으로부터 발생하는 펄스가 전송로를 통과하면서 분산(퍼짐)되는 현상

(9) 조류(tidal currents) : 조석에 따라 일어나는 주기적인 해수의 유동을 말하며, 주기는 약 12시간 25분이고 달이 지구를 1회전하는 데는 평균 24시간 50분이 걸린다. 따라서 조석은 매일 50분씩 늦어진다.

(10) 평균해면(MSL, mean sea level) : 매시간 측정된 수면의 평균치로서 연평균 해면을 말한다.

(11) 기본 수준면(D.L, datum regerence level) : 조석표나 해도의 수심에 대한 기준으로서 해면의 승강을 sine곡선으로 분해하여 평균해면 아래로 기본 수준면을 택하고 나라별, 해안별로 상이하게 선택하고 있다.

(12) 육양지(cable landing site) : 해저케이블이 지상 전송 단말 장치와 접속되는 장소

(13) 해리(nature mile) : 1해리의 길이는 1,852[m]

(14) 조차 : 밀물과 썰물에 있어서의 해면의 높이의 차로서 1년 중 춘분, 추분 무렵에 가장 크다.

(15) 평균고장시간(MTBF, mean time between failure) : 장애사이의 평균시간.

MTBF = $\int t \cdot f(t)dt = \int R(t)dt, f(t)$: 고장밀도 함수, R(t) : 시스템 신뢰도

(16) 조간대 : 간조 시 육지, 만조 시 바다가 되는 부분

(17) 대륙붕 : 인접된 육지의 지형과 지질이 해면 밑으로 계속되며 해수에 의한 침식작용이나 퇴적장요에 의하여 변화된 곳, 대륙붕의 지형기복은 20[m] 내외이며 평균깊이는 200[m], 평균기울기는 1:100이다.

(18) 대륙사면 : 대륙붕 끝에서 심해 쪽으로 1:40 이상의 기울기를 가지고 있는 곳으로서 수심 1,270~3,200[m] 정도이다.

(19) 대륙대 : 대륙사면 끝 부분에서 사면의 기슭에 위치하는 지형으로 대양저보다 높은 지형이다. 기울기는 1:700~1:1000이고 수심은 2500~5000[m]이며 육지에서 유출된 퇴적물의 침척으로 형성된 퇴적지대이다.

(20) 해구 : 대륙사면과 대양저 사이에 있는 깊이 10[km] 이상의 깊은 골짜기

(21) 해령 : 해저지형이 산맥 모양으로 솟은 지형

(22) 해분 : 해저의 깊이 3,000~6,000[m]의 깊은 부분으로 약간 둥글게 오목 들어간 곳

(23) 해연 : 바다 웅덩이 주에 특별히 깊게 패인 곳.

(24) 연안류 : 해안을 따라 흐르는 조류(바람, 해류, 조석, 하천 등에 의하여 생김)

(25) 흘수(흘수) : 배의 아랫부분이 물에 잠기는 깊이나 정도

흘수(D) = DISP(Lp×B×Cb×1.025)

단, DISP : 케이블 선박의 배수량[ton], Lp : 케이블 선박의 수선간장[m], B : 케이블 선박의 서폭, Cp : 방형비적계수, 1.025 : 해수의 비중[T/m^2]

바. 계산식

(1) 중계거리 산정

$$L = \frac{Ps - \mathrm{Pr} - (nLc + mLs + \leq + LM)}{LF}$$

Ps : 광 송신기 출력[dbm], P_r : 최저 광 수신레벨[dbm], Lc : 광 커넥터 손실[db], L_s : 광섬유 케이블 접속손실[db], $\leq$: 환경 마진[db], LM : 시스템 마진[dbm], LF : 광섬유 케이블 손실[db/km], L : 중계거리[km], n : 커넥터 접속개소, m : 케이블 접속개소

∴ 수식으로 쓸 때 LE를 하면 ≤로 나온다.

(2) 전송 광역대역폭 배분

$$BW = Td \cdot L^{\gamma}$$

BW : 광섬유 케이블 대역폭[MHz · km], Td : 전송속도[MHz], L : 전송거리[Km], γ : 거리의 손상 수($0.5 \leq \gamma \leq 1$)

(3) 케이블 피스 결정

$$PL = L + C + P + S$$

PL : 케이블 피스 길이, L : 케이블 긍장, C : 접속 길이, P : 끌기 철물 취부 길이, S : 필요한 여장(특성측정에 필요한 길이 포함)

(4) 광섬유의 최소 곡률 반경

40[mm]로 하고 1회 구부림(360°)에 대하여 손실은 0.03[db/개소] 이하이어야 한다.

$$A[db] = 265R^{-2.08}$$

A[db] : 광섬유의 구부림 손실, R : 직경[mm]

사. 광 전송장치 관련 용어

(1) 광 전송시스템(optical transmission system) : 광 신호의 송 · 수신을 위하여 광섬유 케이블, 광 송 · 수신장치, 광 중계장치 등의 관련된 요소들을 일정한 규칙에 따라 조합한 집합체

(2) 광 전송장치(optical transmission equipment) : 전기 신호와 광 신호를 상호 변환하거나 신호의 보상 및 감시 등 각각의 독립된 기능을 갖춘 요소들을 사용목적에 따라 조합한 것으로 광 송 · 수신장치, 광 중계장치 등을 말한다.

(3) 디지털 다중화 장치(digital multiplex equipment) : 저계위의 디지털 신호와 고계위의 디지털 신호 상호간 다중화 및 역 다중화시키는 장치.

(4) 리프레임(reframe) : 송신부에서 주 프레임(mean frame) 포맷 형태로 구성되어 전송해 온 수신정보를 일정한 프레임 포맷 간격으로 프레임 동기용 비트를 검출하여 송 · 수신 동기를 일치시키는 과정을 말하는 것으로 수신부 프레임 동기회로에서 이루어지고 일정한 리프레임 알고리즘으로 순차적으로 구성되는 것.

(5) 스펙트럼 폭(spectrum width) : 광원의 파장 폭을 말하며, 보통 반치전폭(FWHM, full wavelength half maximum)으로 나타내며, 이때 크기가 최대값의 반이 되는 곳에 있어서 파장간의 차로 나타내는 것을 스펙트럼 폭이라 말한다.

(6) 반치전폭(FWHM, full wavelength halfmMaximum) : 중심 파장에서의 전력을 최대치를 1로 볼 때 전력의 1/2이 되는 점에서의 펄스의 폭

(7) B3ZS(bipolar with 3 zero substitution) : ITU-T G.303 권고의 변형된 AMI 부호로 연속적인 3개의 “0” 비트가 발생하면 연속되는 V(violation pulse, 위배 펄스) 펄스간의 B(bipolar pulse) 펄스의 수가 홀수개가 되도록 00V 또는 BOV로 대체하는 형태의 부호이다.

북미방식의 DS1 신호에서는 B8ZS, DS2 신호에서는 B6ZS, 유럽방식의 CEOT-1에서는 HDB3의 부호를 사용한다.

(8) 소광비(extinction ratio) : 광통신에 사용되는 발광소자가 디지털 신호를 광 신호로 변환하는 전기/광 직접변조에서, 디지털 신호 “0”이 변조된 광 전력의 세기와 “1”이 변조된 광 전력의 비를 나타낸 것으로 보통 10:1 이상을 표준값으로 삼고 있다.

(9) 수신감도 : 해당 시스템에서 표준으로 삼고 있는 비트 오율(BER, bit error rate)의 값을 유지하기 위한 수신점 R에서 수신해야 하는 평균 전력의 최소치

(10) 스크램블러(scrambler) : 연속되는 입력 데이터 중 타이밍 정보가 유실되는 것을 방지하고 또 주기를 갖는 주기적인 패턴을 되풀이함으로써 생기는 단일 주파수 성분을 억압하여 전송로 구간에서 혼변조를 방지하기 위해 입력 데이터를 랜덤 부호 계열로 변환하는 회로이다. 수신 측에서 이와 반대의 계산기능을 가지는 디스크램블러에 의하여 원래의 신호를 재생하는 것을 스크램블러라 한다.

부록 5. 출제기준(필기, 실기)

출제기준(필기)

직무 분야	정보통신(21)–통신(213)	자격 종목	통신선로산업기사	적용 기간	2015. 01. 01~2018. 12. 31
○ **직무내용** : 통신선로설비에 관한 제반지식과 기술을 바탕으로 설계, 감리, 구축, 운용 및 유지보수 등의 업무를 수행하여 광대역 통신망을 효율적으로 이용하게 하는 직무					

필기검정 방법	객관식	문제 수	80	시험시간	2시간

필기과목명	출제 문제수	주요항목	세부항목	세세항목
디지털 전자회로	20	1. 전원회로	1. 정류회로	1. 정류회로의 개요 2. 종류 및 특성
			2. 평활회로	1. 평활회로의 개요 2. 평활회로의 종류 및 특성
			3. 전원 안정화회로	1. 정전압 회로의 개요 2. 종류 및 동작원리
		2. 증폭회로	1. 신호증폭회로	1. 증폭기의 개요 2. 트랜지스터 증폭기 3. FET 증폭기 4. 바이어스 회로
			2. 궤환증폭회로	1. 궤환증폭기의 개요 2. 궤환증폭기의 종류 및 특징
			3. 연산증폭회로	1. 차동증폭회로의 개요 2. 연산증폭기의 종류 및 특징
			4. 전력증폭회로	1. 전력증폭기의 개요 전력증폭회로의 종류 및 특성
		3. 발진회로	1. 발진의 개요	1. 발진의 원리 2. 발진 조건

			2. 발진회로의 종류 및 특성	1. 발진회로의 종류 2. 발진회로의 특성
		4. 변복조회로	1. 아날로그 변복조회로	1. 아날로그 변복조의 개념 2. 아날로그 변복조회로
			2. 디지털 변복조회로	1. 디지털 변복조의 개념 2. 디지털 변복조회로
		5. 펄스회로	1. 펄스의 개요	1. 펄스의 개념 2. 펄스의 특성
			2. 펄스 발생회로	1. 멀티바이브레이터 회로 2. 슈미트 트리거 회로
			3. 파형 정형회로	1. 클리퍼 2. 슬라이서 3. 클램퍼
		6. 논리회로	1. 정보의 부호화 및 복호화	1. 정보의 부호화 2. 정보의 복호화
			2. 논리게이트 및 부울함수	1. 논리게이트 2. 부울대수
			3. 플립플롭회로	1. 플립플롭의 종류 및 구성 2. 플립플롭 회로의 응용
		7. 응용 논리회로	1. 계수회로	1. 비동기식 계수기 2. 동기식 계수기
			2. 조합회로	1. 멀티플렉서, 디멀티플렉서 2. 인코더 및 디코더
			3. 연산회로	1. 가감승제 연산회로 2. 논리 연산회로
			4. 기억장치회로	1. IC기억장치
유선통신기기	20	1. 단말기기	1. 단말기기 기능과 구조	1. 단말기기 기능 2. 단말기기 구조
			2. 단말기기 종류	1. 음성용 단말기기

				2. 데이터용 단말기기 3. 영상용 단말기기 4. 기타 단말기기
		2. 교환기기	1. 교환기기의 개요	1. 교환기기의 기본구성 2. 교환기기의 종류 및 특성
			2. 신호방식과 교환방식	1. 신호방식 2. 교환방식
		3. 전송기기	1. 전송 및 다중화방식	1. Baseband 및 Broadband 전송 2. FDM, TDM, OFDM, WDM 등
			2. 단국 및 집선장치	1. 단국장치 2. 집선장치
			3. 네트워크 장비	1. 네트워크장비의 기본구성 2. 네트워크장비의 분류 및 특성
		4. 측정기기	1. 동선케이블 측정기기	1. 케이블 분석기 등
			2. 광케이블 측정기기	1. 광펄스시험기(OTDR) 2. 광원, 광파워메터 등
전송선로 개론	20	1. 선로전송 이론	1. 선로정수, 제 현상 및 특성	1. 통신선로 특성의 단위 2. 선로의 분포정수 3. 선로임피던스 4. 반사현상
		2. 선로전송 방식	1. 전송부호의 종류와 특성	1. 전송부호의 종류 2. 전송부호의 특성
			2. 전송방식의 종류와 신호계위	1. 전송방식의 종류 2. 신호계위
			3. 아날로그/디지털 전송기술	1. 비동기식 전송 2. 동기식 전송
		3. 동선케이블 선로	1. 동선케이블 종류 및 특성	1. 절연케이블의 특성 및 용도 2. UTP, STP케이블 3. 동축 및 누설동축케이블

		4. 광케이블 선로	1. 광의 전파	1. 광의 전파, 굴절 원리 2. 전파모드 및 파라메터 3. 손실특성 4. 분산특성
			2. 광케이블의 종류, 구조 및 특성	1. 광케이블의 종류 2. 광케이블의 구조 및 특성
			3. 광통신용 소자	1. 발광소자 2. 수광소자
		5. 통신선로 시설	1. 통신선로시설 분류 및 구조, 특성	1. 국내선로시설 2. 지하선로시설 3. 구내선로시설 4. HFC선로시설 5. 고속정보통신선로시설(xDSL, FTTx 등)
		6. 통신선로의 보전 시험 및 측정	1. 통신기본 측정	1. 통신기본 측정
			2. 선로전송레벨 측정	1. 선로전송레벨 측정
			3. 선로시설의 보전대책	1. 선로시설의 보전대책
			4. 광케이블의 측정	1. 접속손실 측정 2. 총 손실 측정 3. 광 출력 측정 4. 광통신망 품질측정
전자계산기 일반 및 선로설비기준	20	1. 전자계산기 일반	1. 컴퓨터의 기본구조와 기능	1. 중앙처리장치 2. 기억장치 3. 입출력장치 4. 기타 주변장치
			2. 자료의 구성과 표현	1. 수의 표현 및 변환 2. 연산 3. 자료의 구성 4. 자료의 표현방식 5. 자료의 구조
			3. 운영체제의 일반	1. 운영체제의 개념 2. 운영체제의 기능 3. 운영체제의 목적 4. 운영체제의 구성

				5. 운영체제의 종류 6. 운영체제의 기법
			4. 소프트웨어의 일반	1. 소프트웨어의 개념 2. 소프트웨어의 종류
			5. 마이크로프로세서의 구조와 기능	1. 마이크로프로세서의 개념 2. 마이크로프로세서의 기본구성 및 기능 3. 마이크로프로세서의 종류 및 응용 4. 명령과 주소지정 방식 5. 인터럽트 등
		2. 선로설비 기준	1. 방송통신의 관장과 경영관리	1. 방송통신 용어의 정의 2. 통신의 관장과 경영 3. 통신기술의 진흥과 시책 4. 통신사업의 종류와 경영 5. 통신역무의 종류와 경영
			2. 통신선로 관련 법령	1. 방송통신발전기본법 중 통신선로에 관한 사항 2. 정보통신공사업법 중 통신선로에 관한 사항 3. 방송통신설비의 기술기준에 관한 규정 중 통신선로에 관한 사항
			3. 통신선로 관련 기술기준	1. 접지설비·구내통신설비·선로설비 및 통신공동구 등에 대한 기술기준에 관한 사항 2. 지능형 홈 네트워크 설치 및 기술기준에 관한 사항 3. 방송통신설비의 안전성 및 신뢰성에 대한 기술기준에 관한 사항
			4. 정보통신공사 감리	1. 정보통신공사 감리 용어의 정의 2. 착공 · 시공 · 준공단계 감리 업무에 관한 사항 3. 기본, 실시(상세)설계에 대한 관리업무에 관한 사항

출 제 기 준(실기)

직무 분야	정보통신(21)–통신(213)	자격 종목	통신선로산업기사	적용 기간	2015. 01. 01~2018. 12. 31

○직무내용 : **통신선로설비에 관한 제반지식과 기술을 바탕으로 설계, 감리, 구축, 운용 및 유지보수 등의 업무를 수행하여 광대역 통신망을 효율적으로 이용하게 하는 직무**

○수행준거 : 1. 광섬유케이블(광가입자망, 전송망, 초고속통신망 등) 접속 및 손실 측정 (계측장비 운용) 능력과 각종 선로설비를 설치할 수 있을 것
2. 통신선로 설비 시설공사 기본설계, 실시설계서 작성(설계도면 해독, 소요 자재 물량 산출), 공사시공, 감리, 안전관리 등 통해 시공 관리할 수 있을 것
3. 조작법을 숙지하고 선로설비의 보전 및 유지 보수할 수 있을 것
4. 동선 및 광케이블을 접속하여 손실 및 전송레벨을 측정할 수 있을 것

실기검정방법	복합형	시험시간	필답형 1시간 30분, 작업형 1시간 정도

실기과목명	주요항목	세부항목	세세항목
통신선로실무	1. 통신선로	1. 통신선로의 종류 및 특징 파악하기	1. 국내/구내 선로의 특징을 알 수 있어야 한다. 2. 동선케이블선로의 특징을 알 수 있어야 한다. 3. 광케이블 선로의 특징을 알 수 있어야 한다.
	2. 유선통신망	1. 가입자, 교환, 전송망 설치하기	1. 가입자망을 설치할 수 있어야 한다. 2. 교환망을 설치할 수 있어야 한다. 3. 전송망을 설치할 수 있어야 한다.
		2. 초고속통신망 설치하기	1. 초고속통신망을 설치할 수 있어야 한다.
	3. 통신선로 설비의 시설 공사	1. 공사기본설계, 실시설계하기	1. 공사기본설계, 실시설계서를 작성할 수 있어야 한다.
		2. 공사시공, 감리 및 안전관리 하기	1. 공사시공 및 감리업무를 수행할 수 있어야 한다. 2. 안전관리를 할 수 있어야 한다.

	4. 통신선로 설비의 보전 관리	1. 선로설비용 측정기 및 시험기 조작하기	1. 선로설비용 측정기 및 시험기를 조작할 수 있어야 한다.
		2. 선로설비의 보전 및 유지 보수하기	1. 선로설비를 보전할 수 있어야 한다. 2. 선로설비를 유지 보수할 수 있어야 한다.
	5. 통신케이블의 접속	1. 케이블 접속하기	1. 동선케이블을 접속할 수 있어야 한다. 2. 광케이블을 접속할 수 있어야 한다.
		2. 접속손실 및 전송 레벨 측정하기	1. 접속손실 및 전송레벨을 측정할 수 있어야 한다.
	6. 구내통신 선로 설비	1. 방송통신 설비 기술기준에 관한 규정 이해하기	1. 접지설비, 구내통신설비, 선로설비, 통신공동구등에 관한 기술기준 등을 이해할 수 있어야 한다.
	7. 광통신 선로 설비	1. 광통신 선로 설비 설계하기	1. 광통신 선로설비 심벌 및 설계 내역서를 작성할 수 있어야 한다.
		2. 광통신 선로 설비 시험하기	1. 광통신 선로설비의 손실을 측정할 수 있어야 한다.
		3. 광통신 소자 측정하기	1. 수동소자의 특성을 이해하고, 수동소자를 이용한 손실을 측정할 수 있어야 한다. 2. 능동소자의 특성을 이해하고, 능동소자를 이용한 손실을 측정할 수 있어야 한다.

수험준비물

1 공통 준비물

- 국가(기술)자격검정 수험표
- 신분증(주민등록증 또는 운전면허증, 여권 등)

2 필기시험 준비물

기술사	기사.산업기사.기능사.아마추어무선기사.무선통신사
흑색펜, 템플릿자(선택)	컴퓨터용 흑색 사인펜, 수정테이프(수정액은 사용불가) ※ 답안은 감독관 확인 후 수정이 가능

3 실기시험 준비물 (개인 지참)

무선설비 | 방송통신 | 전파전자통신 | 정보통신 | 통신설비 | **통신선로** | 통신기기 | 항공무선통신사

통신선로 산업기사

시험방법	품명	규격	단위	수량	비고
복합형	필기도구	흑색펜	개	1	
	니퍼 및 롱노우즈플라이어	일반용	개	1	
	전자계산기	공학용	개	1	

통신선로 기능사

시험방법	품명	규격	단위	수량	비고
작업형	전자계산기	공학용	대	1	
	니퍼	일반용	개	1	
	롱노우즈 플라이어	일반용	개	1	
	외피탈피기	UTP 케이블용	개	1	
	줄자	1~2M	개	1	
	압착공구(랜툴)	일반용	개	1	
	필기도구	흑색펜	개	1	

참 · 고 · 문 · 헌

1. 광통신계측기실습, 한국폴리텍대학 아산캠퍼스 정보통신시스템과 실습교재, ㈜옵텔콤

2. 광통신실습, 광통신실습교재, ㈜옵텔콤

3. 광통신실습 및 정보통신실습, 2부 광통신실습과 계측, ㈜옵텔콤

4. 정보통신선로설비 00-106-017, 한국산업인력공단

5. 정보통신선로설비 09-206-005, 한국산업인력공단

6. Telecommunication Distribution Technology, WorldSkills 2005 Helsinki FINLAND

7. Fiber Optics Workshop, 제2회 광통신워크샵 2002, ㈜옵텔콤

8. 제5회 광통신워크샵 통신망분배기술 설명회 2005, 한국정보통신자격협회, ㈜옵텔콤

9. 광통신실무, 2007 재직자직무능력향상교육교재, 한국폴리텍IV대학 아산캠퍼스

10. 광커넥터 제조기술, 2008년 재직자직무능력향상교육, 한국폴리텍IV대학 아산캠퍼스

11. 광통신실습, 2006년도 교육보조자료개발사업, 한국폴리텍IV대학 아산캠퍼스

12. 정보통신선로설비, 2011시청각매체 DVD 매체번호 11-R06-023, 한국산업인력공단

13. 광통신, 조성준 역, Ohm사

14. 광통신시스템공학, 김장주 장선권 저, Jinhan M&B

저 자 약 력

정주완

- 現 옵텔콤 대표이사
- 성균관대학교 전자과 졸업
- 경기고등학교 졸업

김양봉

- 現 한국폴리텍대학 정보통신시스템과 교수(공학박사)
- 한양대학교 공과대학 무선통신공학과 졸업

저자와의
협의에 의해
인지 생략

광통신 실습

1판 1쇄 2018년 10월 30일

저 자 정주완 / 김양봉
발행인 송광헌
발행처 복두출판사
주 소 서울특별시 영등포구 경인로82길 3-4
센터플러스 807호 (우) 07371
전 화 02-2164-2580
FAX 02-2164-2584
등 록 1993. 11. 22. 제 10-902 호

정가 : 16,000원

ISBN : 979-11-5906-449-4 93560

한국과학기술출판협회 회원사

* 본 도서의 자료 업데이트가 있을 경우 본사 홈페이지 자료실에 업로드 됩니다. 정기적으로 들러서 유익한 자료를 받아가시기 바랍니다.